MATHEMATICS

FORMULA
THEOREM
LAW

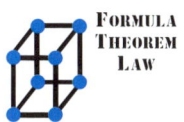

# 「数学」の
## 公式・定理・決まりごとが
## まとめてわかる事典

YOSHIYUKI WAKUI
涌井良幸

# Introduction

# はじめに

丸ごと一冊、数学の公式・定理を齧(かじ)る！

　本書は、中学や高等学校の数学で扱う公式や定理、それに、数学の大事な考え方を一冊に丸ごとまとめた本です。本書を通して、高校数学程度の公式や定理、考え方をモレなく学ぶことができます。また、高校時代に数学が苦手になった人でも、もう一度本書に目を通すことにより、新たな発見や数学の面白さに浸れるに違いありません。

　ここで扱っている公式や定理、考え方の多くは「数学の公式・定理」の中でも、"古典中の古典"です。その古典ぶりは、万葉集や古事記などの比ではありません。いまから2000年以上も前、紀元前に考え出された公式や定理も少なくないからです。いまさらながら、「考えること」への昔の人々の執念に驚かされます。特に、ギリシャの自由な都市国家でのびのびと育まれた数学のすばらしさには、畏敬の念すら覚えます。

　このように、2000年以上にも及ぶ長い歴史の検証に耐え、今日まで現役で活躍している公式や定理を学ぶことにより、私たちは、数学の目でさまざまな現象や、ものごとを見ることができるようになります。それはあたかも、音楽家が音楽家の耳で音を聞き、画家が画家の目で風景を見るようなものです。「高等学校で学ぶ数学は日常生活には関係ない」という人もいますが、それは、残念なことです。もう一度、本書で学ん

でみてください。

　とはいっても、数学は基本的には積み重ねの学問であり、ベースの部分が曖昧なまま過ぎると、その上に構築された部分を理解するのは困難です。かといって、各項目を完全に独立して説明しようとすると、ページ数が膨大になり、重複だらけになります。

　そこで本書では、いろいろな公式や定理、数学的な大事な考え方を分野ごとにまとめ、順を追って解説していくことにしました。その意味では、必要な分野（章）を順を追って読んでいただければ理解もしやすく、何度も辞書のように引いて読んでもらえれば、数学への自信にもつながるはずです。

　なお最後になりますが、本書の企画から最後まで御指導くださったベレ出版の坂東一郎氏、編集工房シラクサの畑中隆氏の両氏に、この場をお借りして感謝の意を表させていただきます。

2015 年秋

著者記す

# Contents

はじめに　　　003

## 第1章
# 証明と論理

- §1　命題と集合　　　012
- §2　ド・モルガンの法則　　　014
- §3　全称命題、特称命題とその否定　　　016
- §4　必要条件と十分条件　　　018
- §5　逆・裏・対偶　　　020
- §6　背理法　　　022

## 第2章
# 数と式

- §7　簡単な倍数の判定法　　　024
- §8　剰余類と合同式　　　026
- §9　ユークリッドの互除法　　　028
- §10　2項定理　　　030
- §11　$p$進法と10進法の変換公式　　　034
- §12　方程式 $f(x)=0$ の実数解とグラフ　　　038
- §13　剰余定理と因数定理　　　040
- §14　組み立て除法　　　042
- §15　解と係数の関係　　　046
- §16　2次方程式の解の公式　　　048
- §17　3次方程式の解の公式　　　052

## 第3章
# 図形と方程式

| | | |
|---|---|---|
| §18 | 三平方の定理 | 054 |
| §19 | 三角形の5心 | 058 |
| §20 | 三角形の面積の公式 | 062 |
| §21 | メネラウスの定理 | 066 |
| §22 | チェバの定理 | 068 |
| §23 | 正弦定理 | 070 |
| §24 | 余弦定理 | 072 |
| §25 | 平行移動した図形の方程式 | 074 |
| §26 | 回転移動した図形の方程式 | 076 |
| §27 | 直線の方程式 | 078 |
| §28 | 楕円・双曲線・放物線の方程式 | 080 |
| §29 | 楕円・双曲線・放物線の接線 | 084 |
| §30 | リサジュー曲線 | 088 |
| §31 | サイクロイド | 092 |

## 第4章
# 複素数、ベクトルと行列

| | | |
|---|---|---|
| §32 | 複素数と四則計算 | 094 |
| §33 | 極形式とド・モアブルの定理 | 098 |
| §34 | オイラーの公式 | 102 |
| §35 | ベクトルの定義 | 106 |
| §36 | ベクトルの一次独立 | 108 |
| §37 | ベクトルの内積 | 110 |
| §38 | 分点の公式 | 112 |

| | | |
|---|---|---:|
| §39 | 平面図形のベクトル方程式 | 116 |
| §40 | 空間図形のベクトル方程式 | 118 |
| §41 | 二つのベクトルに垂直なベクトル | 120 |
| §42 | 行列の計算規則 | 122 |
| §43 | 逆行列の公式 | 126 |
| §44 | 行列と連立方程式 | 128 |
| §45 | 行列と1次変換 | 130 |
| §46 | 固有値と固有ベクトル | 132 |
| §47 | 行列の $n$ 乗の公式 | 134 |
| §48 | ケイリー・ハミルトンの定理 | 136 |

# 第5章
# 関数

| | | |
|---|---|---:|
| §49 | 関数のグラフの平行移動の公式 | 138 |
| §50 | 1次関数のグラフ | 140 |
| §51 | 2次関数のグラフ | 142 |
| §52 | 三角関数と基本公式 | 146 |
| §53 | 三角関数の加法定理 | 150 |
| §54 | 三角関数の合成公式 | 154 |
| §55 | 指数の拡張 | 156 |
| §56 | 指数関数と性質 | 160 |
| §57 | 逆関数と性質 | 162 |
| §58 | 対数関数と性質 | 166 |
| §59 | 常用対数と性質 | 170 |

### 第6章
# 数列

| | | |
|---|---|---|
| §60 | 等差数列の和の公式 | 174 |
| §61 | 等比数列の和の公式 | 176 |
| §62 | 数列 $\{n^k\}$ の和の公式 | 178 |
| §63 | 漸化式 $a_{n+1}=pa_n+q$ の解法 | 180 |
| §64 | 漸化式 $a_{n+2}+pa_{n+1}+qa_n=0$ の解法 | 184 |
| §65 | 数学的帰納法 | 188 |

### 第7章
# 微分

| | | |
|---|---|---|
| §66 | 微分可能と微分係数 | 192 |
| §67 | 導関数と基本的な関数の導関数 | 196 |
| §68 | 導関数の計算公式 | 200 |
| §69 | 合成関数の微分法 | 204 |
| §70 | 逆関数の微分法 | 208 |
| §71 | 陰関数の微分法 | 212 |
| §72 | 媒介変数表示の微分法 | 214 |
| §73 | 接線・法線の公式 | 216 |
| §74 | 関数の増減と凹凸に関する定理 | 218 |
| §75 | 近似公式 | 222 |
| §76 | マクローリンの定理 | 224 |
| §77 | ニュートン・ラフソン法 | 228 |
| §78 | 数直線上の速度・加速度 | 232 |
| §79 | 平面上の速度・加速度 | 234 |
| §80 | 偏微分 | 236 |

# 第8章 積分

- §81 区分求積法 — 238
- §82 積分法 — 240
- §83 微分積分学の基本定理 — 244
- §84 不定積分とその公式 — 246
- §85 部分積分法（不定積分）— 248
- §86 置換積分法（不定積分）— 250
- §87 不定積分を用いた定積分の計算法 — 254
- §88 部分積分法（定積分）— 256
- §89 置換積分法（定積分）— 258
- §90 定積分と面積の公式 — 262
- §91 定積分と体積の公式 — 266
- §92 定積分と曲線の長さの公式 — 268
- §93 パップス・ギュルダンの定理 — 272
- §94 バームクーヘン積分 — 274
- §95 カバリエリの原理 — 278
- §96 台形公式（近似式）— 282
- §97 シンプソンの公式（近似式）— 286

# 第9章 順列・組合せ

- §98 集合の和の法則 — 290
- §99 集合の積の法則 — 292
- §100 個数定理 — 294
- §101 順列の公式 — 296

§102　組合せの公式　　　　　　　　　　　　　　300

# 第10章
# 確率・統計

§103　確率の定義　　　　　　　　　　　　　　304
§104　確率の加法定理　　　　　　　　　　　　308
§105　余事象の定理　　　　　　　　　　　　　310
§106　確率の乗法定理　　　　　　　　　　　　312
§107　独立試行の定理　　　　　　　　　　　　316
§108　反復試行の定理　　　　　　　　　　　　320
§109　大数の法則　　　　　　　　　　　　　　324
§110　平均値と分散　　　　　　　　　　　　　328
§111　中心極限定理　　　　　　　　　　　　　332
§112　母平均の推定　　　　　　　　　　　　　336
§113　比率の推定　　　　　　　　　　　　　　340
§114　ベイズの定理　　　　　　　　　　　　　344

　　　索引　　　　　　　　　　　　　　　　　349

「数学」の公式・定理・決まりごとがまとめてわかる事典
# MATHEMATICS

Formula
Theorem
Law

## §1 命題と集合

> 「$p \Rightarrow q$ が真」と「$P \subset Q$」は同じこと

### 解説！ ある条件を満たすかどうか

「正しいか否か」を判定できる文、あるいは式のことを**命題**といいます。そして、命題が正しいときは**真**、間違っているときは**偽**であるといいます。

また、「$x^2=1$」は $x=1$ のときは正しいといえますが、$x=2$ のときは正しくありません。このように、変数を含む式や文章で、その変数に値を代入したときに真偽が決まる文や式を**条件**といいます。

本節§1では、「$x=1$ ならば $x^2=1$」のように「条件 $p$ ならば条件 $q$」という命題を集合の観点から見ることにします。

#### ●集合とは「条件を満たすもの」の集まり

集合とは「ものの集まり」であると考えている人がいますが、単に「ものの集まり」では曖昧です。数学では「ある条件を満たすものの集まり」を**集合**と呼びます。例えば、「正の整数の集合」というときには、「正の整数 $(1, 2, 3, 4, \cdots)$」が条件に相当します。この集合の名前を $A$ とすれば次のように表現します。

$$A = \{x \mid x > 0、x は整数\}$$

集合は、一般に、次のように書き表されます。

$$P = \{x \mid p(x)\}$$

ここで、$\{x \mid p(x)\}$ の「$x$」は集合の〝構成員〞であり、**要素**と呼ばれています。また、縦線「$\mid$」の右側に書かれた「$p(x)$」は要素 $x$ が満たすべき「条件」になります。

#### ●「$p$ ならば $q$」と「$\Rightarrow$」について

二つの条件 $p$、$q$ を用いて「$p$ ならば $q$」という命題を考えます。こ

---

第1章 証明と論理

のとき、$p$ を**仮定**、$q$ を**結論**といいます。例えば、命題「$x=1$ ならば $x^2=1$」は「$x=1$」が仮定で「$x^2=1$」が結論になります。また、命題「$p$ ならば $q$」を記号 $\Rightarrow$ を用いて「$p \Rightarrow q$」と書きます。例えば、命題「$x=1$ ならば $x^2=1$」は「$x=1 \Rightarrow x^2=1$」と書きます。

● 「$P \subset Q$」、「$P = Q$」について

「$p \Rightarrow q$」が真ということは、条件 $p$ を満たすものは必ず条件 $q$ を満たすと考えられます。したがって、条件 $p$ を満たす集合 $P$ は条件 $q$ を満たす集合 $Q$ に含まれることになります。そこで、「$p \Rightarrow q$」が真のとき「$P$ は $Q$ の部分集合である」といい「$P \subset Q$」と書くことにします。

また、「$p \Rightarrow q$、かつ、$q \Rightarrow p$」(このことを「$p \Leftrightarrow q$」と書きます)が真のとき「$P \subset Q$ かつ $Q \subset P$」となり、これを「$P = Q$」と書きます。

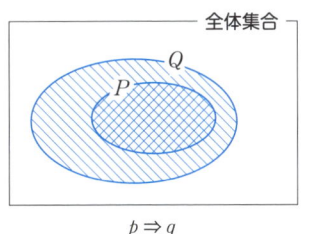
$p \Rightarrow q$

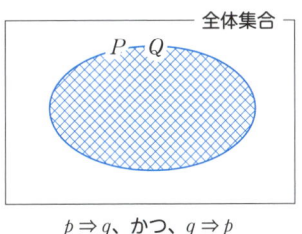
$p \Rightarrow q$、かつ、$q \Rightarrow p$

(注) 全体集合とは考えている範囲全体の集合であり、その一部が部分集合です。

〔例題〕命題「$-1 < x < 1 \Rightarrow x < 2$」は真か偽かを調べてください。

[解] 「$-1 < x < 1$ のとき、$x$ は 2 よりも小さい」は真か偽かという意味です。$-1 < x < 1$ を満たす集合(区間)が $x < 2$ を満たす集合(区間)に含まれているので、この命題は真であると分かります。

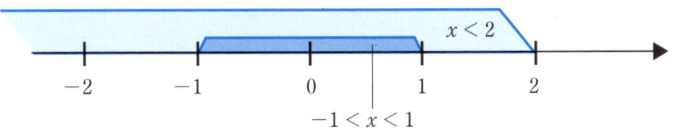

# §2 ド・モルガンの法則

$$\overline{p \wedge q} = \overline{p} \vee \overline{q} \qquad \overline{p \vee q} = \overline{p} \wedge \overline{q}$$

### 解説！ 積集合と和集合の違い

論理を扱うとき、専用の記号を使うと表現が簡潔になり便利です。ここでは、条件を小文字の $p$、$q$……などで表し、記号 ￣、∧、∨ を次の意味で用いることにします。

$\overline{p}$……$p$ でない、 $p \wedge q$……$p$ かつ $q$、 $p \vee q$……$p$ または $q$

● 条件 $p \wedge q$、$p \vee q$、$\overline{p}$ と集合 $P \cap Q$、$P \cup Q$、$\overline{P}$

条件 $p$ を満たす集合を $P$、条件 $q$ を満たす集合を $Q$ とします。このとき、条件 $p \wedge q$ を満たす（つまり、$p$ と $q$ の両方を満たす）集合を $P \cap Q$ と書き、$P$ と $Q$ の**積集合**（共通集合）といいます。また、条件 $p \vee q$ を満たす（つまり、$p$ と $q$ の少なくとも一方を満たす）集合を $P \cup Q$ と書き、$P$ と $Q$ の**和集合**といいます。また、「$\overline{p}$ を満たす」ということは、「$p$ を満たさない」ことなので $\overline{p}$ を満たす集合は全体集合から $P$ を除いた集合となります。この集合を $\overline{P}$ と書き $P$ の**補集合**といいます。

● ベン図で描いて視覚で理解

$P$ の補集合 $\overline{P}$、$P$ と $Q$ の積集合 $P \cap Q$、$P$ と $Q$ の和集合 $P \cup Q$ を視覚的に表現すると次のようになります。

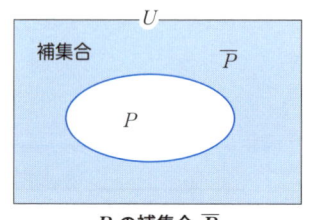

$P$ の補集合 $\overline{P}$

## 2 ド・モルガンの法則

### 第1章 証明と論理

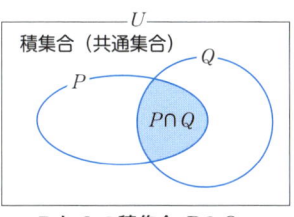
$P$ と $Q$ の積集合 $P \cap Q$

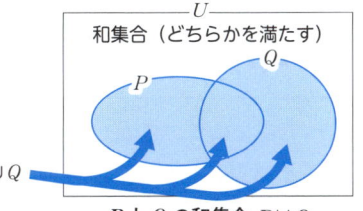
$P$ と $Q$ の和集合 $P \cup Q$

**なぜ成り立つのか？**

ド・モルガンの法則の成立根拠は、結局、下記の集合に関して、次の①、②（集合におけるド・モルガンの法則）が成り立つことによります。

$$\overline{P \cap Q} = \overline{P} \cup \overline{Q} \quad \cdots ① \qquad \overline{P \cup Q} = \overline{P} \cap \overline{Q} \quad \cdots ②$$

このことが正しいことは、図を利用すれば分かります。つまり、①は左辺の集合も右辺の集合も左下図の青い部分を表しています。また、②は左辺の集合も右辺の集合も右下図の青い部分を表しています。

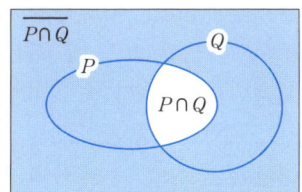
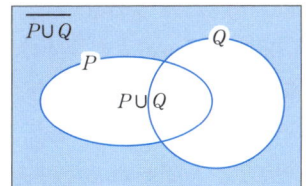

〔例題〕次の「条件の否定」を考えてください。
　　①「男で未成年」　②「男か未成年」

[解]　①の「男で未成年」、つまり、「男かつ未成年」の否定とは、ド・モルガンの法則より「男でない、または、未成年でない」、つまり、「女か成年」です。

②の「男か未成年」、つまり、「男、または、未成年」の否定とは、ド・モルガンの法則より「男でない、かつ、未成年でない」、つまり、「女で成年」ということになります。「かつ・または」の使い分けに注意してください。

# §3 全称命題、特称命題とその否定

> 「すべての $x$ について $p(x)$」の否定は「ある $x$ について $\overline{p(x)}$」 …①
> 「ある $x$ について $p(x)$」の否定は「すべての $x$ について $\overline{p(x)}$」 …②

## 解説！「すべての…」か「ある…」か？

「すべての $x$ について $p(x)$」というように、考えている対象すべてに成り立つことを主張する命題を**全称命題**といいます。また、「ある $x$ について $p(x)$」というように、考えている対象の少なくとも一つについて成り立つ命題を**特称命題**といいます。

### ●よく間違える、全称命題、特称命題の否定

論理は一般に難しいものです。とりわけ、全称命題、特称命題の否定はよく間違えます。「すべての人は男である、の否定は？」と問われると単純に「すべての人は男ではない」と間違って答えてしまいがちです。「である」を「ではない」と変えただけです。また、「ある人は女である、の否定は？」と問われると「ある人は女ではない」と、これも誤って答えてしまったりします。このロジックをしっかり判定できないと、仕事や生活にも支障が出るので注意してください。

## すべての……の否定は？

「すべての人は男である」ということは、例外なく全員男ということです。だから、この否定は「全員男ではない」ではなく、たった一人でも「例外がある」ことを示せばよく、「ある人は男でない」が答えです。このことを一般化したのが冒頭の公式①です。

また、「ある人は女である」ということは「女の人が少なくとも一人いる」ということですから、この否定は、「女の人は一人もいない」ということ、つまり、「すべての人が女でない」ということです。このことを一般化したのが冒頭の公式②です。

# 3 全称命題、特称命題とその否定

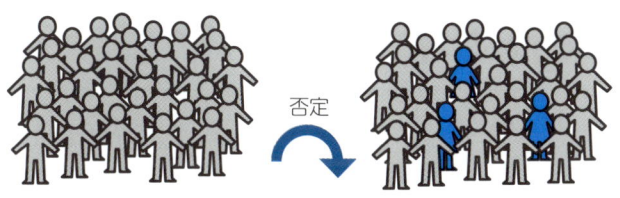

すべての人は男である　→（否定）→　ある人は男でない

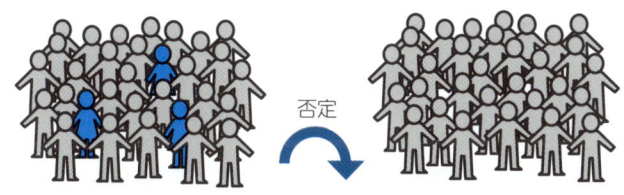

ある人は女である　→（否定）→　すべての人は女でない

〔例題〕次の①〜④の問に答えてください。
① 「$a$、$b$、$c$、$d$ はすべて 0 でない数」の否定
② 「$a$、$b$、$c$、$d$ の中の一つは 0」の否定
③ 「すべての日本人は勤勉であり優しい」の否定
④ 「日本人の中には背が高くて足の長い人がいる」の否定

［解］① 「$a$、$b$、$c$、$d$ の中の少なくとも一つは 0 である」となります。
② 「$a$、$b$、$c$、$d$ のどれも 0 でない」となります。
③ 「ある日本人は勤勉でないか優しくない」となります。
④ 「日本人は誰も背が高くないか、足が長くない」となります。

# §4 必要条件と十分条件

> 「$p \Rightarrow q$」が真のとき
>   $p$ は $q$ であるための十分条件
>   $q$ は $p$ であるための必要条件
> 「$p \Rightarrow q$、かつ、$q \Rightarrow p$」が真のとき
>   $p$ は $q$ であるための必要十分条件
>   $q$ は $p$ であるための必要十分条件
>   このとき、$p$ と $q$ は**同値**であるといい「$p \Leftrightarrow q$」と書く

### 解説！"必要・十分"の見極め

「必要」とか「十分」という言葉は日常でもよく使われますが、いざ、厳密に使おうとすると戸惑います。そんなとき、次の命題を参考にしてください。

「$x$ が人間ならば $x$ は動物」(簡単に、「人間 ならば 動物」)

この命題から、「人間であることは、動物であるための十分な条件」であることが分かります。人間だというだけで、十分に、動物といえるからです。また、動物であることは、人間であるための最低限、必要な条件であることも理解できます。人間であるためには、まずは動物でなければいけないからです。

### ●「$p \Rightarrow q$」が真のとき $P \subset Q$

「$p \Rightarrow q$」が成立しているときは、集合で見ると $P \subset Q$ ($P$ を $Q$ が含んでいる) ということです。ただし、$P$ は条件 $p$ を、$Q$ は条件 $q$ を満たす集合です。すると、「十分」と「必要」の言葉遣いが、感覚的に変だと思う人がいるかも知れません。

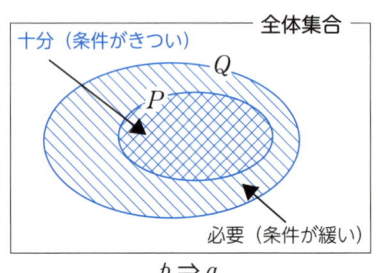

$p \Rightarrow q$

なぜかというと、十分の方が広く、必要の方が狭い言葉に感じるからです。しかし、「十分」ということは条件がきついからであり、「必要」とは、まだ足りない可能性があり、条件が甘いからです。

● 「$p \Rightarrow q$、かつ、$q \Rightarrow p$」が真のとき$P = Q$

「$p \Rightarrow q$、かつ、$q \Rightarrow p$」が成立している時は、集合で見ると$P = Q$ということです。これは、条件$p$と条件$q$は表現が違っても中身は全く同じということで、このとき、$p$と$q$は**同値**であるといい「$p \Leftrightarrow q$」と書きます。この「同値」は数学では非常に大事な言葉で、いろいろな場面で使われます。

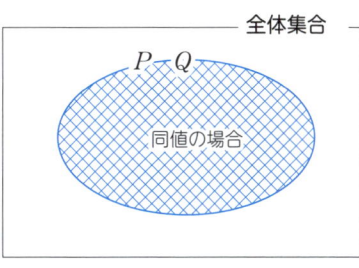

$p \Leftrightarrow q$ （⇔は同値記号）

### 使い分けよう！ 2つの条件

(1) 「$x = 1 \Rightarrow x^2 = 1$」は真なので、「$x = 1$」は「$x^2 = 1$」であるための十分条件、「$x^2 = 1$」は「$x = 1$」であるための必要条件です。

(2) 「$x = \pm 1 \Leftrightarrow x^2 = 1$」は真なので、「$x = \pm 1$」は「$x^2 = 1$」であるための必要十分条件、「$x^2 = 1$」も「$x = \pm 1$」であるための必要十分条件です。

(3) 「$x = 1 \Rightarrow x^2 = 4$」は偽なので、「$x = 1$」と「$x^2 = 4$」は一方が他方の十分条件でも必要条件でもありません。

# §5 逆・裏・対偶

(1) **逆・裏・対偶**
命題 $p \Rightarrow q$ に対して
逆　：$q \Rightarrow p$
裏　：$\bar{p} \Rightarrow \bar{q}$
対偶：$\bar{q} \Rightarrow \bar{p}$

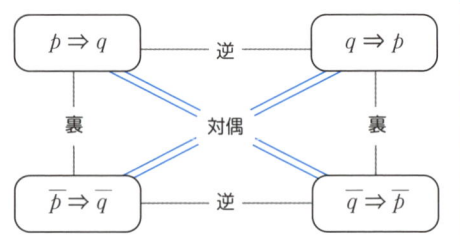

(2) 「$p \Rightarrow q$」⇔「$\bar{q} \Rightarrow \bar{p}$」

### 解説！ 4つの命題の関係は？

命題「$p \Rightarrow q$」に対して、命題「$q \Rightarrow p$」を **逆**（命題）、命題「$\bar{p} \Rightarrow \bar{q}$」を **裏**（命題）、命題「$\bar{q} \Rightarrow \bar{p}$」を **対偶**（命題）といいます。これらの関係はお互いの関係です。つまり、「$p \Rightarrow q$」と「$q \Rightarrow p$」はお互いに逆ということになります。対偶、裏についても同様です。

（注）　条件 $p$ に対して $\bar{p}$ は「$p$ でない」という条件を表します。他も同様です。

### ●「逆・裏・対偶」とその真偽

もとの命題が真でも、逆については真とは限りません。このことは諺にもなっています。つまり、**逆、必ずしも真ならず**。また、裏についても同様です。つまり、「裏、必ずしも真ならず」と。

ところが、対偶同士については真偽が必ず一致します。つまり、「$p \Rightarrow q$」と「$\bar{q} \Rightarrow \bar{p}$」は同値なのです。したがって、「$p \Rightarrow q$」が真であることを示すには、その対偶である「$\bar{q} \Rightarrow \bar{p}$」が真であることを示せばよいことになります。これは、数学の証明でよく使われています。

### どう考えればいい？

命題「$p \Rightarrow q$」に対して対偶「$\bar{q} \Rightarrow \bar{p}$」は同値であることを調べてみましょう。このことは、集合に置き換えると、「$P \subset Q$」と「$\bar{Q} \subset \bar{P}$」が同値であることを示せばよいことになります。ただし、$P$ は条件 $p$ を満

たす集合、$Q$ は条件 $q$ を満たす集合とします。そして、このことは、ベン図で見れば明らかです。つまり、「$P \subset Q$」であれば「$\overline{Q} \subset \overline{P}$」が成り立ち（左下図）、「$\overline{Q} \subset \overline{P}$」が成り立てば「$P \subset Q$」が成り立つ（右下図）からです。

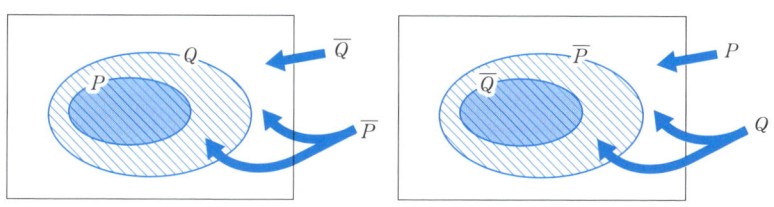

なお、「$P \subset Q$」が成立しても「$Q \subset P$」が成立するとは限らないことは左上図を見れば分かります。したがって「**逆、必ずしも真ならず**」となります。また、「$P \subset Q$」が成立しても「$\overline{P} \subset \overline{Q}$」が成立するとは限らないことは、やはり、左上図を見れば分かります。したがって「裏、必ずしも真ならず」となります。

### 使ってみよう！ 逆・裏・そして対偶

(1) 命題「$x=y$ ならば $x^2=y^2$」の逆・裏・対偶は次のようになります。
　　　逆「$x^2=y^2$ ならば $x=y$」
　　　裏「$x \neq y$ ならば $x^2 \neq y^2$」
　　　対偶「$x^2 \neq y^2$ ならば $x \neq y$」

(2) 命題「道路が濡れていなければ雨は降っていない」の真偽はすぐには判断しかねますが、この対偶「雨が降っていれば道路が濡れる」は真であることが分かります。よって、もとの命題も真となります。

# §6 背理法

> 「$p$ でない」と仮定すると不合理なこと (矛盾) が生じる。よって「$p$ である」とする証明方法を**背理法**という。

### 解説！　矛盾を利用せよ

「$p$ である」ことを証明するのに、あえて「$p$ でない」と仮定し、この仮定から不合理なことを導き出します。そして、このような不合理なことが生じたのは最初に仮定した「$p$ でない」が誤っていたからだ、と考えます。その結果、「$p$ である」は正しい、と結論づける証明方法のことを**背理法**（帰謬法）といいます。なお、ここでいう不合理なこととは、両立し難いこと、つまり「**$r$ であって $r$ でない**」ことを意味します。数学では、このことを**矛盾**といいます。例えば、「$x$ は人間であって、かつ、$x$ は人間でない」とか「$x$ は正の数であって、かつ、$x$ は正の数でない」など、ありえないことをいいます。

背理法は間接証明で、「$p$ である」ことを直接証明できないとき、または、直接証明することが困難なときにその効力を発揮します。

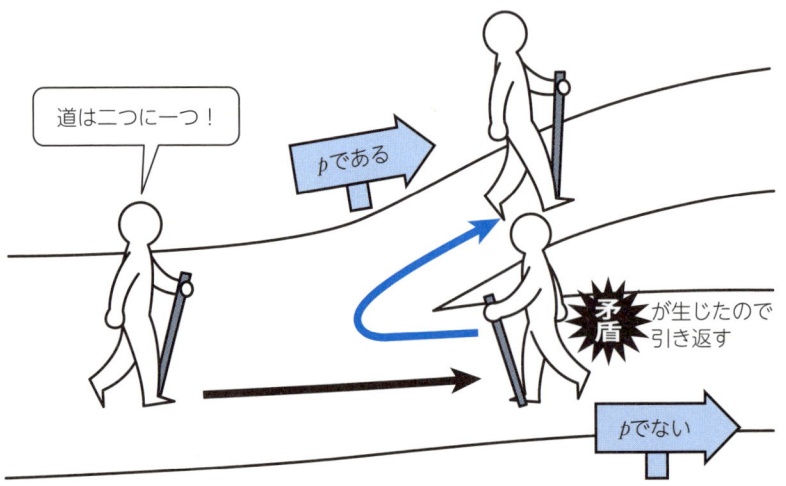

## 背理法の考え方を理解しよう

背理法は、矛盾、つまり、「$r$であって、かつ、$r$でない」は認めないとする考え方にその根拠をおきます。そのため、ある仮定をしたときに矛盾が起こるのであれば、その仮定そのものが間違いであるとします。

## 使ってみよう！ 背理法

次の各命題を背理法で証明しましょう。

(1) 三角形の3つの内角のうち、少なくとも一つは60°以上である。

〔証明〕3つの内角がどれも60°未満としてみます。このとき、内角の総和は180°未満となります。これは、三角形の内角の総和が180°であることに矛盾します。よって、少なくとも一つは60°以上となります。

（注）「少なくとも一つは60°以上」の否定は「すべて60°未満」です。

(2) 自然数$x$、$y$の積$xy$が奇数ならば、$x$と$y$はともに奇数である。

〔証明〕$x$と$y$の少なくとも一方が奇数でない、つまり、偶数とします。例えば、$x$を偶数とします。このとき、$y$の偶数、奇数にかかわらず$xy$は偶数になります。これは、$xy$が奇数であることに矛盾します。

## 背理法を考えた最初の人タレス

古代ギリシャのタレス（紀元前625年頃〜547年頃の自然哲学者）はエジプトに遊学し、そこでの学問をギリシャに持ち帰りました。彼は、エジプトの数学の単なる問題解決では飽きたらず、さらに根源的な問いかけを行ないました。彼の生活した、自由で平等なポリスが形成されていた古代初期のイオニア地方にはそのような社会的土壌があったようです。彼は「円は直径によって2等分される」などといったほぼ自明と思われることを証明しようとしました。そのとき使った論法が「もし、2等分されないとしたら…」という、まさに、背理法であったといわれています。

# §7 簡単な倍数の判定法

(1) 2の倍数……下1桁が2の倍数
(2) 4の倍数……下2桁が4の倍数
(3) 8の倍数……下3桁が8の倍数
(4) 3の倍数……各桁の数字の和が3の倍数
(5) 9の倍数……各桁の数字の和が9の倍数

## 解説！ 倍数の見つけ方

　会食し、ワリカンでいこうとなったとき、請求額が人数で割れるかどうかは、ちょっとした悩みどころです。こんなとき、上記の公式を使えば簡単に均等割ができるかどうか判定できます（ただし、7の倍数の判定は少しやっかいです）。なお、6の倍数は2の倍数であり、なおかつ、3の倍数です。また、5の倍数は一の位が0か5です。

## なぜ、そうなる？

(1) 下1桁が2の倍数であれば、もとの数は2の倍数（下図）

(2) 下2桁が4の倍数であれば、もとの数は4の倍数（下図）

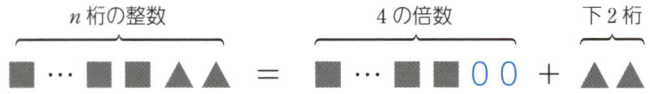

(3) 下3桁が8の倍数であれば、もとの数は8の倍数（下図）

（注）1000は8で割りきれます。

(4)、(5) 各桁の数字の和が3の倍数であれば、もとの数は3の倍数、各桁の数字の和が9の倍数であれば、もとの数は9の倍数（下図）

### 使ってみよう！ 倍数の判定法

(1) 432は下1桁が2で2の倍数だから「2の倍数」
(2) 724は下2桁が24で4の倍数だから「4の倍数」
(3) 53128は下3桁が128で8の倍数だから「8の倍数」
(4) 53124は各桁の和が5+3+1+2+4＝15で3の倍数だから「3の倍数」
(5) 53127は各桁の和が5+3+1+2+7＝18で9の倍数だから「9の倍数」

### 参考

**検算に使われる九去法**

「各桁の数字の和が9の倍数なら、もとの数は9の倍数」という性質を用いて検算する方法は**九去法**と呼ばれて重宝されています。

# §8 剰余類と合同式

### (1) 剰余類

整数を正の整数 $m$ で割ると余り(剰余)は $0$、$1$、$2$、$3$、……、$m-1$ のいずれかである。$m$ で割ったときの剰余が $r$ であるような整数全体の集合を $C_r$ で表すとき、$C_0$、$C_1$、$C_2$、……、$C_{m-1}$ を $m$ を法とする剰余類という。

### (2) 合同式

$a-b$ が $m$ で割り切れる ($a$、$b$ を $m$ で割った余りが等しい) とき、$a$ と $b$ は $m$ を法として合同であるといい「$a \equiv b \pmod{m}$」と書く。また、$m$ を**法** (modulus) という。ここで、$a$、$b$ は整数、$m$ は正の整数とする。

(ア) $a \equiv a \pmod{m}$

(イ) $a \equiv b \pmod{m}$、$b \equiv c \pmod{m}$ ならば $a \equiv c \pmod{m}$

(ウ) $a \equiv b \pmod{m}$、$c \equiv d \pmod{m}$ ならば $a \pm c \equiv b \pm d \pmod{m}$

　　　　　　　　　　　　　　　　　　　　　ただし、複号同順

$a \equiv b \pmod{m}$、$c \equiv d \pmod{m}$ ならば $ac \equiv bd \pmod{m}$

$a \equiv b \pmod{m}$ ならば $a^k \equiv b^k \pmod{m}$

　　　　　　　　　　　　　　　　　　　ただし、$k$ は自然数

## 解説! 余りこそ大事

整数 $a$ と正の整数 $b$ に対して $a = bq + r$ とただ一通りに書けます。ただし、$0 \leq r < b$。

このとき、$q$ を $a$ を $b$ で割った「商」、$r$ を「**余り**(剰余)」といいます。

余りというと価値が低いように思われますが、ここでは、余りこそ大事なのです。

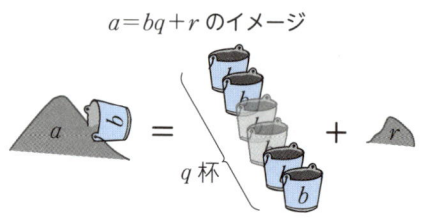

$a = bq + r$ のイメージ

$q$ 杯

●余りで分類したから剰余類

　剰余類というと何だか難しい世界に感じられますが、ある整数に着目し、その整数で割ったときの「余り（**剰余**）で整数全体を**分類**」したから「**剰余類**」なのです。例えば、偶数、奇数という分類はまさしく剰余類です。つまり2で割って割り切れるのが偶数、1余るのが奇数です。

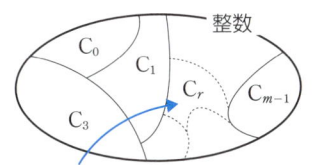

$C_r$は $m$ で割ったら余りが $r$ になる整数の集まり
（例えば、$C_0$ は余り＝0、$C_1$ は余り＝1 の意）

### なぜ、そうなる？

　$a \equiv b \pmod{m}$ ということは $a-b$ が $m$ で割り切れることですから、整数 $k$ が存在して $a-b=mk$　と書けます。

(ア) $a-a=0=m\times 0$　より　$a\equiv a \pmod{m}$

(イ) $a\equiv b \pmod{m}$　より　$a-b=mk_1$　……①
　　$b\equiv c \pmod{m}$　より　$b-c=mk_2$　……②
　　①、②辺々足すと　$a-c=mk_1+mk_2=m(k_1+k_2)$
　　よって、$a\equiv c \pmod{m}$

(ウ) $a\equiv b \pmod{m}$ より　$a-b=mk_1$　……①
　　$c\equiv d \pmod{m}$ より　$c-d=mk_2$　……②
　　①、②辺々足すと　$(a+c)-(b+d)=mk_1+mk_2=m(k_1+k_2)$
　　よって、$a+c\equiv b+d \pmod{m}$

他の性質の証明も同様です。

### 使ってみよう！ 十二支にチャレンジ

　我々が日常使っている「十二支」は剰余類の世界です。誕生日の西暦を12で割って、その余りで人々を分類しているからです。

| 十二支 | 子 | 丑 | 寅 | 卯 | 辰 | 巳 | 午 | 未 | 申 | 酉 | 戌 | 亥 |
|---|---|---|---|---|---|---|---|---|---|---|---|---|
| 誕生年の西暦を12で割った余り | 4 | 5 | 6 | 7 | 8 | 9 | 10 | 11 | 0 | 1 | 2 | 3 |

# §9 ユークリッドの互除法

自然数 $A$ を自然数 $B$ $(B<A)$ で割ったときの商を $Q$、余りを $R$ とすると、「$A$ と $B$ の最大公約数 $=B$ と $R$ の最大公約数」である。この原理を繰り返し用いることによって、二つの自然数 $A$ と $B$ の最大公約数を求める方法を**ユークリッドの互除法**という。

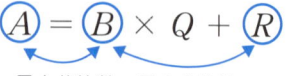

最大公約数＝最大公約数

### 解説！ 最大公約数をうまく求める

11 を 2 で割ると、商が 5 で、余り 1 となり、$11=5\times 2+1$ と書けます。同様に、自然数 $A$ を自然数 $B$ $(B<A)$ で割ったときの商を $Q$、余りを $R$ とすると、

$$A=B\times Q+R \quad ただし、R<B$$

と書けます。**ユークリッドの互除法**は、この式において $\{A、B\}$ の最大公約数は $\{B、R\}$ の最大公約数に等しいことを主張しています。ここで大事なのは、「ただし、$R<B$」。この条件によって必ず $\{A、B\}$ より $\{B、R\}$ の方が、より小さな組に置き換えられます。したがって、このことを有限回繰り返せば余りが 0 になり、最大公約数を求めることができます。

### なぜ、そうなる？

$A$ を $B$ で割った商を $Q$、余りを $R$ とすると、$A=BQ+R$ と書けます。$A$ と $B$ の最大公約数を $G$ とすると、$R=A-BQ$ より、$R$ も $G$ で割れることになります。つまり、$G$ は $R$ と $B$ の共通の約数となります。したがって、$R=GR'$、$B=GB'$ と書けます。このとき、$R'$、$B'$ は互いに素、つまり、共通の約数はありません。なぜならば、$R'$、$B'$ が共通の約数 $C$ を持てば $R'=CR''$、$B'=CB''$ となり、

$R=GR'=GCR''$、$B=GB'=GCB''$ と書けます。すると

$A = BQ + R = GCB''Q + GCR'' = GC(B''Q + R'')$　となります。

このとき $A$, $B$ の最大公約数が $GC$ となり、$G$ が最大公約数であることに矛盾します。したがって、$A$ と $B$ の最大公約数 $G$ は $R$ と $B$ の最大公約数となります。

〔例題〕217 と 63 の最大公約数を求めてください。

[解]　217 を 63 で割ると、下のように商は 3、余りは 28 です。
$$217 = 63 \times 3 + 28$$
よって、217 と 63 の最大公約数を求めるには、「63 と 28 の最大公約数を求めればよい」ことになります。少し簡単になりました。

さらに、63 を 28 で割ると、下のように商は 2、余りは 7 です。
$$63 = 28 \times 2 + 7$$
よって、63 と 28 の最大公約数を求めるには、「28 と 7 の最大公約数を求めればよい」ことになります。

さらに、28 を 7 で割ると、下のように商は 4、余りは 0 です。
$$28 = 7 \times 4 + 0$$
よって、28 と 7 の最大公約数は 7 となります。

（答え）217 と 63 の最大公約数は 7

（注）217 と 63 の最大公約数を求めるということは、「1 辺が 217 と 63 の長方形を正方形のタイルで埋めつくすときの最大のタイルの一辺の長さ」を求めることです。

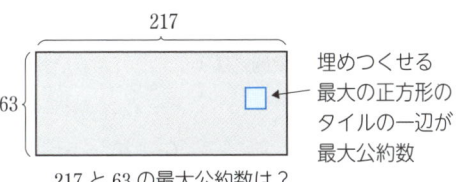

217 と 63 の最大公約数は？

埋めつくせる最大の正方形のタイルの一辺が最大公約数

## 互除法こそ最古のアルゴリズム？

**アルゴリズム**とは、問題を解くための一連の手続きや手順のことで「**算法**」とも訳されています。このユークリッドの互除法は紀元前 300 年頃に編集されたユークリッド（エウクレイデス）の『原論』に記載されています。人類が生み出した最古のアルゴリズムとして有名です。

# §10 2項定理

> $n$ が正の整数のとき、
> $$(a+b)^n = {}_nC_n a^n + {}_nC_{n-1} a^{n-1}b + \cdots + {}_nC_{n-r} a^{n-r} b^r + \cdots + {}_nC_0 b^n$$
> ただし、${}_nC_r = \dfrac{n!}{(n-r)!r!}$

### 解説！ 展開式を調べるために

**2項定理**とは2項の和の式 $a+b$ を2乗、3乗、4乗、……としたとき、その展開式はどうなるのかを $n$ 乗という形でまとめたものです。**組合せ**の総数を表す記号 ${}_nC_r$（§102参照）が威力を発揮していることが分かります。

（注） 展開式における係数 ${}_nC_r$ は $\binom{n}{r}$ という記号で表すこともあります。

●パスカルの三角形で係数を手軽に知る

$(a+b)^n$ の $n$ に 0、1、2、3、…… を代入して実際に式を展開すると次のようになります。

$(a+b)^n$の展開式は？

$$(a+b)^0 = 1$$
$$(a+b)^1 = a+b$$
$$(a+b)^2 = a^2 + 2ab + b^2$$
$$(a+b)^3 = a^3 + 3a^2b + 3ab^2 + b^3$$
$$(a+b)^4 = a^4 + 4a^3b + 6a^2b^2 + 4ab^3 + b^4$$

この展開式の係数に着目すると、次の三角形が浮かび上がってきます。これは左右対称であり、両端が1で、その他は上の二つを足すと下の値になるという性質を持っています。この三角形はパスカルが発見したもので「**パスカルの三角形**」と呼ばれています。

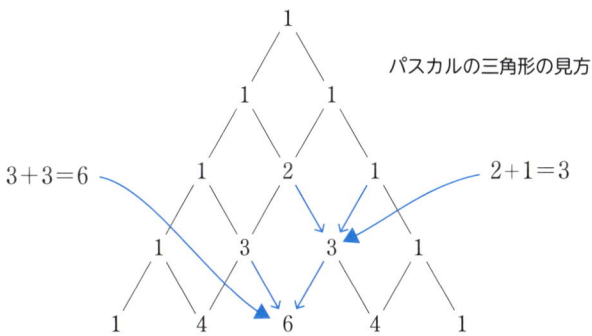

このパスカルの三角形は不思議に思えますが、2項定理の $n$ に 0、1、2、、3、……を代入して展開式の係数だけを $_nC_r$ で書いた次の三角形と見比べると理由が分かります。つまり、パスカルの三角形は下記の $_nC_r$ の性質（§102）そのものなのです。

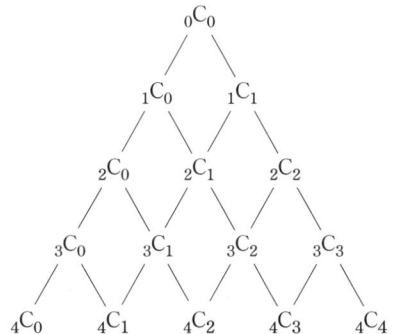

$_nC_r = {_nC_{n-r}}$ …対称性

$_nC_0 = {_nC_n} = 1$ …両端が 1

$_nC_r = {_{n-1}C_{r-1}} + {_{n-1}C_r}$
…上の二つを足したら下

### なぜ、2項定理が成り立つ？

例えば、$(a+b)^5$ の展開式を考えてみることにします。この計算は次の式において、各カッコの中から $a$ または $b$ のどちらか一つを選んで掛け合わせることを意味します。

$$(a+b)^5 = (a+b)(a+b)(a+b)(a+b)(a+b)$$

各（　）からの選び方は $a$ または $b$ の二通りで、（　）が 5 個あるの

で、展開すると全部で$2^5=32$個の項が出てきます。その中で、例えば$a^3b^2$となる項は何個あるのでしょうか。それは、①②③④⑤と各（　）に名前を付けると、どの三つの（　）から$a$を選ぶかの選び方の数だけあることが分かります。つまり、${}_5C_3$個あるのです。

$$(a+b)^5 = (a+b)\ (a+b)\ (a+b)\ (a+b)\ (a+b)$$
$$\qquad\qquad\ ①\qquad ②\qquad ③\qquad ④\qquad ⑤$$

これが、展開式における$a^3b^2$の係数が${}_5C_3$である理由です。この例から、一般に、$(a+b)^n$を展開して整理したときの$a^{n-r}b^r$の係数が${}_nC_{n-r}$になることが容易に理解できます。

### 使ってみよう！　2項定理

(1) 　$(a+b)^5 = {}_5C_0 a^5 + {}_5C_1 a^4 b + {}_5C_2 a^3 b^2 + {}_5C_3 a^2 b^3 + {}_5C_4 ab^4 + {}_5C_5 b^5$
$\qquad\qquad = a^5 + 5a^4 b + 10a^3 b^2 + 10a^2 b^3 + 5ab^4 + b^5$

(2) 　$(a-b)^5 = {}_5C_0 a^5 - {}_5C_1 a^4 b + {}_5C_2 a^3 b^2 - {}_5C_3 a^2 b^3 + {}_5C_4 ab^4 - {}_5C_5 b^5$
$\qquad\qquad = a^5 - 5a^4 b + 10a^3 b^2 - 10a^2 b^3 + 5ab^4 - b^5$

　　ヒント　$(a-b)^5 = (a+(-b))^5$と見なして（1）を使う。

(3) 　$(3x+y)^5 = {}_5C_0 (3x)^5 + {}_5C_1 (3x)^4 y + {}_5C_2 (3x)^3 y^2$
$\qquad\qquad\quad + {}_5C_3 (3x)^2 y^3 + {}_5C_4 (3x) y^4 + {}_5C_5 y^5$
$\qquad\quad = 243x^5 + 405x^4 y + 270x^3 y^2 + 90x^2 y^3 + 15xy^4 + y^5$

(4) 　$(3x-y)^5 = {}_5C_0 (3x)^5 + {}_5C_1 (3x)^4 (-y) + {}_5C_2 (3x)^3 (-y)^2$
$\qquad\qquad\quad + {}_5C_3 (3x)^2 (-y)^3 + {}_5C_4 (3x)(-y)^4 + {}_5C_5 (-y)^5$
$\qquad\quad = 243x^5 - 405x^4 y + 270x^3 y^2 - 90x^2 y^3 + 15xy^4 - y^5$

> **参考**

## 2項定理から多項定理へ

一般に、$(a+b+c+\cdots+l)^n$ の展開式における $a^p b^q c^r \cdots l^t$ の係数は $\dfrac{n!}{p!q!r!\cdots t!}$ です。ただし、$p+q+r+\cdots+t=n$

その理由は次のことからいえます。

$(a+b+c+\cdots+l)^n$
$\quad =(a+b+c+\cdots+l)(a+b+c+\cdots+l)\cdots(a+b+c+\cdots+l)$

を展開したときに $a^p b^q c^r \cdots l^t$ となるのは、$n$ 個の（　）から $p$ 個の（　）を選び、そこから $a$ を選び、残りの $(n-p)$ 個の（　）から $q$ 個の（　）を選んでそこからは $b$ を選び、残りの $(n-p-q)$ 個の（　）から $r$ 個の（　）を選んでそこからは $c$ を選び、……、残りの $(n-p-q-r-\cdots=t)$ 個の（　）から $t$ 個の（　）を選んでそこからは $l$ を選ぶ場合です。その数は、積の法則（§99）から、

$_n C_p \times {}_{n-p}C_q \times {}_{n-p-q}C_r \times \cdots \times {}_{n-p-q-r-\cdots}C_t$

$= \dfrac{n!}{p!(n-p)!} \times \dfrac{(n-p)!}{q!(n-p-q)!} \times \dfrac{(n-p-q)!}{r!(n-p-q-r)!} \times$
$\qquad\qquad\qquad\qquad \cdots \times \dfrac{(n-p-q-r-\cdots)!}{t!}$

$= \dfrac{n!}{p!q!r!\cdots t!}$

例えば、$(a+b+c)^9$ の展開式における $a^2 b^3 c^4$ の係数は $\dfrac{9!}{2!3!4!}=1260$ となります。

なお、2項定理もこれと同じ表現にすれば次のようになります。

$(a+b)^n$ の展開式における $a^p b^q$ の係数は $\dfrac{n!}{p!q!}$ である。

ただし　$p+q=n$

# §11 $p$進法と10進法の変換公式

(1) $p$進数を10進数で表すには$p$進数の定義を使う。

(例) $1101_{(2)} = 1 \times 2^3 + 1 \times 2^2 + 0 \times 2^1 + 1 \times 2^0$
$= 8 + 4 + 0 + 1 = 13_{(10)}$

(2) 10進数を$p$進数で表すには$p$で割って余りを求める計算を商が$p$より小さくなるまで続ける。

(例) $11_{(10)} = 1011_{(2)}$

(注1) 右図の①、②……⑩は計算の手順です。
(注2) 数字$1011_{(2)}$の右下に添えた( )内の数2は、その数が2進数であることを示しています。他も同様です。
(注3) $a^0 = 1$ (§55)。

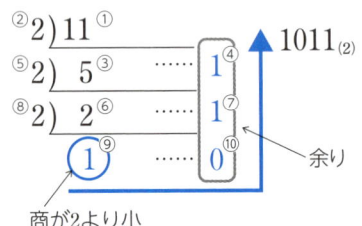

## 解説！"○○進法"を理解する

数を知らない人にとって、右図のリンゴは単なる「リンゴの集まり」にしか見えません。

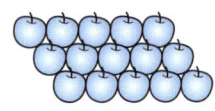

そこで、$10^0(=1)$個、$10^1$個、$10^2$個、$10^3$個、……のリンゴが入るカゴを用意して、これらのリンゴをできるだけ大きなカゴから順に満杯にしていくことにします。ただし、同じサイズのカゴは9個までしか使えないものとします。

このとき使った同じサイズのカゴの数を、大きなカゴから順に左から右へ羅列したのが10進法による量の表現です。この場合$10^1$個のカゴが1個、$10^0(=1)$個のカゴが5個使われたので$15_{(10)}$と表示されます。

$$15_{(10)} = 1 \times 10^1 + 5 \times 10^0$$

それでは、前ページのリンゴを2進法で表現したらどうなるでしょうか。そのためには、まず、$2^0(=1)$個、$2^1$個、$2^2$個、$2^3$個……と入るカゴを用意し、これらのリンゴをできるだけ大きなカゴから順に満杯にしていきます。ただし、同種のサイズのカゴは2進数の場合は$2-1$の1個までしか使えません。

$1\times$ 🧺 $+1\times$ 🧺 $+1\times$ 🧺 $+1\times$ 🧺

このとき使った同じサイズのカゴの数を、大きなカゴから順に左から右へ羅列したのが2進法による表現です。この場合$1111_{(2)}$となります。つまり、

$$1111_{(2)} = 1\times 2^3 + 1\times 2^2 + 1\times 2^1 + 1\times 2^0$$

●なぜ10進数か？

人間の指は左右で合計10本あるので、「10進数を使うようになった」といわれています。もし、我々の手に指が全くなく、腕2本であったら2進数を使っていたかも知れません。実際、コンピュータの内部では電圧が掛かるか否かの二通りなので、2進数に置き換えていろいろな計算がされているのです。

●16進数の表現には新たな数字が使われる

0、1、2、3、4、5、6、7、8、9の10通りの数字を使い、スムーズに表現できるのは10進数までです。そのため、コンピュータでよく使われる16進数を表現するには、さらに6種類の数字が必要になります。といっても数字としては0〜9までしかないので、A、B、C、D、E、Fの6文字を新たに「数字」として用いることにします。左から順に10進数の10、11、12、13、14、15を表すとすると、例えば、16進数の

A20BF4$_{(16)}$ は
$$A\times16^5 + 2\times16^4 + 0\times16^3 + B\times16^2 + F\times16^1 + 4\times16^0$$
です。参考に、10進数、2進数、16進数の例を表示しておきます。

| 10進数 | 0 | 1 | 2 | 3 | 4 | 5 | 6 | 7 | 8 | 9 | 10 | 11 | 12 | 13 | 14 | 15 | 16 |
|---|---|---|---|---|---|---|---|---|---|---|---|---|---|---|---|---|---|
| 2進数 | 0 | 1 | 10 | 11 | 100 | 101 | 110 | 111 | 1000 | 1001 | 1010 | 1011 | 1100 | 1101 | 1110 | 1111 | 10000 |
| 16進数 | 0 | 1 | 2 | 3 | 4 | 5 | 6 | 7 | 8 | 9 | A | B | C | D | E | F | 10 |

### $p$進法と10進法の変換公式

変換の方法を二つに分けて説明します。

(1) $p$ 進法を 10 進法に変換

2進数や3進数などを10進数に変換するのは、案外、簡単です。2進数の1101、7進数の4306を10進数に変換してみます。

$1101_{(2)} = 1\times2^3 + 1\times2^2 + 0\times2^1 + 1\times2^0 = 8+4+0+1 = 13_{(10)}$

$4306_{(7)} = 4\times7^3 + 3\times7^2 + 0\times7^1 + 6\times7^0 = 4\times343 + 3\times49 + 6$
$\qquad = 1525_{(10)}$

(2) 10 進法を $p$ 進法に変換

いつも使っている10進数を他の進数（例えば$p$進数）で表現するには、10進数を$p$で割り、商と余りを求めればよいのです。ただし、商が$p$より小さくなるまで何回でも割り続けます。このとき得た最後の商と途中の余りを、計算とは逆の順に羅列したものが求める数です。例えば、$11_{(10)}$ は右図より $1011_{(2)}$ となります。

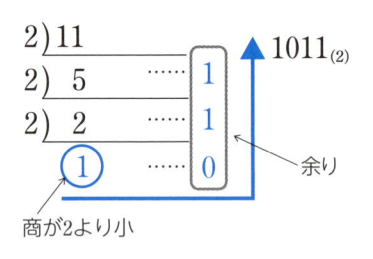

この方法の原理は、割り算を順次、式に表現していけば分かります。

1回目の割り算　2回目の割り算　3回目の割り算
$$11 = 2\times 5 + 1 = 2(2\times 2 + 1) + 1 = 2(2\times(2\times 1 + 0) + 1) + 1$$
$$= 1\times 2^3 + 0\times 2^2 + 1\times 2^1 + 1\times 2^0$$

〔例題〕① 10進数の45を2進数に、② 10進数の30707を5進数で表してください。

[解] 以下の方法で、①は101101$_{(2)}$、②は1440312$_{(5)}$ となります。

```
2) 45           101101(2)
2) 22  …… 1
2) 11  …… 0
2)  5  …… 1
2)  2  …… 1
    1  …… 0
```

```
5) 30707         1440312(5)
5)  6141  …… 2
5)  1228  …… 1
5)   245  …… 3
5)    49  …… 0
5)     9  …… 4
       1  …… 4
```

### 参考

**$p$ 進数の小数表示とは**

例えば、2進数で 1011.101 は何を意味しているのでしょうか。そこでまず、10進数で、例えば、365.24 が意味するものを調べてみます。

$365.24_{(10)} = 3 \times 10^2 + 6 \times 10^1 + 5 \times 10^0 + 2 \times 10^{-1} + 4 \times 10^{-2}$

ここで、$a^{-n} = \dfrac{1}{a^n}$（§55）です。したがって、同様に考えて、

$1011.101_{(2)}$
$= 1 \times 2^3 + 0 \times 2^2 + 1 \times 2^1 + 1 \times 2^0 + 1 \times 2^{-1} + 0 \times 2^{-2} + 1 \times 2^{-3}$

となります。

11 $p$進法と10進法の変換公式

# §12 方程式 $f(x)=0$ の実数解とグラフ

$x$ についての方程式
$$f(x)=0$$
の**実数解**は
関数 $y=f(x)$ のグラフと $x$ 軸との共有点の $x$ 座標である。

この点の $x$ 座標が $f(x)=0$ の実数解

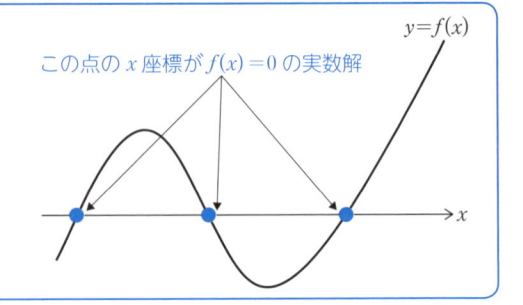

## 解説！ 実数の解とグラフ

実数 $a$ が方程式 $f(x)=0$ の解であれば $f(a)=0$ となります。このことは、関数 $y=f(x)$ のグラフ上に $(a, 0)$ があること、つまり、$a$ が関数 $y=f(x)$ のグラフと $x$ 軸との共有点の $x$ 座標であることを意味します。

## 使ってみれば分かる！

方程式 $x+2=0$ と方程式 $x^2-2x-3=0$ の解を図示すると、それぞれ次のようになります。

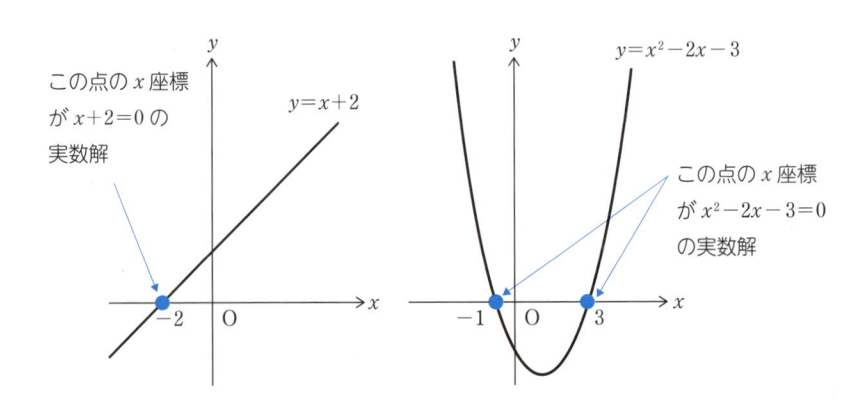

この点の $x$ 座標が $x+2=0$ の実数解

この点の $x$ 座標が $x^2-2x-3=0$ の実数解

**参考**

### 方程式 $f(x)=0$ の虚数解とグラフ

　$xy$ 座標平面における $y=f(x)$ のグラフは $x$ も $y$ も実数です。したがって、この平面上では方程式 $f(x)=0$ の**虚数解**は見ることができません。そこで、$z$ を複素数として複素数 $f(z)$ の絶対値 $|f(z)|$ を $y$ とおいた $y=|f(z)|$ のグラフを利用することにします。つまり、$z$ は複素数平面上の点で、その複素数平面に垂直に $y$ 軸をとり(右図)、$z=a+bi$ を複素数平面上で動かしたときにできる点 $(a、b、y)$ のつくる曲面 $S$ を考えます。

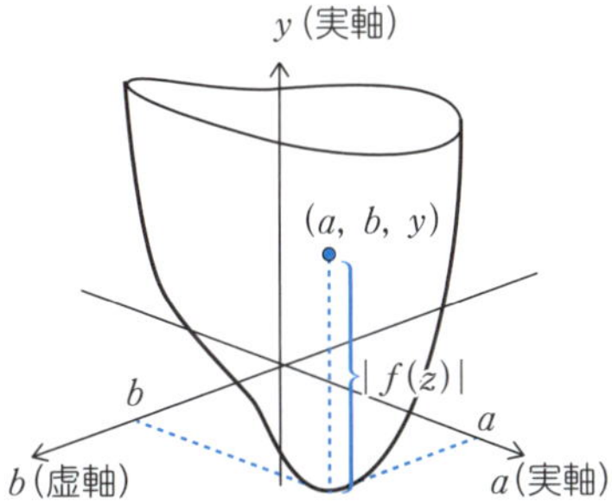

このとき、$|f(z)|\geqq 0$ より、曲面 $S$ は複素数平面と共有点を持つか、または、その上側に位置します。曲面 $S$ と複素数平面($ab$ 平面)との共有点の $z$ が方程式 $f(z)=0$ の解となります。もし、その共有点が実軸上にあれば、その点 $z$ は方程式 $f(z)=0$ の実数解であり、実軸上になければ、その点 $z$ は方程式 $f(z)=0$ の虚数解となります。

　右図は方程式 $z^3-1=0$ の解を見るために $y=|z^3-1|$ のグラフを描いたものです。三つの解 $1$、$\dfrac{-1\pm\sqrt{3}\,i}{2}$ のところで鼎(かなえ)のように3本足で立っています。

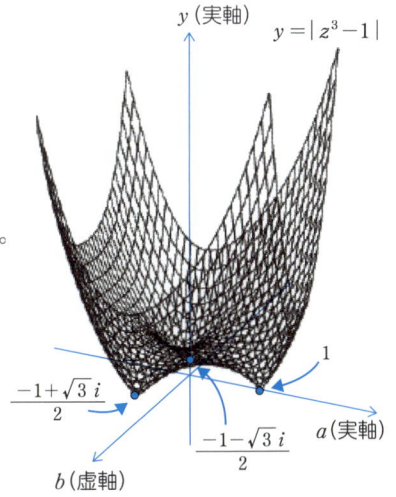

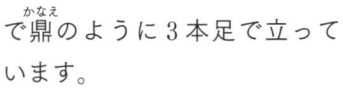

12 方程式 $f(x)=0$ の実数解とグラフ

# §13 剰余定理と因数定理

> (1) **剰余定理**
>
>   整式 $f(x)$ を $x-\alpha$ で割ったときの余りは $f(\alpha)$
>
>   整式 $f(x)$ を $ax-b$ で割ったときの余りは $f\left(\dfrac{b}{a}\right)$
>
> (2) **因数定理**
>
>   整式 $f(x)$ が $x-\alpha$ で割り切れる $\Leftrightarrow$ $f(\alpha)=0$
>   ($f(x)$ は $x-\alpha$ を因数に持つ)
>   整式 $f(x)$ が $ax-b$ で割り切れる $\Leftrightarrow$ $f\left(\dfrac{b}{a}\right)=0$
>   ($f(x)$ は $ax-b$ を因数に持つ)

### 解説！ 1次式で割ってみるとベンリ

　整式の割り算は一般には大変です。しかし、1次式で割ることに関しては上記の定理を使うと、割り算をしないで、余りを求めたり、割り切れるかどうかを判定できます。

●整式 $f(x)$ に対して $f\left(\dfrac{b}{a}\right)=0$ となる $a$、$b$ は？

　$x$ の $n$ 次の整式

$$p_n x^n + p_{n-1} x^{n-1} + \cdots + p_2 x^2 + p_1 x + p_0 \cdots\cdots ① \text{が}$$
$$(ax-b)(q_{n-1} x^{n-1} + \cdots + q_2 x^2 + q_1 x + q_0) \cdots\cdots ② \text{と}$$

**因数分解**できたとすれば、$a$ は $p_n$ の約数、$b$ は $p_0$ の約数です。ただし、$p_n$、$p_{n-1}$、……、$p_2$、$p_1$、$p_0$、$q_{n-1}$、……、$q_2$、$q_1$、$q_0$、$a$、$b$ は整数とします。

　このことは、②を展開して得られる $x^n$ の係数と定数項が①の $x^n$ の係数と定数項に等しいことから分かります。つまり、$p_n = a q_{n-1}$、$p_0 = -b q_0$ から分かります。

なお、剰余定理、因数定理において $f(a)$ や $f\left(\dfrac{b}{a}\right)$ の値を求める計算は次節の §14 の「組み立て除法」を使うと簡単です。

### 剰余定理、因数定理を導くには

「整式 $f(x)$ を 1 次式で割ったときの余りは定数」であることより上記の剰余定理、因数定理は簡単に導けます。

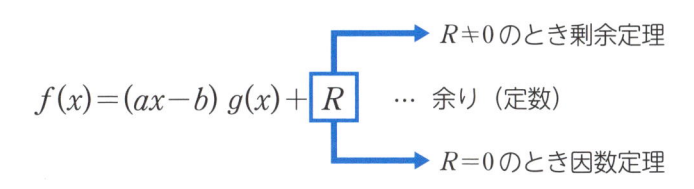

$$f(x)=(ax-b)\,g(x)+\boxed{R}$$

$\boxed{R}$ … 余り（定数）
- $R \neq 0$ のとき剰余定理
- $R = 0$ のとき因数定理

### 使ってみれば分かる！

(1) $f(x)=x^3+6x^2+9x+2$ を $x+3$ で割ったときの余りは、
$f(-3)=(-3)^3+6\times(-3)^2+9\times(-3)+2=2$

(2) $f(x)=x^3+6x^2+9x+2$ を $2x-3$ で割ったときの余りは、
$$f\left(\dfrac{3}{2}\right)=\left(\dfrac{3}{2}\right)^3+6\left(\dfrac{3}{2}\right)^2+9\left(\dfrac{3}{2}\right)+2=\dfrac{259}{8}$$

(3) $f(x)=3x^3-x^2-8x-4$ のとき $f(2)=3\times 2^3-2^2-8\times 2-4=0$
よって、$f(x)$ は $x-2$ で割り切れる。

(4) $f(x)=3x^3-x^2-8x-4$ のとき
$$f\left(-\dfrac{2}{3}\right)=3\times\left(-\dfrac{2}{3}\right)^3-\left(-\dfrac{2}{3}\right)^2-8\times\left(-\dfrac{2}{3}\right)-4=0$$

よって、$f(x)$ は $3x+2$ で割り切れる。

（注） (3)、(4)より $f(x)=3x^3-x^2-8x-4$ は $(x-2)(3x+2)$ を因数に持つことが分かります。

# §14 組み立て除法

$a_3x^3+a_2x^2+a_1x+a_0$ を $(x-p)$ で割るには次のように計算する。

$$
\begin{array}{c|cccc}
 & a_3 & a_2 & a_1 & a_0 \\
p) & & pb_2 & pb_1 & pb_0 \\
\hline
 & b_2 & b_1 & b_0 & a_0+pb_0 \\
 & \| & & & \text{余り} \\
 & a_3 & & &
\end{array}
$$

このとき、商は $b_2x^2+b_1x+b_0$　余りは　$a_0+pb_0$

### 解説！ 組み立て除法の考え方

　剰余定理を使えば整式を1次式で割ったときの余りが、因数定理を使えば1次式が因数になるかどうかを即座に判定できます。しかし、いずれも1次式で割った商までは求まりません。そのためには、実際に割り算をすることになります。

　しかし、ここで紹介する**「組み立て除法」**を利用すれば、その割り算が簡単にできます。まずは次の具体例で説明しましょう。

(例)　$f(x)=x^3-2x^2-5x+6$ を $x-2$ で割ったときの商と余りを求める。

●形式にあてはめる

　この割り算を $f(x)$ の各項の係数と $x-2$ の $2$ を用いて次のように書きます。

$$
\begin{array}{c|cccc}
 & 1 & -2 & -5 & 6 \\
2) & & & & \\
\hline
\end{array}
$$

● $p$ を掛けて上下に足すだけ

$f(x)$ の項の最高次の係数 1 を横線の下に書き（①）、これに 2 を掛けた 2 を $-2$ の真下に書き（②）、上下を足した値 0 を横線の下に書きます。さらに、この 0 に 2 を掛けた 0 を $-5$ の真下に書き……を繰り返します。

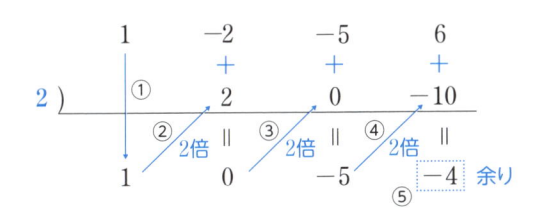

$$
\begin{array}{r|rrrr}
 & 1 & -2 & -5 & 6 \\
 &   & + & + & + \\
2） & ① & 2 & 0 & -10 \\
\hline
 & 1 & 0 & -5 & \boxed{-4} \\
 &   & ② 2倍 & ③ 2倍 & ④ 2倍 \quad ⑤ \text{余り}
\end{array}
$$

このとき、最後に得た $-4$ が余りで、商は $x^2-0x-5=x^2-5$ となります。これを一般化したのが冒頭の計算です。

### なぜ、そうなるのか？

整式 $f(x)=a_3x^3+a_2x^2+a_1x+a_0$ を実際に $x-p$ で割ったときの商と余りを計算すると次のようになり、冒頭の計算と同じになります。

$$
\begin{array}{r}
b_2x^2+b_1x+b_0 \\
x-p \overline{\smash{)}\ a_3x^3+\ a_2x^2\ +a_1x+a_0} \\
\underline{b_2x^3-pb_2x^2\phantom{+a_1x+a_0}} \\
(a_2+pb_2)x^2+a_1x\phantom{+a_0} \\
\underline{b_1x^2-pb_1x\phantom{+a_0}} \\
(a_1+pb_1)x+a_0 \\
\underline{b_0x-pb_0} \\
a_0+pb_0
\end{array}
$$

ただし
$b_2=a_3$
$b_1=a_2+pb_2$
$b_0=a_1+pb_1$

## 14 組み立て除法

## 使ってみよう！ 組み立て除法

ここでは、前節の剰余定理と因数定理で紹介した例題を組み立て除法で計算してみます。

(1) $f(x) = x^3 + 6x^2 + 9x + 2$ を $x + 3$ で割ったときの商と余りを求めます。

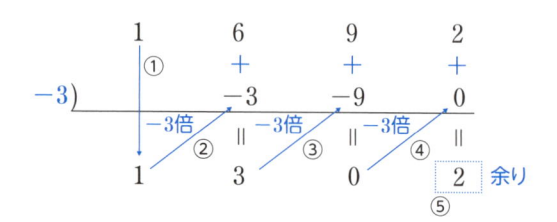

```
          1       6       9       2
          |①      +       +       +
    -3)   |      -3      -9       0
          |-3倍  ‖ -3倍   ‖ -3倍  ‖
          ↓   ②      ③      ④
          1       3       0      [2]  余り
                                  ⑤
```

よって、商は $x^2 + 3x$、余りは $2$ です。

(2) $f(x) = x^3 + 6x^2 + 9x + 2$ を $2x - 3$ で割ったときの商と余りを求めます。

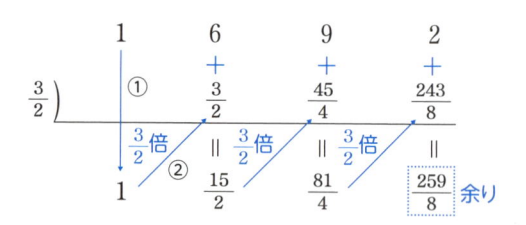

```
              1        6        9        2
              |①       +        +        +
    3/2 )     |       3/2      45/4     243/8
              |3/2倍  ‖ 3/2倍  ‖ 3/2倍  ‖
              ↓   ②
              1       15/2     81/4    [259/8] 余り
```

よって、商は、$\dfrac{1}{2}\left(x^2 + \dfrac{15}{2}x + \dfrac{81}{4}\right) = \dfrac{1}{2}x^2 + \dfrac{15}{4}x + \dfrac{81}{8}$、余りは $\dfrac{259}{8}$ です。

ここで、$f(x)=x^3+6x^2+9x+2$ を $2x-3=2\left(x-\dfrac{3}{2}\right)$ で割るのですが、まず $\left(x-\dfrac{3}{2}\right)$ で割った商 $x^2+\dfrac{15}{2}x+\dfrac{81}{4}$ と余り $\dfrac{259}{8}$ を求めてから、商に $\dfrac{1}{2}$ を掛けました。余りはそのままです。このことは次の式から分かります。

$$x^3+6x^2+9x+2 = \left(x-\dfrac{3}{2}\right)\left(x^2+\dfrac{15}{2}x+\dfrac{81}{4}\right)+\dfrac{259}{8}$$

$$= (2x-3)\dfrac{1}{2}\left(x^2+\dfrac{15}{2}x+\dfrac{81}{4}\right)+\dfrac{259}{8}$$

$$= (2x-3)\left(\dfrac{1}{2}x^2+\dfrac{15}{4}x+\dfrac{81}{8}\right)+\dfrac{259}{8}$$

(3) $f(x)=3x^3-x^2-8x-4$ を $x-2$ で割ったときの商と余りを求めます。

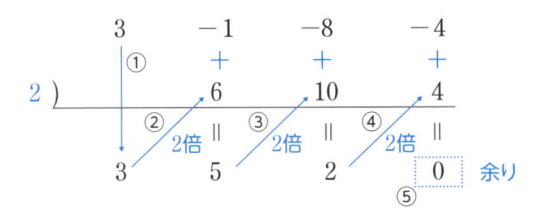

```
          3    −1    −8    −4
          │①   +     +     +
     2 )  │    6    10     4
          │  ②2倍 = ③2倍 = ④2倍 =
          ↓
          3    5     2     0  余り
                          ⑤
```

よって、商は $3x^2+5x+2$、余りは $0$ です。

---

### 📖 参考

**組み立て除法のいろいろな表現**

組み立て除法を表す式はいろいろです。例えば上記(3)の場合、次の表現もあります。

```
     2 │ 3    −1    −8    −4
    +) │      6    10     4
       ───────────────────────
         3    5     2     0
```

第2章 数と式　14 組み立て除法

# §15 解と係数の関係

> 2次方程式 $ax^2+bx+c=0$ の二つの解を $\alpha$、$\beta$ とすると
> $$\alpha+\beta=-\frac{b}{a}、\quad \alpha\beta=\frac{c}{a}$$

### 解説！ ある関係を持つ"解と係数"

2次方程式の「解と係数」は、ある関係で結ばれています。それが、上記の「**解と係数の関係**」です。この関係は、一般の $n$ 次の方程式に拡張することができます（次ページの＜参考＞を参照）。

### なぜ、そうなるのか？

2次方程式 $ax^2+bx+c=0$ の二つの解を $\alpha$、$\beta$ とすると、因数定理より $ax^2+bx+c$ は $a(x-\alpha)(x-\beta)$ と因数分解できます。

つまり、$ax^2+bx+c=a(x-\alpha)(x-\beta)$

右辺を展開すると、
$$ax^2+bx+c=ax^2-a(\alpha+\beta)x+a\alpha\beta$$

係数を比較することにより、
$$b=-a(\alpha+\beta)、\quad c=a\alpha\beta$$

両辺を $a$ で割って $\alpha+\beta=-\dfrac{b}{a}$、$\alpha\beta=\dfrac{c}{a}$ を得ます。

### 使ってみよう！ 解と係数の関係

(1) 2次方程式 $x^2+3x+4=0$ の解を $\alpha$、$\beta$ とするとき、$\dfrac{1}{\alpha}+\dfrac{1}{\beta}$ の値を求めてみます。

解と係数の関係より $\alpha+\beta=-3$、$\alpha\beta=4$ となります。

よって、$\dfrac{1}{\alpha}+\dfrac{1}{\beta}=\dfrac{\alpha+\beta}{\alpha\beta}=\dfrac{-3}{4}$

(2) 「和が $m$、積が $n$ である 2 数を解とする 2 次方程式」は、
$$a(x^2-mx+n)=0 \quad (a\neq 0)$$
と書けます。

なぜならば、2 数 $\alpha$、$\beta$ を解とする 2 次方程式を
$ax^2+bx+c=0\,(a\neq 0)$ とすると、解と係数の関係より、
$$\alpha+\beta=-\dfrac{b}{a}、\alpha\beta=\dfrac{c}{a}$$

条件より $-\dfrac{b}{a}=m$、$\dfrac{c}{a}=n$ ゆえに、$b=-am$、$c=an$

よって $ax^2+bx+c=ax^2-amx+an=a(x^2-mx+n)=0$

---

📖 **参考**

### $n$ 次方程式の解と係数の関係

3 次方程式 $ax^3+bx^2+cx+d=0$ の三つの解を $\alpha$、$\beta$、$\gamma$ とすれば、

$$\alpha+\beta+\gamma=-\dfrac{b}{a} \qquad \alpha\beta+\beta\gamma+\gamma\alpha=\dfrac{c}{a} \qquad \alpha\beta\gamma=-\dfrac{d}{a}$$

となります。一般に、$n$ 次方程式
$$a_n x^n + a_{n-1} x^{n-1} + \cdots\cdots + a_2 x^2 + a_1 x + a_0 = 0 \qquad a_n\neq 0$$
の解を $\alpha_1$、$\alpha_2$、…、$\alpha_n$ とすれば、次の関係式が成立します。

$$\alpha_1+\alpha_2+\cdots\cdots+\alpha_n = -\dfrac{a_{n-1}}{a_n}$$

$$\alpha_1\alpha_2+\alpha_1\alpha_3+\cdots\cdots+\alpha_{n-1}\alpha_n = \dfrac{a_{n-2}}{a_n}$$

$$\cdots\cdots\cdots\cdots\cdots\cdots\cdots\cdots$$

$$\alpha_1\alpha_2\cdots\cdots\alpha_n = (-1)^n \dfrac{a_0}{a_n}$$

# §16 2次方程式の解の公式

> 2次方程式 $ax^2+bx+c=0$ $(a \neq 0)$ の解は、
> $$x = \frac{-b \pm \sqrt{b^2-4ac}}{2a} \quad \cdots\cdots ①$$
> ただし、$a$、$b$、$c$ は定数

### 解説！ 2次方程式の解には実数でない解がある

2次方程式の**解の公式**は、数学の公式の中でも、最も有名な公式の一つです。

1次方程式 $ax+b=0\,(a \neq 0)$ の解は $x = -\dfrac{b}{a}$ であり、$a$、$b$ がどんな実数であっても必ず実数解が存在します。しかし、2次方程式の場合、$a$、$b$、$c$ の値によっては $\sqrt{\phantom{n}}$ の中（上記の公式）が負となり、$x$ は実数とは限らなくなります。

● 2次方程式の解を分類

上記の公式の $\sqrt{\phantom{n}}$ の中が負の場合、解は虚数（§32）になります。そこで、①の $\sqrt{\phantom{n}}$ の中の式を $D=b^2-4ac$ とすると、2次方程式の解は

$D>0$ のときは 異なる二つの**実数解**
$D=0$ のときは **重解**（二つの解が重なったと解釈）
$D<0$ のときは 異なる二つの**虚数解**

と判別できるので、$D=b^2-4ac$ のことを**判別式**といいます。

（注）$\sqrt{-1}=i$（$i$ は虚数単位で $i^2=-1$）　例 $\sqrt{-3}=\sqrt{3}\,i$

● 2次方程式の係数が複素数の場合

上記の解の公式は係数 $a$、$b$、$c$ が実数でなくても、つまり、一般に複素数でも成り立ちます。ただし、このとき、$b^2-4ac$ は複素数になる

ので$\sqrt{複素数}$（これは複素数になります）を考察する必要があります。なお、$a$、$b$、$c$ が複素数の場合には $D=b^2-4ac$ の正負による先の解の分類は意味を失います。

### なぜ、そうなる？

$$ax^2+bx+c=a\left(x^2+\frac{b}{a}x\right)+c=a\left\{x^2+\frac{b}{a}x+\left(\frac{b}{2a}\right)^2\right\}-a\left(\frac{b}{2a}\right)^2+c$$

$$=a\left(x+\frac{b}{2a}\right)^2-\frac{b^2-4ac}{4a} \cdots \text{この変形を「平方完成」という}$$

$ax^2+bx+c=0$ より $\left\{2a\left(x+\frac{b}{2a}\right)\right\}^2=b^2-4ac$

ゆえに、$2a\left(x+\frac{b}{2a}\right)=\pm\sqrt{b^2-4ac}$

両辺を、$2a$ で割って $\frac{b}{2a}$ を移項すると、

$$\therefore x=\frac{-b\pm\sqrt{b^2-4ac}}{2a}$$

〔例題〕次の2次方程式の解を求めてください。
(1) $x^2+5x+2=0$ (2) $x^2+x+1=0$
(3) $(2-3i)x^2-2(2+i)x+i=0$

[解]
(1) 解の公式①に $a=1$、$b=5$、$c=2$ を代入して、

$$x=\frac{-5\pm\sqrt{25-8}}{2\times 1}=\frac{-5\pm\sqrt{17}}{2}$$

(2) 解の公式①に $a=1$、$b=1$、$c=1$ を代入して、

$$x=\frac{-1\pm\sqrt{1-4}}{2\times 1}=\frac{-1\pm\sqrt{3}\,i}{2}$$

(3) 解の公式①に $a=2-3i$、$b=-2(2+i)$、$c=i$ を代入して、

$$x = \frac{2(2+i) \pm \sqrt{4(2+i)^2 - 4i(2-3i)}}{2(2-3i)}$$

$$= \frac{2+i \pm \sqrt{(2+i)^2 - i(2-3i)}}{2-3i} = \frac{2+i \pm \sqrt{2i}}{2-3i}$$

ところで、$\sqrt{2i}$ はどんな複素数でしょうか。それを知るために、

$\sqrt{2i} = p + qi$　（$p$、$q$ は実数）

とおいて、両辺を平方すれば次の式を得ます。

$2i = p^2 - q^2 + 2pqi$

左辺と右辺の実数同士と虚数同士は等しいので（§32）、

$p^2 - q^2 = 0$　……②

$pq = 1$　……③

②より $(p+q)(p-q) = 0$ となり $p = \pm q$

③より　$p$ と $q$ は同符号

よって　$p = q$　……④

これと③より　$p^2 = 1$　ゆえに　$p = \pm 1$

これと④より　$p = q = \pm 1$

ゆえに、$\sqrt{2i} = \pm(1+i)$

よって、　$x = \dfrac{2+i \pm \sqrt{2i}}{2-3i} = \dfrac{2+i \pm (1+i)}{2-3i}$

複号 $\pm$ の＋の場合は、

$$x = \frac{2+i+1+i}{2-3i} = \frac{3+2i}{2-3i} = \frac{(3+2i)(2+3i)}{(2-3i)(2+3i)} = \frac{13i}{13} = i$$

複号 $\pm$ の－の場合は、

$$x = \frac{2+i-1-i}{2-3i} = \frac{1}{2-3i} = \frac{(2+3i)}{(2-3i)(2+3i)} = \frac{2+3i}{13}$$

ゆえに、求める答えは　$x = i, \dfrac{2+3i}{13}$

## ガウスが発見した定理

次の定理は「**代数学の基本定理**」と呼ばれる重要なものです。これは、**ガウス**（1777〜1855）によって証明されました。

$n$ を任意の自然数、$a_n$、$a_{n-1}$、…、$a_2$、$a_1$、$a_0$ を複素数とするとき、

**$n$ 次方程式**　　$a_n x^n + a_{n-1} x^{n-1} + \cdots + a_2 x^2 + a_1 x + a_0 = 0$　　……⑤

は少なくとも一つの**複素数の解**（根）を持つ。

この定理により、「**複素数係数（複素数である係数）の $n$ 次方程式は $n$ 個の複素数の解を持つ**」ことになります。なぜなら、⑤の左辺を $f(x)$ とおき、⑤の一つの複素数の解を $\alpha_1$ とすれば、因数定理により、

$$f(x) = (x - \alpha_1) g(x)$$

となります。ここで、$g(x)$ は複素数を係数とする $x$ の $(n-1)$ 次方程式なので、少なくとも一つの複素数の解 $\alpha_2$ を持ちます。すると、また、因数定理によって、

$$g(x) = (x - \alpha_2) h(x)$$

と書けます。以下、このことを繰り返せば、

$$f(x) = a_n (x - \alpha_1)(x - \alpha_2) \cdots (x - \alpha_n)$$

となり、⑤は $n$ 個の解 $\alpha_1$、$\alpha_2$、…、$\alpha_n$ を持つことが分かります。

# §17 3次方程式の解の公式

3次方程式 $x^3+ax^2+bx+c=0$ の解は、

$$x = \sqrt[3]{-\frac{q}{2}+\sqrt{r}} + \sqrt[3]{-\frac{q}{2}-\sqrt{r}} - \frac{a}{3} \quad \cdots\cdots ①$$

$$x = \omega\sqrt[3]{-\frac{q}{2}+\sqrt{r}} + \omega^2\sqrt[3]{-\frac{q}{2}-\sqrt{r}} - \frac{a}{3} \quad \cdots\cdots ②$$

$$x = \omega^2\sqrt[3]{-\frac{q}{2}+\sqrt{r}} + \omega\sqrt[3]{-\frac{q}{2}-\sqrt{r}} - \frac{a}{3} \quad \cdots\cdots ③$$

ただし、$q = \frac{2}{27}a^3 - \frac{ab}{3} + c$、

$$r = \frac{1}{4}\left(\frac{2}{27}a^3 - \frac{1}{3}ab + c\right)^2 + \frac{1}{27}\left(b - \frac{1}{3}a^2\right)^3$$

$$\omega = \frac{-1+\sqrt{3}\,i}{2}$$

（注）$\omega$ は3次方程式 $x^3=1$ の虚数解の一つ。このとき、$x^3=1$ の解は 1、$\omega$、$\omega^2$ と書けます。

### 解説！ カルダノの公式

この3次方程式の解の公式はイタリアの数学者カルダノ（1501～1576）らによって発見されたので「**カルダノの公式**」と呼ばれています。

ただし、これを使うには、複素数の平方根、立方根を考える必要があります。なお、4次方程式の解の公式についても、カルダノの弟子フェラリ（1522～1565）によって発見されています。

### 使ってみよう！ 3次方程式の解の公式

3次方程式の「解の公式」を導くのはかなり大変です。ここでは、使うだけにとどめておきます。

3次方程式 $x^3-x^2-x-2=0$ の場合、$a=-1$、$b=-1$、$c=-2$

よって $q=-\dfrac{65}{27}$、$r=\dfrac{49}{36}$　これを前ページの①～③に順次代入すると、三つの解は、順に、$x=2$、$x=\dfrac{-1+\sqrt{3}\,i}{2}$、$x=\dfrac{-1-\sqrt{3}\,i}{2}$ となります。

## 5次以上に解の公式はあるか？　アーベル、ガロアの世界

$n$ を任意の自然数、$a_n$, $a_{n-1}$, $\cdots$, $a_2$, $a_1$, $a_0$ を複素数とするとき、

方程式　$a_n x^n + a_{n-1} x^{n-1} + \cdots + a_2 x^2 + a_1 x + a_0 = 0$

を **$n$ 次の代数方程式** といいます。

　$n$ が 4 以下、すなわち、4 次以下の代数方程式については解の公式が存在します。しかし、「5 次以上の代数方程式では、解の公式が存在しない」ことが証明されました。ここで、$n$ 次の代数方程式に対して解の公式が存在しないということは、その係数から四則演算（＋、－、×、÷）および根号の演算（$\sqrt{\ }$、$\sqrt[3]{\ }$、$\sqrt[4]{\ }$、…）を有限回行なうことによって解の公式を導くことは不可能である、ということです。

　3 次方程式、4 次方程式の「解の公式」がカルダノやフェラリによって発見されてからというもの、5 次以上の代数方程式については、その「解の公式」は長い間（300 年ほど）発見されませんでした。

　そしてついに 1825 年、ノルウェーの数学者アーベル（1802 ～ 1829）によって「5 次以上の代数方程式では解の公式が存在しない」ことが証明され、さらに、フランスの数学者ガロア（1811 ～ 1832）によって「**群論**」という画期的な理論によっても、このことが証明されたのです。

　（注）　$a>0$ のとき $\sqrt[n]{a}$ は $n$ 乗して $a$ になる正の数です。

# §18 三平方の定理

　直角三角形の斜辺の長さの2乗は、残る2辺の長さの2乗の和に等しい。

$$a^2 = b^2 + c^2$$

（注）逆も成立します。つまり、「三角形において、2辺の長さの2乗の和が残りの1辺の長さの2乗に等しいとき、この三角形は直角三角形となる」

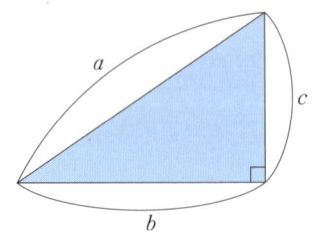

第3章 図形と方程式

## 解説！ タイルに補助線を引く

　**三平方の定理**（**ピタゴラスの定理**）は、床に敷き詰められたタイルを見てピタゴラス（B.C.580頃〜B.C.500頃）自身、あるいはピタゴラス学派の人々が発見したといわれています。

　正方形のタイルの床に対角線を描いてみると（右下図）、青い正方形Aの面積は、青い二つの三角形Bの面積の和に等しく、グレーの正方形Cの面積はグレーの二つの三角形Dの面積の和に等しいことが分かります。したがって、四つの三角形で作られた大きな正方形の面積（斜辺の2乗）は、青とグレーの小さな正方形の面積（斜辺でない辺の2乗）の和になっているといえます。

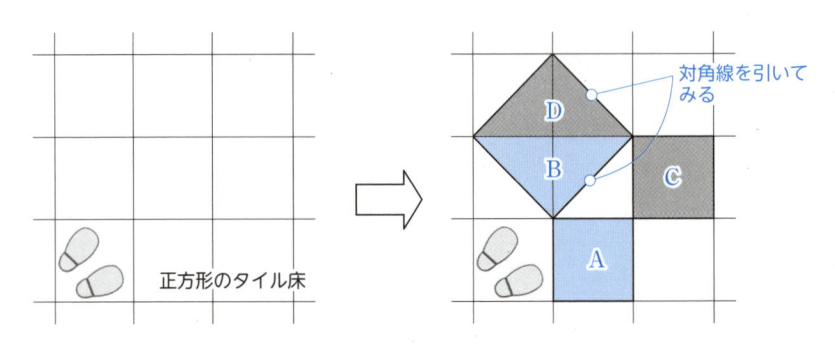

このことから、一般の直角三角形でもその斜辺（一番長い辺）を一辺とする正方形の面積 $S_1$ は、残りの 2 辺を一辺とする正方形の面積 $S_2$ と $S_3$ の和に等しいと思われます。つまり、

$$S_1 = S_2 + S_3$$

この式で、直角三角形の斜辺を $a$、他の 2 辺を $b$、$c$ とし、辺の長さで表現すると「$a^2 = b^2 + c^2$」となり、三平方の定理の予感がします。

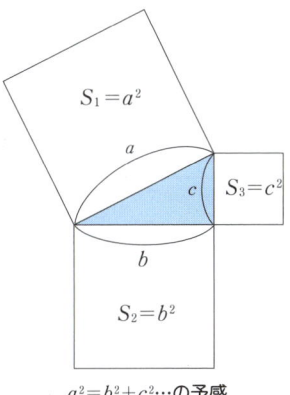

$a^2 = b^2 + c^2$ …の予感

（注）バビロニアでは紀元前 2000 年頃までには三平方の定理が発見され、使われていた。

● 数学で最重要な定理

　この三平方の定理は、数学のいろいろな分野の土台となる極めて重要な定理といえます。距離の公式をはじめ、この「三平方の定理」なしでは語れない数学がたくさんあるからです。

### なぜ、三平方の定理は成り立つのか？

　三平方の定理は実に多くの証明がありますが、ここでは、数式を使わずに直観的に理解できるものを一つ紹介しておきます。

　まず、斜辺の長さが $a$ で他の 2 辺の長さが $b$、$c$ である直角三角形（下図 1）を、一辺の長さが $b+c$ である正方形の四隅に配置します（下図 2）。

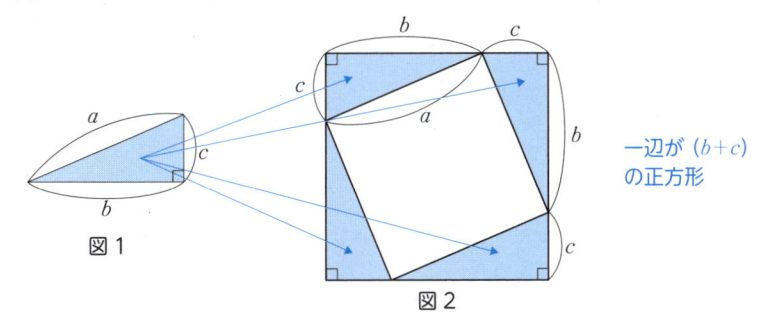

図1

図2　一辺が $(b+c)$ の正方形

次に、この同じ正方形の枠内で直角三角形を下図のように配置換えします。

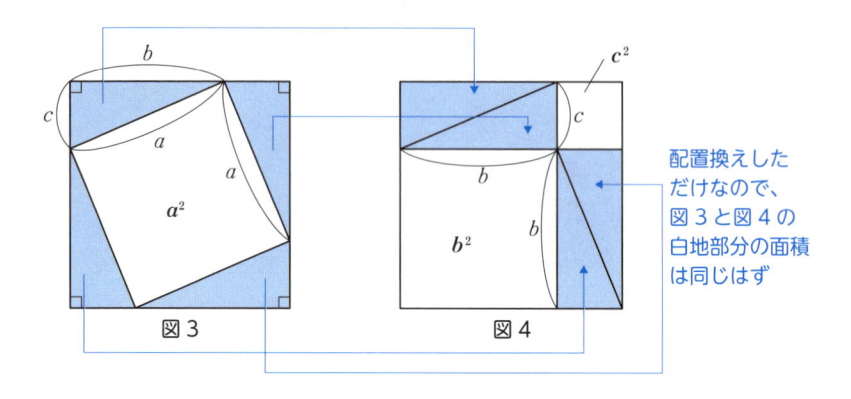

図3　　図4

配置換えしただけなので、図3と図4の白地部分の面積は同じはず

このとき、図3と図4の白い部分の面積は等しいはずです。したがって、「図3の白い正方形の面積 ＝ 図4の2カ所の白い部分の正方形の面積の和」となります。これを式で書くと　$a^2=b^2+c^2$　となります。

〔例題〕次の(1)～(3)の直角三角形において $x$ の値を三平方の定理を使って求めてください。
(1)　(2)　(3)

[解]
(1)　$x^2=1^2+1^2=2$　ゆえに　$x=\sqrt{2}$　$(x>0)$
(2)　$x^2+1^2=2^2$　よって　$x^2=2^2-1^2=3$　ゆえに　$x=\sqrt{3}$　$(x>0)$
(3)　$x^2=3^2+4^2=25$　よって　$x=5$　$(x>0)$

## "整数と分数で成り立っている" と考えたピタゴラス

ピタゴラスが活躍したのは紀元前6世紀の古代ギリシャ時代（日本は弥生時代）のこと。ピタゴラスは直角三角形の性質をはじめ、あらゆる事柄の背後に「数の秩序」が潜んでいると考え**万物は数である**と主張し「数」を崇める宗教として、ピタゴラス教団を設立しています。

ピタゴラス教団は「この世界は、整数とその比（分数）によって、秩序を保っている」と主張していたのですが、皮肉なことに、自らが発見した「三平方の定理」は、整数でも分数でもない数の存在を示していました。

例えば、2辺の長さが1で、斜辺が $x$ の直角三角形の場合です。これを満たす斜辺 $x$ は、整数や分数では表せません（前ページを参照）。ピタゴラスは、このような数の存在を「決して口外してはならない」として隠してしまったのです。

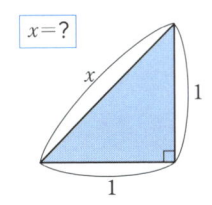

### 参考

**ピタゴラス数とフェルマーの大定理**

$x^2+y^2=z^2$ を満たす自然数 $x$、$y$、$z$ を**ピタゴラス数**といい、$(x=3、y=4、z=5)$、$(x=5、y=12、z=13)$、$(x=8、y=15、z=17)$ などがあります。

奇数 $m$ に対して、$m$、$\dfrac{m^2-1}{2}$、$\dfrac{m^2+1}{2}$ はピタゴラス数になるので、ピタゴラス数は無数に存在することが分かります。

ところが、$x^3+y^3=z^3$ を満たす自然数 $x$、$y$、$z$ となると事情が一変します。なぜなら、「3以上の自然数 $n$ について、$x^n+y^n=z^n$ を満たす自然数 $x$、$y$、$z$ の組は存在しない（**フェルマーの大定理**）」からです。この定理は1995年、アンドリュー・ワイルズ（1953～）によって証明されたばかりです。

# §19 三角形の5心

三角形には次の5心がある。
(1) 重心：三つの中線の交点
(2) 外心：各辺の垂直2等分線の交点（外接円の中心）
(3) 内心：各内角の2等分線の交点（内接円の中心）
(4) 垂心：各頂点から対辺におろした垂線の交点
(5) 傍心：一つの内角と他の二つの外角の2等分線の交点

（注）傍心は傍接円の中心で、一つの三角形に対して三つあります。

## 解説！ 三角形の五つの心

　三角形はいろいろな多角形の中で基本となるものです。したがって、三角形に関しては文明がはじまって以来、様々な公式・定理が考え出されています。ここでは、基本となる三角形の五つの「心」を紹介します。

● まずは5心を図示してみよう

　三角形の5心を冒頭のように文章で述べてもピンときません。まずは以下の図で5心を実感しておきましょう。

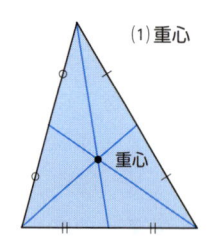

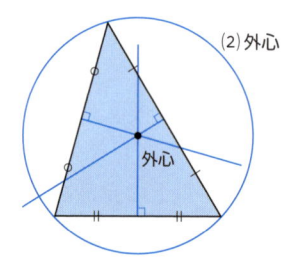

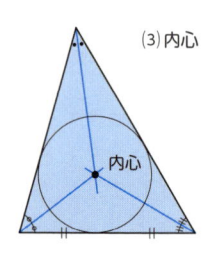

(1)重心　　(2)外心　　(3)内心

（注）重心は中線、つまり、三角形の一つの頂点と対辺の中点を結ぶ線を2:1に内分します。

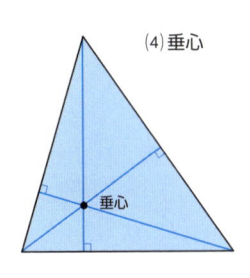

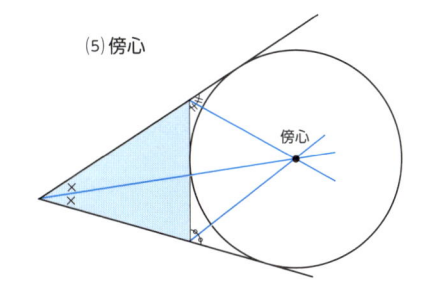

(4) 垂心　　(5) 傍心

(注) 一つの三角形に対して、重心、外心、内心、垂心はそれぞれ一つですが、傍心は三つの内角の2等分線上にそれぞれ一つずつ存在し、合計三つあります。

## なぜ成り立つかを二つの方法で

(1)～(5)で3つの直線が一点で交わる理由を説明するには二つの方法があります。図形の基本的な性質のみを用いる**❶初等幾何の方法**と、座標平面に図形をのせて計算を用いる**❷解析幾何の方法**（デカルト以降）です。ここでは、(1)の重心について、二つの方法で考えてみることにしましょう。

### ❶初等幾何の方法

三角形 ABC の各辺の中点に、次図のように M、N、L と名前をつけて補助線を引きます。

(i) 二つの中線 AL と BM の交点について

二つの中線 AL と BM の交点を G とします。
L、M はそれぞれ辺 BC、CA の中点だから、

$$ML /\!/ AB,\ 2ML = AB$$

となります（**中点連結定理**）。したがって、

$$AG : GL = AB : ML = 2 : 1$$

つまり、**G は線分 AL を 2 : 1 に内分**する点となります。……①

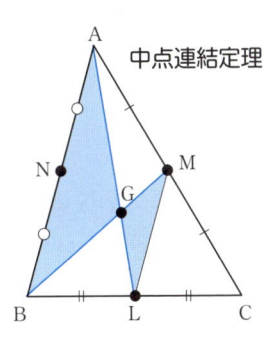

(ii) 二つの中線 **AL** と **CN** の交点について

二つの中線 AL と CN の交点を G′ とします。前述の(i)と同様に考えると、
$$AG′:G′L = AC:NL = 2:1$$
であることが分かります。つまり、**G′ は線分 AL を 2：1 に内分**する点となります。……②

①、②より G と G′ はともに線分 AL を 2：1 に内分する点ですから、この 2 点は一致します。ゆえに、三つの中線はただ 1 点で交わります。

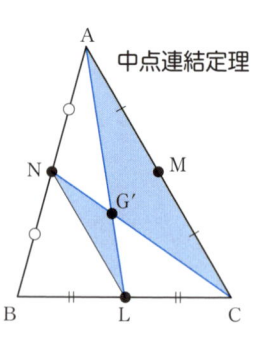

## ❷ 解析幾何の方法

三角形 ABC に対して例えば図のように座標を設定します。

頂点の座標をそれぞれ
$$A(2a, 2b)、B(0, 0)、C(2c, 0)$$
とすると、中点の座標は
$$L(c, 0)、M(a+c, b)、N(a, b)$$
と書けます。

三つの中線 AL、BM、CN を $l_1$、$l_2$、$l_3$ とすると、これらの方程式は次のようになります。

$$l_1: y = \frac{2b}{2a-c}(x-c) \quad \cdots\cdots ③$$

$$l_2: y = \frac{b}{a+c}x \quad \cdots\cdots ④$$

$$l_3: y = \frac{-b}{2c-a}(x-2c) \quad \cdots\cdots ⑤$$

$l_1$ と $l_2$ の交点 G の座標は連立方程式③、④を解いて $G\left(\dfrac{2(a+c)}{3}, \dfrac{2b}{3}\right)$

$l_2$ と $l_3$ との交点 G′ の座標は連立方程式④、⑤を解いて

$$G′\left(\frac{2(a+c)}{3}, \frac{2b}{3}\right)$$

G と G′ の座標は同じになるので、この二つの点は一致します。これは、

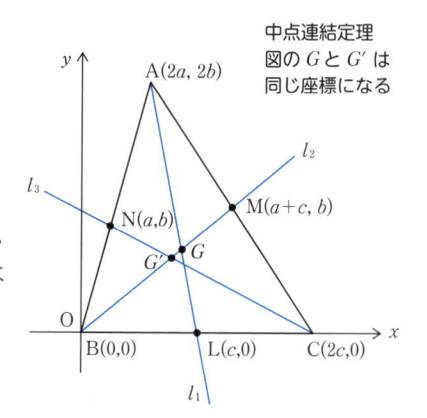

3中線が一点で交わることを示しています。

### 描いてみれば分かる！

　三角形の5心は、すべて定規とコンパスで作図できます。なお、一つの三角形に外心O、重心G、垂心Hを描くとこれらは同一直線上にあって、OG：GH＝1：2となることが見えてきます。

### 美しさに感動！　9点円とは

　三角形に五つの心があることは、既に古代ギリシャに知られており、ユークリッドの『原論』にも記載されています。その後、現在にいたるまで数多くの「三角形の心」が発見されています。

　例えば、ここでは **9点円** の中心をご紹介しておきましょう。三角形の各辺の中点（三つある）、三角形の各頂点から対辺におろした垂線の足（三つある）、三つの垂線の交点（垂心という）と三角形の各頂点を結んでできる線分の中点（三つある）の合計9個の点は、どんな三角形でも必ず同一円周上にあります。この円は **9点円** と呼ばれています。一度、作図してみると、その美しさに感動します。もちろん、定規とコンパスだけで描けます。

　なお、9点円の中心は重心と外心を結ぶ線分の中点であり、半径は外接円の半径の半分です。

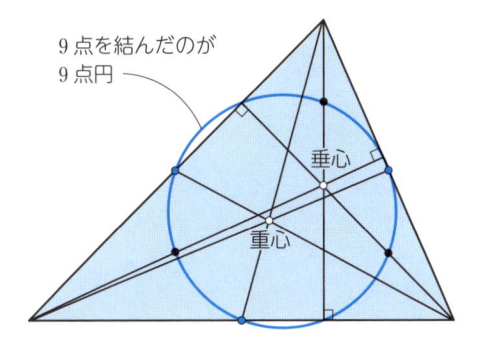

9点を結んだのが9点円

垂心

重心

第3章　図形と方程式

19　三角形の5心

# §20 三角形の面積の公式

三角形 ABC の面積を $S$ とするとき

(1) $S = \dfrac{底辺 \times 高さ}{2}$

(2) $S = \dfrac{1}{2} lm \sin\theta$

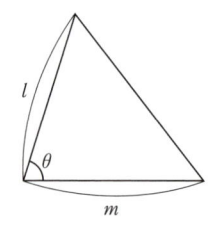

(3) $S = \sqrt{s(s-a)(s-b)(s-c)}$

 ただし、$s = \dfrac{a+b+c}{2}$

 (ヘロンの公式)

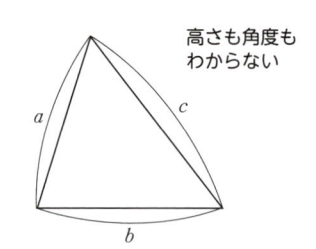

 高さも角度もわからない

(4) $S = \dfrac{1}{2} r(a+b+c)$

 ただし、$r$ は内接円の半径

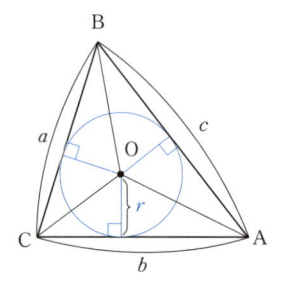

(5) $S = \dfrac{abc}{4R}$

ただし、$R$ は外接円の半径

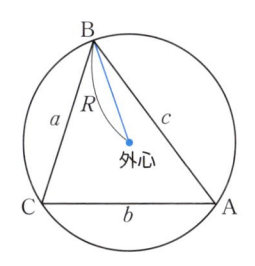

## 解説！ 三角形の面積公式のキホン

いろいろな図形は、それが15角形であろうと20角形であろうと、その図形の面積の基本は「三角形の面積」です。そのため、昔から三角形の面積について、いろいろな公式が作られてきました。ここにあげた五つの公式は典型的なもので、その中でも(1)はもっとも基本となる公式です。なぜなら、これが元になって他の公式が導かれるためです。

## なぜそうなる？

(1)この公式は、「三角形の面積は長方形の面積の半分」という点に着目します。

右図において三角形の面積 $S$ は
$$S = S_1 + S_2$$
ここで、$2S_1 + 2S_2 = lh$
ゆえに、$S_1 + S_2 = \dfrac{lh}{2}$
よって、$S = \dfrac{lh}{2} = \dfrac{底辺 \times 高さ}{2}$

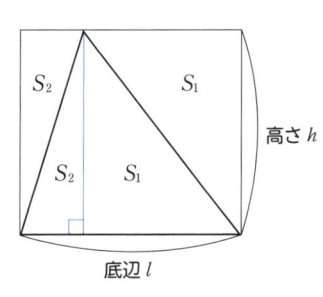

(2)この公式は、三角形の高さ $h$ が $l\sin\theta$ と書けることによります（§52）。

(3)この公式は**ヘロンの公式**と呼ばれ、「三辺の長さが分かれば面積が分かる」という優れものです。

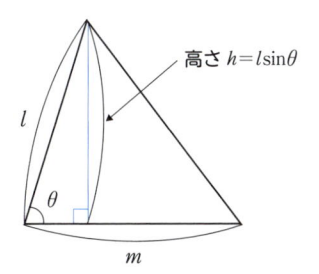

右図の三角形において、

$$\cos A = \frac{b^2+c^2-a^2}{2bc} \quad \cdots\cdots ①$$

（余弦定理（§24）より）

$$\sin^2 A + \cos^2 A = 1 \quad \cdots\cdots ②$$

（§52 より）

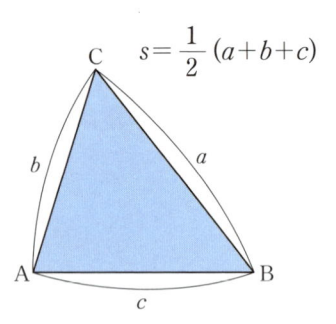

$s = \frac{1}{2}(a+b+c)$

①、②より

$$\sin^2 A = 1 - \cos^2 A = 1 - \frac{(b^2+c^2-a^2)^2}{4b^2c^2}$$

$$= \cdots = \frac{(b+c-a)(b+c+a)(a-b+c)(a+b-c)}{4b^2c^2}$$

$$= \frac{(2s-2a)(2s)(2s-2b)(2s-2c)}{4b^2c^2}$$

$\sin A > 0$ より　$\sin A = \dfrac{2\sqrt{s(s-a)(s-b)(s-c)}}{bc}$

(2)の公式 $S = \dfrac{1}{2}lm\sin\theta$ より

$S = \dfrac{1}{2}bc\sin A = \dfrac{1}{2}bc \times \dfrac{2\sqrt{s(s-a)(s-b)(s-c)}}{bc} = \sqrt{s(s-a)(s-b)(s-c)}$

(4)　この公式は内接円の半径 $r$ が三角形の各辺を底辺とする高さに相当することから得られます。つまり、

$\triangle ABC = \triangle OBC + \triangle OCA + \triangle OAB$ と(1)より

面積 $S = \dfrac{1}{2}ra + \dfrac{1}{2}rb + \dfrac{1}{2}rc = \dfrac{1}{2}r(a+b+c)$

なお、(3)の $s$ を使うと、この式は $S = rs$ と簡単に書けます。

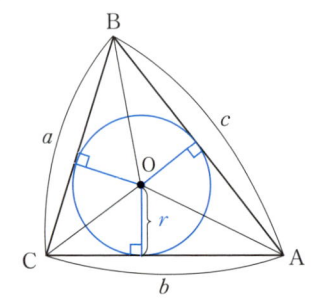

(5) この公式は正弦定理（§23）から得られます。
正弦定理より $\dfrac{a}{\sin A} = 2R$（ただし、$R$ は外接円の半径）です。変形すると、$\sin A = \dfrac{a}{2R}$
(2)の公式から、
$$S = \dfrac{1}{2}bc\sin A = \dfrac{1}{2}bc\dfrac{a}{2R} = \dfrac{abc}{4R}$$

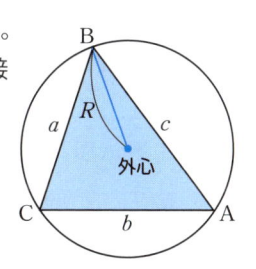

〔例題1〕2辺の長さが4と7で、その挟む角が30°である三角形の面積 $S$ を求めてください。

[解]　(2)の公式より　$S = \dfrac{1}{2} \times 4 \times 7 \times \sin 30 = \dfrac{1}{2} \times 4 \times 7 \times \dfrac{1}{2} = 7$

〔例題2〕ヘロンの公式を使って、3辺の長さが9、10、17の三角形の面積を求めてください。

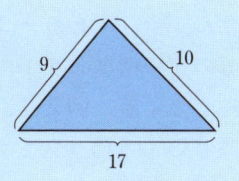

[解]　$s = \dfrac{9+10+17}{2} = 18$ より、
$$S = \sqrt{s(s-a)(s-b)(s-c)} = \sqrt{18(18-9)(18-10)(18-17)}$$
$$= \sqrt{36^2} = 36$$

## "高さ不要" のヘロンの公式

ヘロンは古代ギリシャの機械学者、数学者です。西暦60年頃に活躍したとする説もあれば、紀元前の人とする説もあります。ヘロンの公式は彼の著『測量術』の中で、「任意の三角形の三つの辺が与えられたとき、高さを見いだすことなく、その面積を求める一般的な方法を与えよう」としてヘロンの公式が紹介されています。

# §21 メネラウスの定理

> 　三角形 ABC の頂点を通らない直線 $l$ が、辺 BC、CA、AB を内分、外分する点を P、Q、R とすると
> $$\frac{BP}{PC} \cdot \frac{CQ}{QA} \cdot \frac{AR}{RB} = 1 \quad \cdots\cdots ①$$
> である。
>
> （注）逆も成り立ちます。

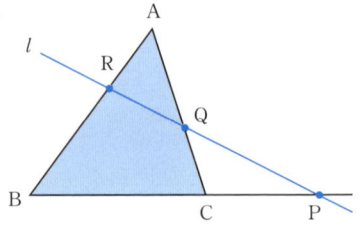

### 解説！ メネラウスの定理

　頂点を通らない一つの直線が、三角形の三つの辺と交わることはありません。少なくとも一つは辺の延長と交わります。このとき、各辺上の線分の比の積は必ず1になるというのが**メネラウスの定理**です。

　一つの頂点、例えば、Bからスタートして①、②、③、④、⑤、⑥と石蹴りのようにリズミカルに進んでスタート地点に戻ります。これは、直線が三角形と共有点を持つ場合（左下図）だけでなく、持たない場合（右下図）も成立します。

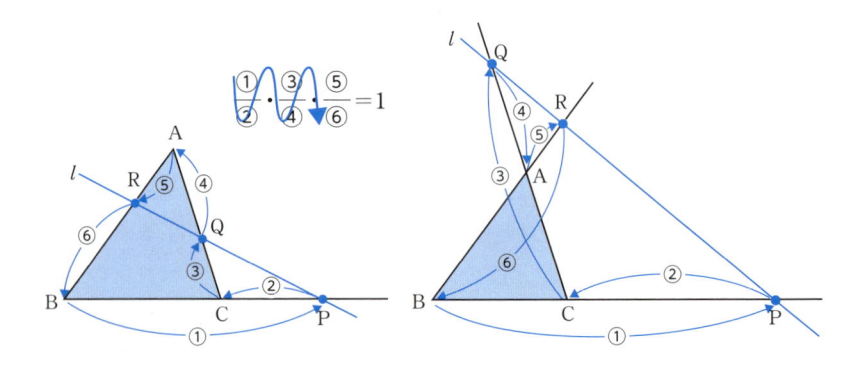

### なぜ、そうなる？

点Cを通って直線PQに平行な直線がABと交わる点をSとします。ここで、BR=$x$、RA=$z$、SR=$y$とすると、

$$\frac{BP}{PC}=\frac{x}{y}、\frac{CQ}{QA}=\frac{y}{z}、$$

$$\frac{AR}{RB}=\frac{z}{x}$$

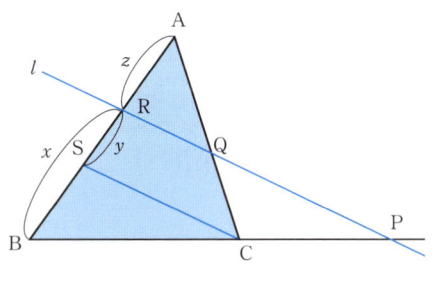

ゆえに、$\frac{BP}{PC}\cdot\frac{CQ}{QA}\cdot\frac{AR}{RB}=\frac{x}{y}\cdot\frac{y}{z}\cdot\frac{z}{x}=1$

〔例題〕右の三角形ABCにおいてAD：AE＝2：3、BD：CE＝3：1とします。

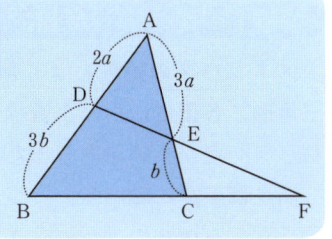

このとき、$\frac{BF}{CF}$を求めてください。

［解］　AD：AE＝$2a$：$3a$、BD：CE＝$3b$：$b$とすると、メネラウスの定理より

$$\frac{BF}{FC}\cdot\frac{CE}{EA}\cdot\frac{AD}{DB}=\frac{BF}{CF}\cdot\frac{b}{3a}\cdot\frac{2a}{3b}=1 \quad よって、\quad \frac{BF}{CF}=\frac{9}{2}$$

### "球面三角形"まで考えたメネラウス

メネラウスは紀元98年頃の数学者、天文学者です。彼の著『球面論』においては球面幾何学が説かれています。彼はユークリッドが平面幾何学で論じた方法と同じ方法を使って、球面三角形の合同の諸定理を証明しています。例えば、球面三角形の3辺の和は大円（球面を球の中心を通る平面で切ったときにできる切り口の円）より小さいことや、球面三角形の三つの角の和は二直角より大であることなどです。

# §22 チェバの定理

三角形 ABC の辺 BC、CA、AB またはその延長線上にそれぞれ点 P、Q、R があり、3 直線 AP、BQ、CR が 1 点 L で交わるとき、

$$\frac{BP}{PC} \cdot \frac{CQ}{QA} \cdot \frac{AR}{RB} = 1 \quad \cdots\cdots ①$$

である。

（注）逆も成り立ちます。

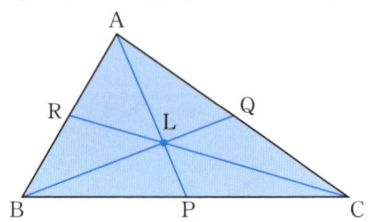

## 解説！ "比の積" が1になるチェバの定理

メネラウスの定理とよく似ているのが**チェバの定理**です。1点から三角形の各頂点に引いた直線が対辺、またはその延長と交わるとき、それら3交点が各辺を内分または外分する際の比の値に関する定理です。

例えば下図において、一つの頂点 B からスタートし、①、②、③、④、⑤、⑥と石蹴りのようにリズミカルに進んでスタート地点に戻ったとき、比の値の積が1になるというものです。これは、点 L が三角形の内側（左下図）だけでなく外側（右下図）に存在するときも成立します。

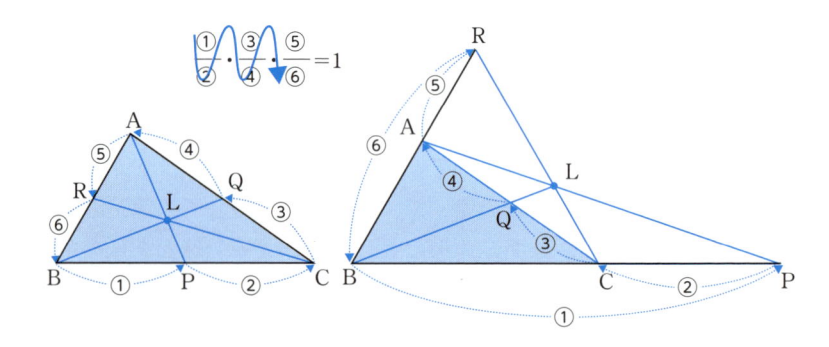

### なぜ、そうなる？

頂点 B、C から直線 AP におろした垂線の足を各々 D、E としたとき、△ABL と △ACL の面積について、AL を底辺と考えると、

$$\frac{\triangle ABL}{\triangle ACL} = \frac{BD}{CE}$$

ここで、BD∥CE より $\frac{BD}{CE} = \frac{BP}{CP}$

よって $\frac{\triangle ABL}{\triangle ACL} = \frac{BP}{CP}$

同様に、$\frac{\triangle BCL}{\triangle ABL} = \frac{CQ}{QA}$、

$\frac{\triangle CAL}{\triangle BCL} = \frac{AR}{RB}$

ゆえに

$$\frac{BP}{PC} \cdot \frac{CQ}{QA} \cdot \frac{AR}{RB} = \frac{\triangle ABL}{\triangle ACL} \cdot \frac{\triangle BCL}{\triangle ABL} \cdot \frac{\triangle CAL}{\triangle BCL} = 1$$

### 使ってみよう！ チェバの定理

下図の三角形で、AD:DB$=t:1$、AE:EC$=1:t+1$ であるとき、$\frac{BF}{FC}$ の値を求めると、チェバの定理より、

$$\frac{BF}{FC} \cdot \frac{CE}{EA} \cdot \frac{AD}{DB}$$
$$= \frac{BF}{FC} \cdot \frac{t+1}{1} \cdot \frac{t}{1} = 1$$

ゆえに $\frac{BF}{FC} = \frac{1}{t(t+1)}$

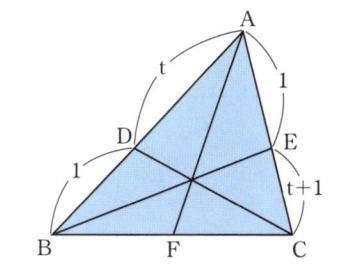

### チェバとメネラウスには1500年の開き

イタリアの幾何学者で水力機関士でもあったチェバ（1647〜1734）がその定理を発表したのは 1678 年の『直線について』の中でのこと。チェバの定理とメネラウスの定理の発見には、1500 年の開きがあります。

# §23

# 正弦定理

三角形 ABC において、

$$\frac{a}{\sin A} = \frac{b}{\sin B} = \frac{c}{\sin C} = 2R \quad \cdots\cdots ①$$

ここで、$R$ は三角形 ABC の外接円の半径。

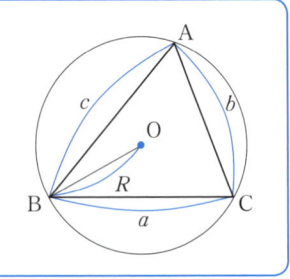

### 解説！ 三角形の"角と辺"の関係は？

　三角形では角が大きいほど、その角に対する辺の長さは長くなります。つまり、角とそれに対する辺の長さにはある関係があります。その関係をズバリいい当てたのが、①の **正弦定理** です。つまり、辺の比は対する角の sin の比「$a:b:c = \sin A : \sin B : \sin C$」ということです。このとき、比の値は外接円の直径になっています。正弦定理は下図のように正弦（sin）の定義（§52）を拡張したものと見ることができます。

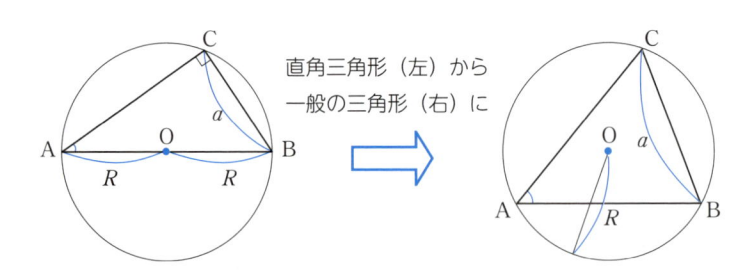

直角三角形（左）から一般の三角形（右）に

AB を直径にすると C=90° ゆえに

$\sin A = \dfrac{a}{2R}$　よって　$\dfrac{a}{\sin A} = 2R$

正弦定理

$$\frac{a}{\sin A} = 2R$$

なお、正弦定理は 11 〜 12 世紀のアラビアで発見されましたが、次節の余弦定理の方は、なんとユークリッドの『原論』（紀元前 3 世紀）にその原形が記載されています。

## なぜ、そうなる？

三角形 ABC において A がどんな角でも $\dfrac{a}{\sin A} = 2R$ ……② が成立することがいえれば、$2R$ を仲立ちにして①がいえます。

(1) A が鋭角：図 1 より $\sin A = \sin D = \dfrac{a}{2R}$ ゆえに $\dfrac{a}{\sin A} = 2R$

(2) A が直角：図 2 より $2R = a$、$\sin A = 1$ ゆえに $\dfrac{a}{\sin A} = 2R$

(3) A が鈍角：図 3 より $\sin D = \sin(180° - A) = \sin A = \dfrac{a}{2R}$

　　　ゆえに $\dfrac{a}{\sin A} = 2R$

（注）　$A + D = 180°$、$\sin(180° - A) = \sin A$

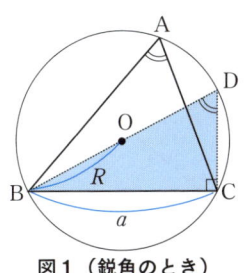

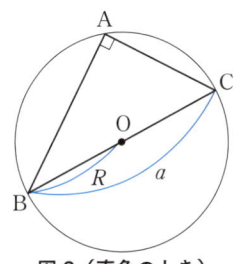

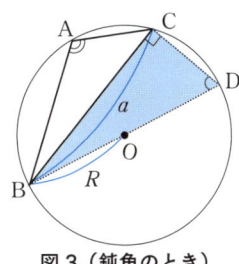

図1（鋭角のとき）　　図2（直角のとき）　　図3（鈍角のとき）

〔例題〕三角形 ABC において $c = 1$、$B = 45°$、$C = 60°$ のとき $b$ を求めてください。

[解] 正弦定理より $\dfrac{b}{\sin 45°} = \dfrac{1}{\sin 60°}$　ゆえに　$b = \dfrac{\sin 45°}{\sin 60°} = \dfrac{\sqrt{6}}{3}$

# §24

# 余弦定理

三角形 ABC において、

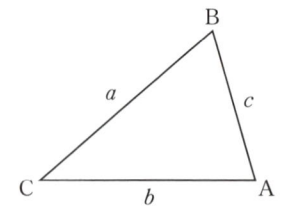

$$a^2 = b^2 + c^2 - 2bc\cos A \quad \cdots\cdots ①$$
$$b^2 = c^2 + a^2 - 2ca\cos B \quad \cdots\cdots ②$$
$$c^2 = a^2 + b^2 - 2ab\cos C \quad \cdots\cdots ③$$

### 解説！ 余弦定理と三平方の定理

「$a^2 = b^2 + c^2 - 2bc\cos A$」という式は何かに似ています。そうです、三平方の定理（ピタゴラスの定理）「$a^2 = b^2 + c^2$」にそっくりです。「$a^2 = b^2 + c^2$」が成り立つ三角形は A＝90°の直角三角形です。このとき三角比の定義（§52）から $\cos A = \cos 90° = 0$ です。

つまり、**余弦定理**「$a^2 = b^2 + c^2 - 2bc\cos A$」は A＝90°のとき、三平方の定理に変身します。見方を変えれば、三平方の定理を直角三角形でない一般の三角形に拡張したのが余弦定理なのです。

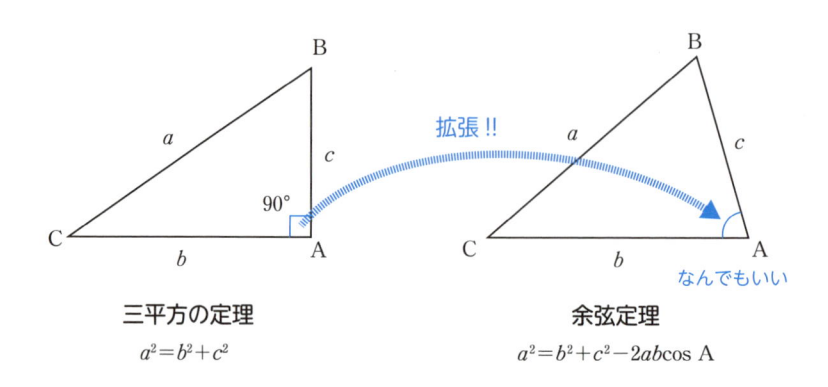

拡張!!

三平方の定理
$a^2 = b^2 + c^2$

余弦定理
$a^2 = b^2 + c^2 - 2bc\cos A$

なんでもいい

### なぜ、そうなる？

右図の直角三角形 ABH に着目すると
　$BH = c\sin A$、$AH = c\cos A$
ゆえに、
　$CH = AC - AH = b - c\cos A$
ここで、三角形 BHC は直角三角形だから、
　$BC^2 = CH^2 + HB^2$
ゆえに、$a^2 = (b - c\cos A)^2 + (c\sin A)^2$
これを展開して整理すると①を得ます。②、③も同様です。

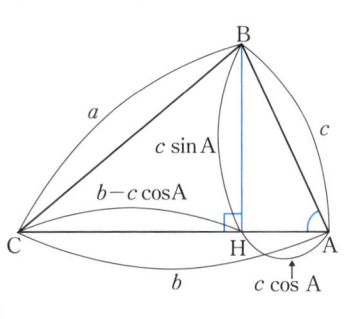

### 使ってみれば分かる！

例えば①を見れば分かりますが、余弦定理を使えば、2辺 $b$、$c$ とその挟む角 A が分かれば残りの辺 $a$ の長さを求めることができます。また、余弦定理を余弦（cos）について解けば、三角形の3辺 $a$、$b$、$c$ が分かれば角 A、B、C の余弦が分かることになります（下記）。これから頂角を求めることができます。

$$\cos A = \frac{b^2+c^2-a^2}{2bc}、\cos B = \frac{c^2+a^2-b^2}{2ca}、\cos C = \frac{a^2+b^2-c^2}{2ab}$$

〔例題〕$a=3$、$b=4$、$c=5$ の三角形の角 A の大きさを求めてください。ただし、辺 $a$、$b$、$c$ に対する角を A、B、C とします。

［解］　$\cos A = \dfrac{b^2+c^2-a^2}{2bc} = \dfrac{4^2+5^2-3^2}{2\times 4\times 5} = \dfrac{4}{5}$

よって、教科書やネット上にある三角比の表を逆に見ることにより A≒36.87° となります。なお、正確には逆三角関数（§57）を用いて $A = \cos^{-1} 0.8$ と書きます。

# §25

# 平行移動した図形の方程式

> 座標平面上の図形Fの方程式を$f(x, y)=0$……①とする。この図形を$x$軸方向に$p$，$y$軸方向に$q$だけ平行移動した図形Gの方程式は
> $f(x-p, y-q)=0$……②
> となる。

### 解説！ 場所を動かして考える

この①，②の式を使うことで，図形を平行移動して考えやすいところで扱ったり，図形の方程式を簡潔に表現できて非常に便利です。ただし，①，②の表現は慣れないと分かりにくいかも知れません。

①の$f(x, y)=0$の$f(x, y)$は「$x$と$y$を使った式」という意味です。例えば$f(x, y)=x^2+2xy+1$などがあげられます。また，②の$f(x-p, y-q)$は，$f(x, y)$の$x$に$x-p$を$y$に$y-q$を代入した式であることを意味します。例えば$f(x, y)=x^2+2xy+1$のときは
$$f(x-2, y-3)=(x-2)^2+2(x-2)(y-3)+1$$
となります。

### なぜ、そうなる？

図形Fの方程式とは，図形F上の任意の点を$P(x, y)$とするとき，PがF上にあることから生じる$x$と$y$の間の満たすべき条件式です。このことをもとに①から②を導いてみましょう。

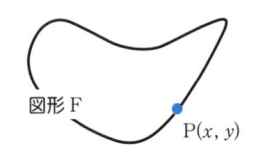

図形Fを$x$軸方向に$p$、$y$軸方向に$q$だけ平行移動した図形G上の任意の点をQ$(X, Y)$としてみましょう。

このQ$(X, Y)$に対応する図形F上のもとの点をP$(x, y)$とすると次の式が成り立ちます。

$X = x + p$、 $Y = y + q$

このことから、$x = X - p$　$y = Y - q$ ……③ となります。

ここで、P$(x, y)$が図形F上の点であることより、$x$と$y$は$f(x, y) = 0$……① を満たし、③を①に代入すると、$X$、$Y$は$f(X - p, Y - q) = 0$を満たすことが分かります。これが、図形G上の任意の点Q$(X, Y)$が満たすべき条件式です。ここで、$X$を$x$に、$Y$を$y$で書き換えれば$f(x - p, y - q) = 0$……②を得ます。これが、Gの方程式です。

〔例題〕$x^2 + y^2 + 4x + 6y - 12 = 0$……④という方程式で表せる図形を、$x$軸方向に2、$y$軸方向に3だけ平行移動した図形の方程式を求めてください。

[解] $x$に$x - 2$を$y$に$y - 3$を代入すると、
$$(x-2)^2 + (y-3)^2 + 4(x-2) + 6(y-3) - 12 = 0$$

この式を整理すると、$x^2 + y^2 = 5^2$となります。これは、原点中心、半径5の円の方程式です。したがって、④が表す図形はC$(-2, -3)$を中心とし半径5の円であることが分かります。

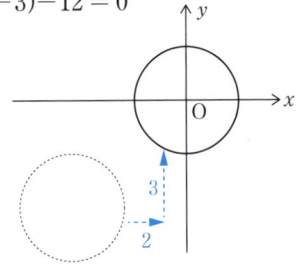

# §26 回転移動した図形の方程式

座標平面上の図形 F の方程式を
$f(x, y) = 0$ ……①とする。
この図形を、原点を中心に
$\theta$ 回転した図形 G の方程式は次のようになる。
$f(x\cos\theta + y\sin\theta,\ -x\sin\theta + y\cos\theta) = 0$ ……②

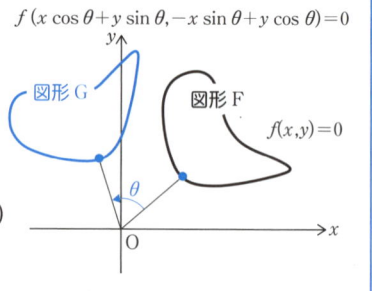

## 解説！ 回転移動後の位置は？

②を見ると難しそうで、回転移動後の図形の方程式がピンときません。②は①の $x$ に $x\cos\theta + y\sin\theta$ を、$y$ に $-x\sin\theta + y\cos\theta$ をそれぞれ代入することを意味します。例えば、円 $(x-2)^2 + (y-2)^2 = 1$ を原点中心に $45°$ 回転した場合を考えてみましょう。①に相当する式は

$(x-2)^2 + (y-2)^2 - 1 = 0$

になります。この式の $x$ と $y$ にそれぞれ、

$x\cos 45° + y\sin 45° = \sqrt{2}\,(x+y)/2$、
$-x\sin 45° + y\cos 45° = \sqrt{2}\,(-x+y)/2$、

を代入すれば、$\{\sqrt{2}\,(x+y)/2 - 2\}^2 + \{\sqrt{2}\,(-x+y)/2 - 2\}^2 - 1 = 0$ を得ます。これを展開して整理すると、

$x^2 + (y - 2\sqrt{2})^2 = 1^2$

となります。これが回転移動後の円の方程式です。

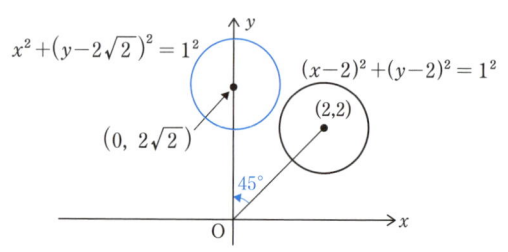

### なぜ、そうなる？

右の図形 F を原点中心に $\theta$ だけ回転した G の任意の点を Q($X$, $Y$) とし、この点 Q($X$, $Y$) に対応する図形 F 上の点を P($x$, $y$) とすると、次式が成り立ちます（§45）。

$$\begin{pmatrix} X \\ Y \end{pmatrix} = \begin{pmatrix} \cos\theta & -\sin\theta \\ \sin\theta & \cos\theta \end{pmatrix} \begin{pmatrix} x \\ y \end{pmatrix}$$

ゆえに、逆行列（§43）を掛けて、

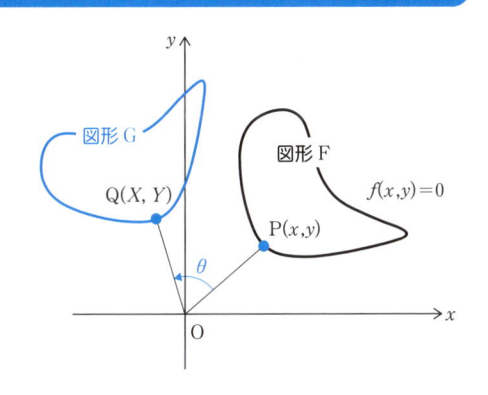

$$\begin{pmatrix} x \\ y \end{pmatrix} = \begin{pmatrix} \cos\theta & -\sin\theta \\ \sin\theta & \cos\theta \end{pmatrix}^{-1} \begin{pmatrix} X \\ Y \end{pmatrix} = \begin{pmatrix} \cos\theta & \sin\theta \\ -\sin\theta & \cos\theta \end{pmatrix} \begin{pmatrix} X \\ Y \end{pmatrix}$$

よって、$x = X\cos\theta + Y\sin\theta,\ y = -X\sin\theta + Y\cos\theta$ ……③

P($x$, $y$) が図形 F 上の点であることより、$x$ と $y$ は $f(x, y) = 0$ ……① を満たすので③を①に代入すると、

$$f(X\cos\theta + Y\sin\theta,\ -X\sin\theta + Y\cos\theta) = 0$$

これが図形 G 上の任意の点 Q($X$, $Y$) が満たすべき条件式で、ここで $X$ を $x$ に、$Y$ を $y$ に書き換えれば②を得ます。これが G の方程式です。

### 使ってみよう！ 回転移動の方程式

方程式 $x^2 + 2xy + y^2 + \sqrt{2}\,x - \sqrt{2}\,y = 0$ ……④ で表される図形を原点を中心に $-45°$ 回転してできる図形の方程式を求めてみましょう。そのためには、④の $x$、$y$ にそれぞれ

$x\cos(-45°) + y\sin(-45°) = \sqrt{2}\,(x-y)/2$
$-x\sin(-45°) + y\cos(-45°) = \sqrt{2}\,(x+y)/2$

を代入して整理します。すると、$y = x^2$ を得るので、④は放物線だと分かります。

# §27 直線の方程式

(1) 傾き $m$、$y$ 切片 $n$ の直線
$$y = mx + n$$

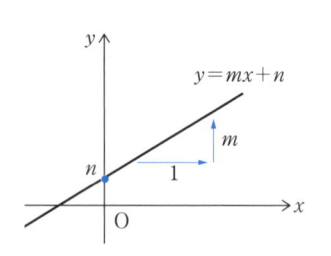

(2) 点 $(x_1, y_1)$ を通り、傾き $m$ の直線
$$y - y_1 = m(x - x_1)$$

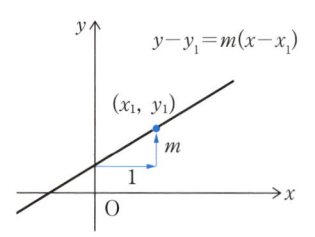

(3) 異なる2点 $(x_1, y_1)$、$(x_2, y_2)$ を通る直線
$$y - y_1 = \frac{y_2 - y_1}{x_2 - x_1}(x - x_1) \quad (x_1 \neq x_2)$$
$$x = x_1 \quad (x_1 = x_2)$$

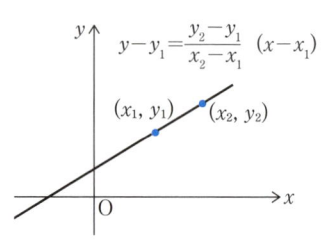

(4) $x$ 切片 $a$、$y$ 切片 $b$ の直線
$$\frac{x}{a} + \frac{y}{b} = 1$$

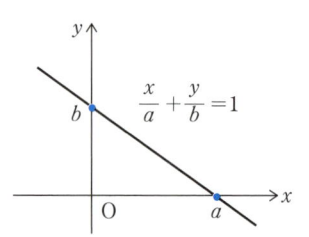

（注）これを**切片方程式**といいます。

### 解説！ 図形のキホン＝直線

直線は最も基本的な図形であり、その方程式はいろいろなところで使われています。また、方程式も、様々なパターンがあるので、必要に応じて使い分けるといいでしょう。

なお、ここにあげた方程式は、いずれも一つの式ですべての直線を表現しているわけではありません。例えば、(1)は $y$ 軸に平行な直線を表すことができません。どんな直線でも表せる方程式は「$ax+by+c=0$」で、これを直線の方程式の**一般形**といいます。ただし、$a$、$b$ の少なくとも一方は 0 でないものとします。

### なぜ、そうなる？

(1)をもとに(2)〜(4)の方程式を導き出せますから、(1)だけ調べてみましょう。

傾き $m$、$y$ 切片 $n$ の直線上の任意の点を $(x, y)$ とすると次の比例式が成立します。

$x : y-n = 1 : m$

「内項の積」＝「外項の積」で

$y-n=mx$ となり、$y=mx+n$ を得ます。

なお、2直線 $y=m_1x+n_1$、$y=m_2x+n_2$ について次のことが成立します。

$$2\text{直線が平行のとき} \Leftrightarrow m_1=m_2$$
$$2\text{直線が垂直のとき} \Leftrightarrow m_1 \cdot m_2 = -1$$

〔例題〕次の直線の方程式を求めてください。
① 2点 $(3, 4)$、$(5, 8)$ を通る直線の方程式
② $x$ 切片 3、$y$ 切片 5 の直線の方程式

[解] ①は(3)の公式より、$y-4=\dfrac{8-4}{5-3}(x-3)$ となり、整理すると $y=2x-2$ です。②は(4)の公式より $\dfrac{x}{3}+\dfrac{y}{5}=1$ となります。

**27 直線の方程式**

# §28 楕円・双曲線・放物線の方程式

(1) 楕円の方程式

2定点からの距離の和が一定である点Pの軌跡を**楕円**という。
2定点を$F(c, 0)$、$F'(-c, 0)$とし距離の和を$2a$とすると、楕円の方程式は $\dfrac{x^2}{a^2}+\dfrac{y^2}{b^2}=1$

ただし、
$a>c>0, b=\sqrt{a^2-c^2}$
($c=\sqrt{a^2-b^2}$)

（注）この2定点を楕円の焦点といいます。

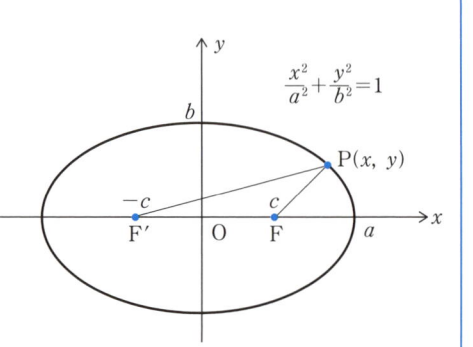

(2) 双曲線の方程式

2定点からの距離の差が一定である点Pの軌跡を**双曲線**という。

2定点を$F(c, 0)$、$F'(-c, 0)$とし距離の差を$2a$とすると双曲線の方程式は $\dfrac{x^2}{a^2}-\dfrac{y^2}{b^2}=1$　ただし、
$c>a>0$、$b=\sqrt{c^2-a^2}$

（注1）この2定点を双曲線の焦点という。双曲線は漸近線を持ち、その方程式は$y=\pm\dfrac{b}{a}x$となります。
（注2）漸近線とは、その曲線が限りなく近づいていく直線のことです。

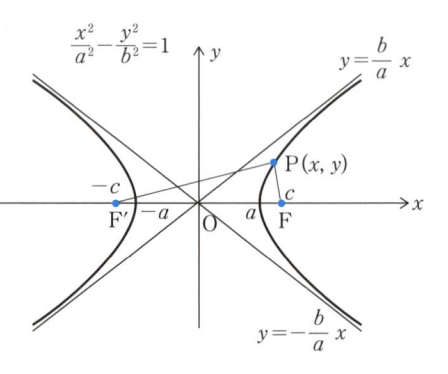

(3) 放物線の方程式

定点と定直線から等距離にある点の軌跡を**放物線**という。

定点を $F(0, p)$ とし、定直線を $y=-p$ とすると、放物線の方程式は $4py=x^2$

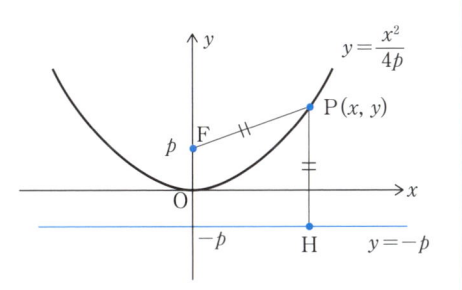

（注）この定点を放物線の焦点、定直線を準線といいます。

### 解説！ 楕円～放物線まで

ある条件を満たしながら動く点の描く図形を、その条件を満たす点の**軌跡**といいます。例えば、**楕円**は「2定点からの距離の和が一定」であるという条件を満たす点の軌跡、**双曲線**は「2定点からの距離の差が一定」であるという条件を満たす点の軌跡、**放物線**は「定点と定直線からの距離が等しい」という条件を満たす点の軌跡です。

### 式を導こう！

与えられた条件から楕円、双曲線、放物線の方程式を導くには、座標平面上の条件を満たす点を $P(x, y)$ として、$x$ と $y$ に関する方程式を作成すればよいのです。いずれの場合も原理は同じなので、ここでは、楕円の場合について調べてみることにします。

楕円とは「2定点からの距離の和が一定」である点 P の軌跡です。いま、2定点を座標平面上の $F(c, 0)$、$F'(-c, 0)$ とし、これら2定点からの距離の和が一定 $2a$ である点を $P(x, y)$ とします。

$PF+PF'=2a$ ……① より
$\sqrt{(x-c)^2+y^2}+\sqrt{(x+c)^2+y^2}=2a$ ……②

②の両辺に $\sqrt{(x-c)^2+y^2}-\sqrt{(x+c)^2+y^2}$ を掛けると

$\{(x-c)^2+y^2\}-\{(x+c)^2+y^2\}=2a(\sqrt{(x-c)^2+y^2}-\sqrt{(x+c)^2+y^2})$

よって、$\sqrt{(x-c)^2+y^2}-\sqrt{(x+c)^2+y^2}=-\dfrac{2c}{a}x$ ……③

②＋③を2で割ることより　$\sqrt{(x-c)^2+y^2}=a-\dfrac{c}{a}x$

この式の両辺を2乗して整理すると、$\dfrac{a^2-c^2}{a^2}x^2+y^2=a^2-c^2$

$b=\sqrt{a^2-c^2}$ とすると　$\dfrac{x^2}{a^2}+\dfrac{y^2}{b^2}=1$　を得ます。

## 楕円、双曲線、放物線を描いてみよう

楕円、双曲線、放物線の定義をもとに、これらの曲線を実際に作図してみましょう。用意するものは、「ひも」と「棒」と「三角定規」などです。

### (1) 楕円をひも1本で描く

右図のように、ひもの両端を平面の上に固定します（画鋲などが必要かも知れません）。固定した点が楕円の焦点です。その後、ひもをピンと張った状態で鉛筆を移動すれば**楕円**が描けます。

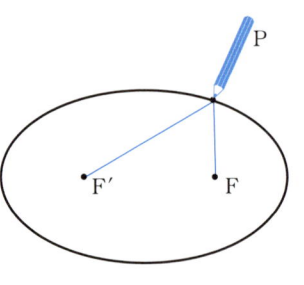

ここで、PF＋PF′＝一定（ひもの長さ）となるのは明らかです。なお、二つの焦点を一致させれば円が描けます。つまり、「円は楕円の特殊な場合」なのです。

> **参考**
>
> 座標平面上の2点 $A(x_1, y_1)$、$B(x_2, y_2)$ の距離 AB の公式
> $$AB=\sqrt{(x_2-x_1)^2+(y_2-y_1)^2}$$
> なぜならば、三平方の定理より
> $$AB^2=AC^2+BC^2$$
> ゆえに　$AB=\sqrt{AC^2+BC^2}$
> 　　　　　$=\sqrt{(x_2-x_1)^2+(y_2-y_1)^2}$

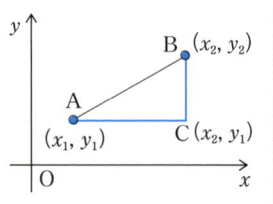

(2) 双曲線を棒とひもで描く

ここで、ひもの長さを $u$、棒の長さを $v$ とすると、右図より、

$l_1 + l_2 = u$ ……①
$l_1 + l_3 = v$ ……②

① − ② より

$l_2 - l_3 = u - v = $ 一定

ゆえに、点 P の軌跡は**双曲線**です。

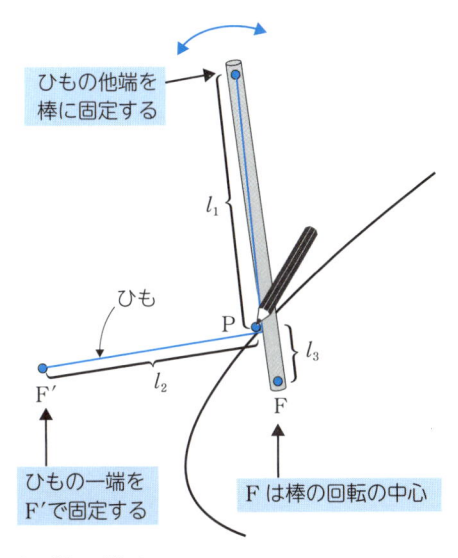

(3) 放物線をひもと直角三角形と棒で描く

まず、ひもの長さと下図の三角定規の高さを等しくとり、ひもの一端を三角定規の上の頂点に固定し、垂らします。次に、三角定規を棒(準線)の上に置き、焦点とひもが重なる位置に移動した後、ひもの他端を焦点に固定し、右図の状態でひもをピンと張り、三角定規を棒の上で移動して描きます。

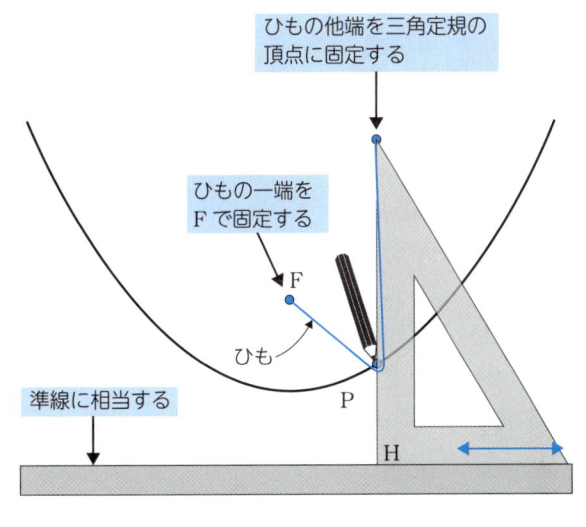

# §29
# 楕円・双曲線・放物線の接線

2次曲線  $ax^2+2hxy+by^2+2px+2qy+c=0$ ……①
上の点 $P(x_1, y_1)$ における接線 $l$ の方程式は次のようになります。
$ax_1x+h(x_1y+y_1x)+by_1y+p(x_1+x)+q(y_1+y)+c=0$ ……②

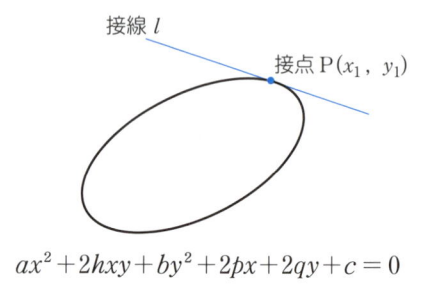

接線 $l$

接点 $P(x_1, y_1)$

$ax^2+2hxy+by^2+2px+2qy+c=0$

## 解説！ 2次曲線の接線

2次方程式を満たす曲線は、一般に2次曲線と呼ばれています。
$$ax^2+2hxy+by^2+2px+2qy+c=0 \quad \cdots\cdots ①$$
係数 $a$、$h$、$b$ の値によって、楕円、双曲線、放物線に姿を変えます。そこで、ここでは楕円、双曲線、放物線の接線の公式を個々に扱うのではなく、一括して方程式①で表される図形の接線としてまとめてみました。それが②の公式です。①の式と見比べて②の特徴を把握してください。①で係数に2が付いている理由が分かると思います。
$$ax_1x+h(x_1y+y_1x)+by_1y+p(x_1+x)+q(y_1+y)+c=0 \quad \cdots\cdots ②$$

### ●2次曲線を分類する

$ax^2+2hxy+by^2+2px+2qy+c=0$ ……① の表す図形は $a$、$h$、$b$ の値によって次のように分類できます。
(1) $ab-h^2>0$  ならば  楕円
(2) $ab-h^2<0$  ならば  双曲線

(3)　$ab-h^2=0$　ならば　放物線

　この判定基準は①の表す図形を原点の周りに適当な量だけ回転移動することから得られます。なお、①の特殊な場合として、1点、交わる2直線などの図形になることがあります。

### ●焦点から出た光の行方

　楕円、双曲線、放物線の焦点から出た光は、これらの曲線に当たって反射する際、接線に垂直な下図の直線（**法線**）に対して $\alpha=\beta$ となるように反射します。つまり、入射角と反射角が等しくなるように反射して進むのです。

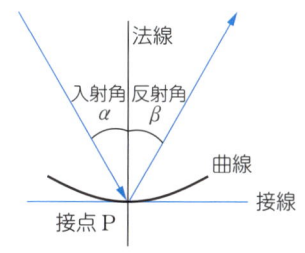

　このことを考慮すると、楕円の場合、一つの焦点から出た光は曲線で反射して他方の焦点に向かうように反射します。

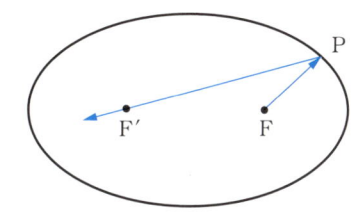

　双曲線の場合、焦点から出た光が曲線で反射するとき、まるで、光が他方の焦点から出たかのように反射します。

　放物線（パラボラ）の場合は曲線で反射した光は軸に平行になるように反射します。逆に考えれば、軸に平行に入った光はすべて焦点に集まります。これがパラボラアンテナの原理です。

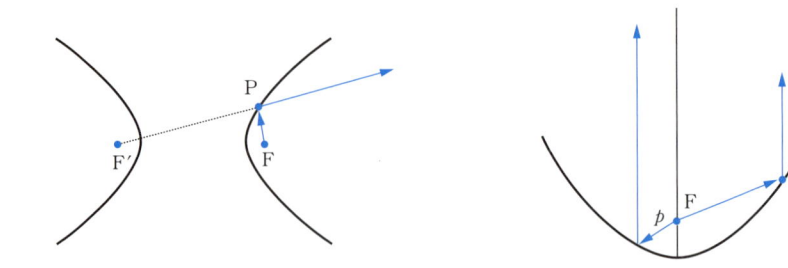

### なぜ、そうなる？

$ax^2+2hxy+by^2+2px+2qy+c=0$ ……① を $x$ で微分すると、

$2ax+2h(y+xy')+2byy'+2p+2qy'=0$ （§71、P213 参照）

これから、$y'=-\dfrac{ax+hy+p}{hx+by+q}$ ゆえに、点 $P(x_1, y_1)$ における接線の方程式は傾きが $y'=-\dfrac{ax_1+hy_1+p}{hx_1+by_1+q}$ より、

$$y-y_1=-\dfrac{ax_1+hy_1+p}{hx_1+by_1+q}(x-x_1)$$

となり、これを $ax_1^2+2hx_1y_1+by_1^2+2px_1+2qy_1+c=0$ を使って整理すると、

$ax_1x+h(x_1y+y_1x)+by_1y+p(x_1+x)+q(y_1+y)+c=0$ ……②

となります。

---

〔例題〕(1)楕円 $\dfrac{x^2}{a^2}+\dfrac{y^2}{b^2}=1$、(2)双曲線 $\dfrac{x^2}{a^2}-\dfrac{y^2}{b^2}=1$、(3)放物線 $4py=x^2$ の点 $P(x_1, y_1)$ における接線の方程式を求めてください。

[解] (1)の楕円の接線の方程式……$\dfrac{x_1x}{a^2}+\dfrac{y_1y}{b^2}=1$

例えば、$\dfrac{x^2}{25}+\dfrac{y^2}{9}=1$ の点 $P\left(3, \dfrac{12}{5}\right)$ における接線は、

$$\frac{3x}{25} + \frac{1}{9} \times \frac{12y}{5} = 1 \quad つまり、\quad y = -\frac{9}{20}x + \frac{15}{4} \quad です。$$

(2) 双曲線の点 $P(x_1, y_1)$ における接線は $\quad \dfrac{x_1 x}{a^2} - \dfrac{y_1 y}{b^2} = 1$

(3) 放物線の点 $P(x_1, y_1)$ における接線は $\quad 2p(y_1 + y) = x_1 x$

### アポロニウスの円錐曲線

　円錐を切ったときの「切り口」に「楕円、双曲線、放物線」が現れます。そのため、これらの曲線は**円錐曲線**（または**アポロニウスの円錐曲線**）と呼ばれています。

　ちなみに、母線に平行でない平面で切ったとき、その切り口が頂点の一方の側だけにできるときは楕円（図1）、両側にできるなら双曲線（図2）、母線に平行な平面で切れば放物線（図3）となります。

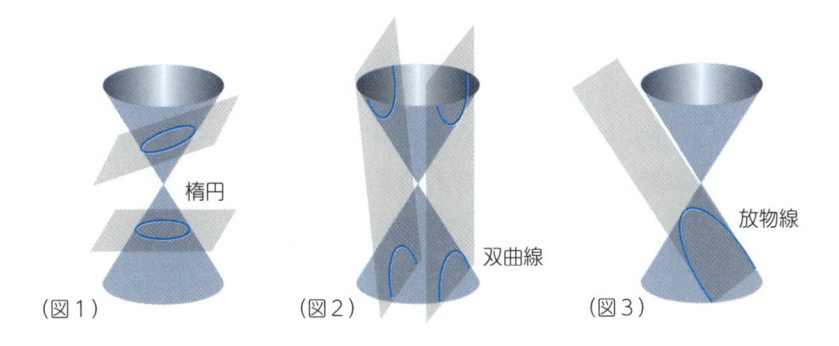

（図1）楕円　（図2）双曲線　（図3）放物線

　円錐曲線とその基本的性質は古代ギリシャ時代には既に発見されていました。その後、アポロニウスによって紀元前200年頃に『円錐曲線論』がまとめられ、中世に入るとケプラー（1571〜1630）が天体と円錐曲線に関連があることを突き止めました。その後、デカルト（1596〜1650）らによって考え出された解析幾何を利用して、円錐曲線は本節で紹介したように2次曲線として解釈されるようになったのです。

# §30 リサジュー曲線

> 曲線 $\begin{cases} x = a\sin(mt+\alpha) \\ y = b\sin(nt+\beta) \end{cases}$ をリサジュー曲線という。
>
> ただし、$a$、$b$、$m$、$n$、$\alpha$、$\beta$ は定数、$t$ は媒介変数とする。

## 解説！ リサジュー曲線

$x$ 軸上を運動する動点 P の時刻 $t$ における位置が $x = a\sin(mt+\alpha)$ と表される運動を**単振動**といいます。これは、半径 $a$ の車輪の周上に取り付けられたボールを等速で回転させて車輪と同じ平面から見たときに見えるボールの上下運動と同じです。

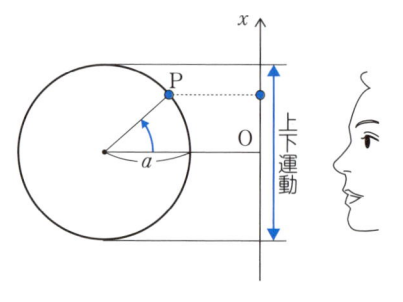

$a$ を振幅、$m$ を角速度、$\alpha$ を初期位相、$T = 2\pi/m$ を周期といいます。

**リサジュー曲線**は $xy$ 平面上で $x$ 軸方向の単振動 $x = a\sin(mt+\alpha)$ と $y$ 軸方向の単振動 $y = b\sin(nt+\beta)$ を合成したものです。この曲線はフランスの科学者ジュール・アントワーヌ・リサジュー（1822～1880）が考案したもので、周波数の測定などに使われます。

（注）変数 $t$ を媒介にして $x$ と $y$ が決まるので $t$ を媒介変数といいます。

● リサジュー曲線を実際に見てみよう

リサジュー曲線が実際にどんな曲線になるのか、コンピュータ（Excel）で描いたグラフを見てみましょう。$a$、$b$、$m$、$n$、$\alpha$、$\beta$ の値に

$\begin{cases} x = \sin t \\ y = \sin 2t \end{cases}$

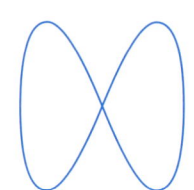

$\begin{cases} x = \sin 2t \\ y = \sin 3t \end{cases}$

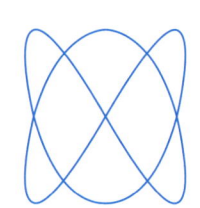

よって様々に形を変える美しい曲線です。

### 振り子を使って描いてみよう！

単振動に近い運動として**振り子の運動**があります。ひもの長さを $l$ とすると、振り子の周期は $\sqrt{l}$ に比例します。また、単振動 $x=a\sin(mt+\alpha)$ の周期は $T=2\pi/m$ です。すると、

$$x=a\sin(mt+\alpha) \cdots\cdots ①$$
$$y=b\sin(nt+\beta) \cdots\cdots ②$$

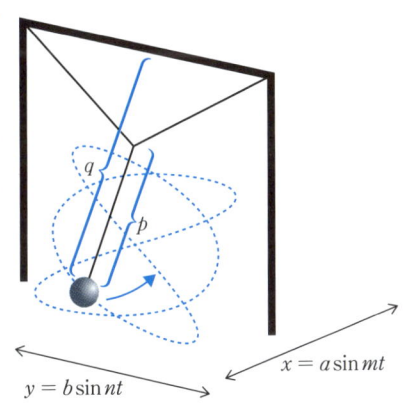

の二つの単振動を振り子で実現するには、右図において

$$p:q=m^2:n^2$$

を満たすように振り子の長さ $p$、$q$ を調整したブランコを作成すれば、リサジュー曲線を実際に描くことができます。

（注）$\sqrt{p}:\sqrt{q}=\dfrac{2\pi}{n}:\dfrac{2\pi}{m}=m:n$　ここで $q$ は①の、$p$ は②の単振動を実現する振り子の長さです。

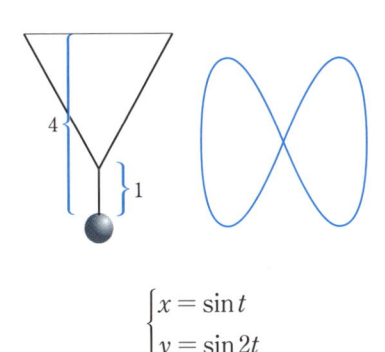

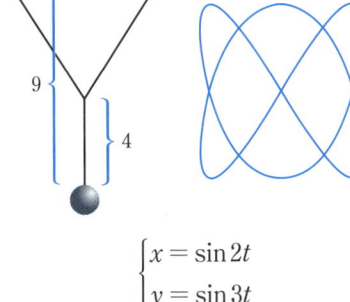

$$\begin{cases} x=\sin t \\ y=\sin 2t \end{cases}$$

$$\begin{cases} x=\sin 2t \\ y=\sin 3t \end{cases}$$

### 参考

**Excel でリサジュー曲線を描く**

プログラミングの知識があればリサジュー曲線を描くのは難しくはありませんが、たとえそういう知識がなくても、表計算ソフトの Excel で簡単に描くことができます。例えば、

リサジュー曲線　$x=\sin 2t$、　$y=\sin 3t$　　$(0 \leqq t \leqq 2\pi)$

を描くには、次の四つのステップを追います。

① Excel を起動して開いたシートに次のデータを入力します。

「=sin(2*B3)」と入力
「=sin(3*B3)」と入力

| | A | B | C | D | E |
|---|---|---|---|---|---|
| 1 | | | | | |
| 2 | | t | x | y | |
| 3 | | 0 | 0 | 0 | |
| 4 | | 0.1 | 0.198669 | 0.29552 | |
| 5 | | 0.2 | 0.389418 | 0.564642 | |
| 6 | | 0.3 | 0.564642 | 0.783327 | |
| 7 | | 0.4 | 0.717356 | 0.932039 | |
| 8 | | 0.5 | 0.841471 | 0.997495 | |
| 62 | | 5.9 | −0.69353 | −0.91258 | |
| 63 | | 6 | −0.53657 | −0.75099 | |
| 64 | | 6.1 | −0.35823 | −0.52231 | |
| 65 | | 6.2 | −0.1656 | −0.24697 | |
| 66 | | 6.3 | 0.033623 | 0.050423 | |
| 67 | | | | | |

0 から 0.1 きざみで 6.3 まで入力

C3、D3 セルをコピー&ペースト

（注）実際の入力は数カ所でその他はすべてコピー&ペーストで処理します。

② 関数式、$\sin 2t$、$\sin 3t$ を入力したセルのみ選択します。

| | A | B | C | D | E |
|---|---|---|---|---|---|
| 1 | | | | | |
| 2 | | t | x | y | |
| 3 | | 0 | 0 | 0 | |
| 4 | | 0.1 | 0.198669 | 0.29552 | |
| 5 | | 0.2 | 0.389418 | 0.564642 | |
| 6 | | 0.3 | 0.564642 | 0.783327 | |
| 7 | | 0.4 | 0.717356 | 0.932039 | |
| 8 | | 0.5 | 0.841471 | 0.997495 | |
| 62 | | 5.9 | −0.69353 | −0.91258 | |
| 63 | | 6 | −0.53657 | −0.75099 | |
| 64 | | 6.1 | −0.35823 | −0.52231 | |
| 65 | | 6.2 | −0.1656 | −0.24697 | |
| 66 | | 6.3 | 0.033623 | 0.050423 | |
| 67 | | | | | |

③［挿入］タブの［散布図］から曲線を選択します。

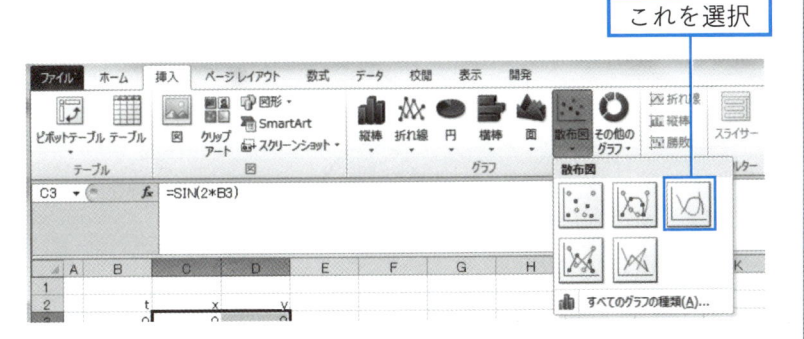

④すると、次の出力を得ます。ぜひ、試してみてください。

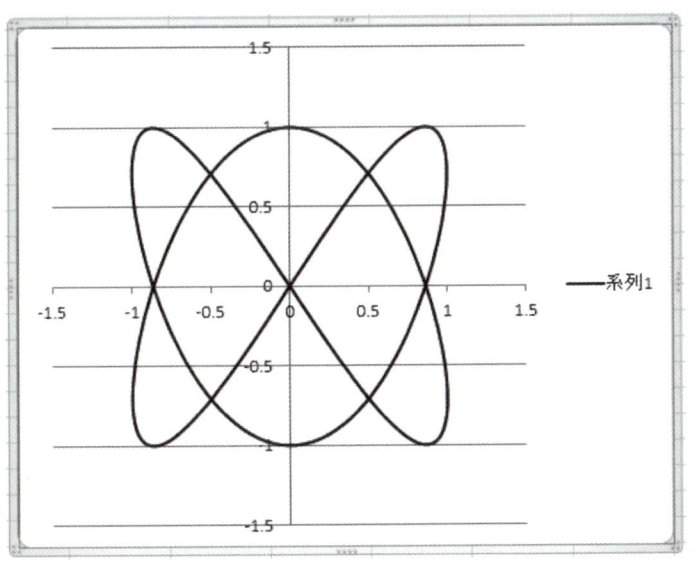

# §31

# サイクロイド

> 円が直線上をすべることなく転がるとき、円周上の定点Pが描く曲線をサイクロイドという。
>
> 右図のように座標軸をとるとサイクロイドの方程式は次のようになる。 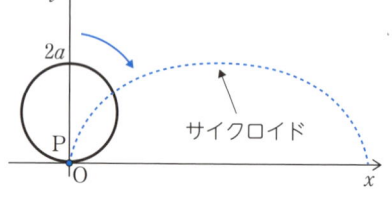
>
> $$\begin{cases} x = a(\theta - \sin\theta) \\ y = a(1 - \cos\theta) \end{cases}$$
>
> ここで、$a$ は円の半径、$\theta$ は円の回転角とする。

## 解説！ サイクロイド曲線

**サイクロイド**はカマボコを輪切りした形に似ていますが、この曲線、実に面白い性質を持っています。

### ●等時性を持っている

サイクロイドは**等時性**という性質を持っています。つまり、下図において、「ボールをどの位置から離しても、一番底の位置である点 X に到達する時間は同じ」という性質です。つまり、A から X に到達する時間も、B から X に到達する時間も変わらないというのです。

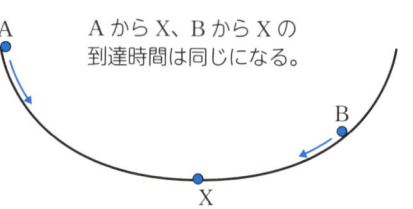

A から X、B から X の到達時間は同じになる。

### ●最速下降性を持っている

壁面にサイクロイド滑り台と他の曲線（直線も含む）の滑り台が設置されているとしましょう。このとき、次の図の A、B から X に到達す

るにはサイクロイド滑り台を使ったときが最短時間であるという性質です。ただし、重力で滑り落ち、摩擦はないものとします。

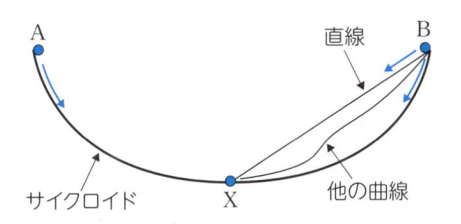

## なぜ、そうなる？

サイクロイドの方程式が冒頭の式で表されることを調べてみましょう。

半径 $a$ の円の中心 C と周上の点 P の最初の位置は各々 $(0, a)$ と $(0, 0)$ とします。この円が $\theta$ 回転した後の点 P の座標を $(x, y)$ とすると、右図から次の式が成立します。

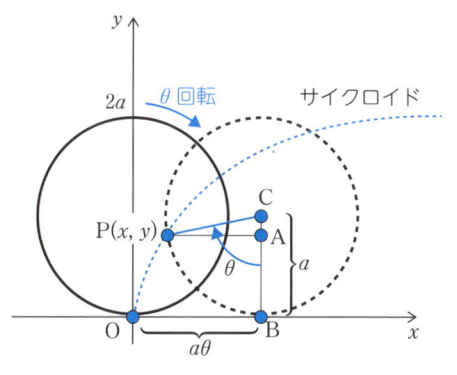

$$x = \mathrm{OB} - \mathrm{PA} = 弧\mathrm{PB} - \mathrm{CP}\sin\theta = a\theta - a\sin\theta = a(\theta - \sin\theta)$$
$$y = \mathrm{CB} - \mathrm{CA} = a - \mathrm{CP}\cos\theta = a - a\cos\theta = a(1 - \cos\theta)$$

## サイクロイドで東京〜大阪を10分で

東京と大阪（直線距離で400kmとします）を結ぶサイクロイドトンネルの方程式は $2a\pi = 400\,\mathrm{km}$ より次のようになります。

$x = 200(\theta - \sin\theta)/\pi$
$y = 200(1 - \cos\theta)/\pi$
　　　（単位はkm）

このトンネルに摩擦はなく、自由落下のみで東京〜大阪を行き来すると、片道9分30秒ぐらいです。

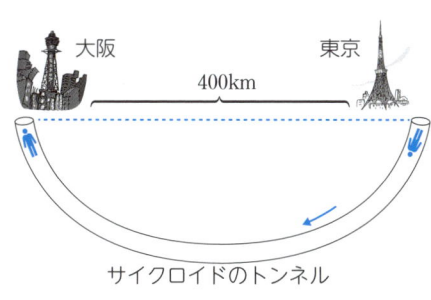

# §32 複素数と四則計算

> $a$、$b$、$c$、$d$ を実数、$i$ を虚数単位として二つの複素数を $a+bi$、$c+di$ とする。このとき、複素数の加法、減法、乗法、除法を次のように定義する。
> (1) $(a+bi)+(c+di)=(a+c)+(b+d)i$
> (2) $(a+bi)-(c+di)=(a-c)+(b-d)i$
> (3) $(a+bi)(c+di)=(ac-bd)+(ad+bc)i$
> (4) $\dfrac{a+bi}{c+di}=\dfrac{ac+bd}{c^2+d^2}+\dfrac{bc-ad}{c^2+d^2}i$

## 解説！ 複素数の加法、減法、乗法、除法

「平方すると $-1$ になる数」を考え、これを文字 $i$ で表したとき、この $i$ を**虚数単位**といいます。つまり、$i$ は $i^2=-1$ を満たす一つの数です。

● $\sqrt{-1}=i$ が虚数の根本

負の数 $-a (a>0)$ の平方根は $-a=ai^2$ より $\sqrt{a}\,i$ と $-\sqrt{a}\,i$ の二つあります。そこで、正の数 $a$ について $\sqrt{-a}=\sqrt{a}\,i$ と定義します。とくに、$\sqrt{-1}=i$ となります。

● 複素数は「実部と虚部」でできている

二つの実数 $a$、$b$ を用いて $a+bi$ の形に表される数を**複素数**といいます。

$a$ を**実部**、$b$ を**虚部**ということにします。複素数は虚部 $b$ が 0 であるかどうかで次のように分類されます。

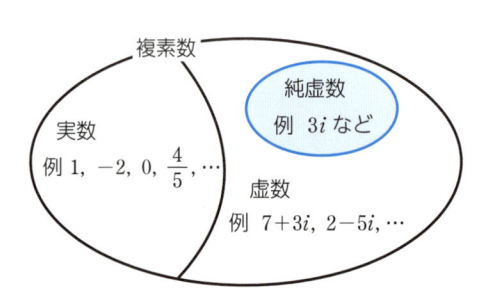

複素数
- 実数 例 $1, -2, 0, \dfrac{4}{5}, \cdots$
- 虚数
  - 純虚数 例 $3i$ など
  - 例 $7+3i, 2-5i, \cdots$

第4章 複素数、ベクトルと行列

$$複素数\ a+bi\ \text{(complex number)} \begin{cases} b=0\ \text{のとき}\ a+bi\ \text{は実数} \\ \quad \text{(real number)} \\ \\ b\neq 0\ \text{のとき}\ a+bi\ \text{は虚数} \\ \quad \text{(imaginary number)} \end{cases}$$

(注) とくに、$a=0$、$b\neq 0$ のとき純虚数といいます。

● 複素数の相等（実部、虚部で分けて考える）

二つの複素数 $a+bi$、$c+di$ があり、「$a=c$　かつ　$b=d$」のとき、「この二つの複素数は等しい」といい、「$a+bi=c+di$」と書きます。特に、$0=0+0i$　なので次の同値関係が成立します。

$$a+bi=0 \Leftrightarrow a=0\ \text{かつ}\ b=0$$

● 複素数の四則計算

複素数の四則計算は冒頭のように定義されていますが、**これは虚数単位 $i$ を実数を表す文字のように考えて、文字式における四則演算の法則に従って計算し、$i^2$ はこれを $-1$ で置きかえる**ことと同じになります。

このように複素数の四則演算を定めると、複素数全体の集合は加法、減法、乗法、除法（0で割る場合は除く）について閉じている（複素数の中で自由に行なえる）こと、加法、乗法に関する交換法則、結合法則、乗法に関する分配法則の成り立つことが分かります。

● 共役な複素数の三つの性質

複素数 $\alpha=a+bi$ に対して、虚部の符号を替えた複素数 $a-bi$ を $\alpha$ の**共役な複素数**といい $\overline{\alpha}$ と書きます。共役な複素数には次の性質があります。

(1) 共役な複素数の和と積はともに実数です。
つまり、$\alpha+\overline{\alpha}=2a$、$\alpha\overline{\alpha}=a^2+b^2$

(2) 複素数 $\alpha$ が実数、虚数である条件は次のようになります。
$\alpha$ が実数である条件 $\Leftrightarrow \alpha=\overline{\alpha}$
$\alpha$ が純虚数である条件 $\Leftrightarrow \alpha+\overline{\alpha}=0$、$\alpha\neq 0$

(3) 共役な複素数の計算

$$\overline{\alpha \pm \beta} = \overline{\alpha} \pm \overline{\beta}、\overline{\alpha\beta} = \overline{\alpha}\,\overline{\beta}、\overline{\left(\frac{\alpha}{\beta}\right)} = \frac{\overline{\alpha}}{\overline{\beta}} \quad (\beta \neq 0)$$

## ●複素数の絶対値とガウス平面

複素数 $\alpha = a + bi$ に対し、$\sqrt{a^2+b^2}$ を $\alpha$ の**絶対値**といい、$|\alpha|$ と書きます。これは 0 以上の実数です。

$$|\alpha| = |a+bi| = \sqrt{a^2+b^2}$$

実数を図で表すときには数直線を用いました。しかし、複素数 $\alpha = a + bi$ を図で表すには、数直線では無理があります。

実数 → 数直線で表せる
複素数 → 数直線で表せない

そこで座標平面上の点 $(a, b)$ が複素数 $\alpha = a + bi$ を表すと考えます。

このとき、この平面を**複素数平面**（複素平面）または**ガウス平面**といいます。複素数平面上では横軸上の点は実数を、縦軸上の点は純虚数を表しています。そこで、横軸を実軸、縦軸を虚軸といいます。また、複素数 $\alpha$ を表す点を単に点 $\alpha$ といいます。

複素数平面で複素数を表示すると、複素数の絶対値や共役複素数の理解が深まります。

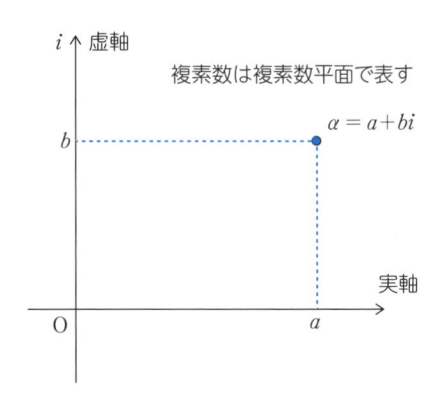

複素数は複素数平面で表す

# 32 複素数と四則計算

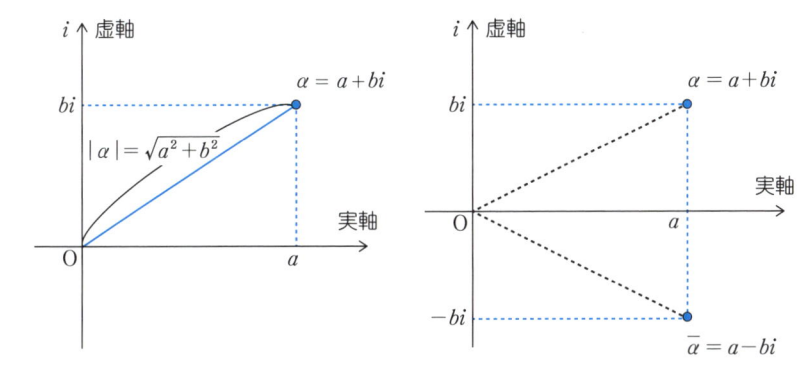

〔例題〕次の複素数を計算してください。

(1) $(3+2i)+(5+7i)$
(2) $(3+2i)-(5+7i)$
(3) $(3+2i)(5+7i)$
(4) $\dfrac{2+3i}{2-i}$

[解] (1)……$(3+2i)+(5+7i)=(3+5)+(2+7)i=8+9i$
(2)……$(3+2i)-(5+7i)=(3-5)+(2-7)i=-2-5i$
(3)……$(3+2i)(5+7i)=(15-14)+(21+10)i=1+31i$
(4)……$\dfrac{2+3i}{2-i}=\dfrac{(2+3i)(2+i)}{(2-i)(2+i)}=\dfrac{1+8i}{4+1}=\dfrac{1}{5}+\dfrac{8}{5}i$

### 虚数の発見！

16世紀のイタリアの数学者ラファエル・ボンベリは負の数の平方根の重要性に気づき、はじめて「虚数」を定義しました。当時、0や負の数ですら重要視されていなかったことを考えると、その先見性は驚きです。なお、2乗して $-1$ になる数を $i$ と表現したのはオイラー（§34）です。

# §33 極形式とド・モアブルの定理

二つの複素数 $z_1$、$z_2$ が極形式表示で次のように与えられているとする。

$$z_1 = r_1(\cos\theta_1 + i\sin\theta_1)、\quad z_2 = r_2(\cos\theta_2 + i\sin\theta_2)$$

このとき、

(1) $z_1 z_2 = r_1 r_2(\cos(\theta_1+\theta_2) + i\sin(\theta_1+\theta_2))$

(2) $\dfrac{z_1}{z_2} = \dfrac{r_1}{r_2}(\cos(\theta_1-\theta_2) + i\sin(\theta_1-\theta_2))$

(3) $(\cos\theta + i\sin\theta)^n = \cos n\theta + i\sin n\theta$ ……(**ド・モアブルの定理**)

## 解説！ 複素数を表すために

複素数 $z=a+bi$ が複素数平面に対応する点を A とし、$|z|=\mathrm{OA}=r$、OA と実軸の正の部分とのなす角を $\theta$ とすると、

$$z = a + bi = r(\cos\theta + i\sin\theta)$$

と書きます。この表現を複素数の**極形式**（極座標表示）といいます。

また、$\theta$ のことを偏角といい、複素数 $z$ の**偏角**を $\arg z$ と書きます。つまり、$\theta = \arg z$ です。

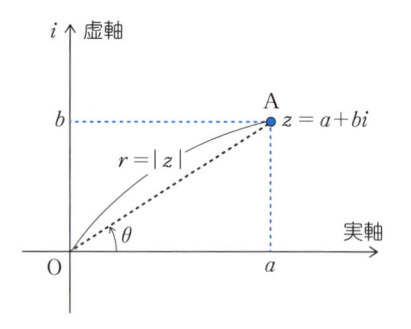

### ●掛け算は回転、割り算は逆回転

二つの複素数を $z_1$、$z_2$ とすると、(1)より、

$$|z_1 z_2| = |z_1||z_2| \quad \arg(z_1 z_2) = \arg z_1 + \arg z_2$$

となります。したがって、$z_1$ に $z_2$ を掛けたものは、$z_1$ の絶対値を $|z_2|$ 倍したものを、さらに原点中心に $\arg z_2$ だけ回転したものになります。

(2)より、$\left|\dfrac{z_1}{z_2}\right| = \dfrac{|z_1|}{|z_2|}$　　$\arg\left(\dfrac{z_1}{z_2}\right) = \arg z_1 - \arg z_2$

$z_1$ を $z_2$ で割ったものは、$z_1$ の絶対値を $|z_2|$ で割ったものを、原点を中心に $\arg z_2$ だけ逆回転したものになります。

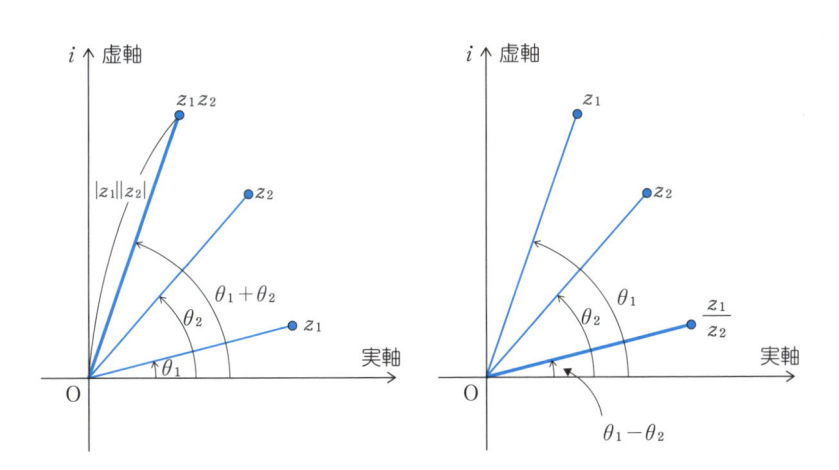

## ● $i$ を掛ければ90°回転、$-1$ を掛ければ180°回転

「複素数 $z$ に $i$ を掛ける」ということは、$i = \cos\dfrac{\pi}{2} + i\sin\dfrac{\pi}{2}$ より $\dfrac{\pi}{2}$、つまり、90°回転することになります。また、「複素数 $z$ に $-1$ を掛ける」ということは、$-1 = \cos\pi + i\sin\pi$ より $\pi$、つまり、180°回転することになります。このことから「実数 $a$ に $-1$ を掛ける」と、数直線上で原点を中心に反対側に折り返されることが分かります。

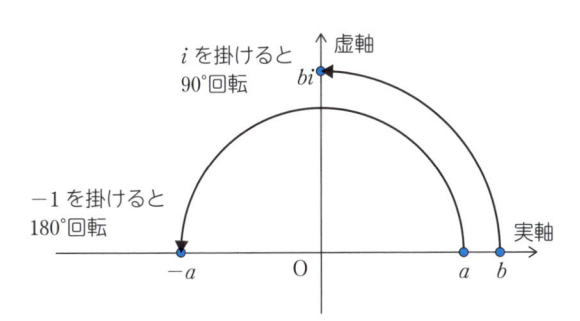

● **三角関数の倍角の公式はド・モアブルの定理から簡単に導ける**

(3)の **ド・モアブルの定理** において $n=2$ とすると次の式を得ます。
$$(\cos\theta + i\sin\theta)^2 = \cos 2\theta + i\sin 2\theta \quad \cdots\cdots ①$$

また、左辺を展開すると、
$$(\cos\theta + i\sin\theta)^2 = \cos^2\theta - \sin^2\theta + 2i\sin\theta\cos\theta \quad \cdots\cdots ②$$

①、②より、実部と虚部に着目すると次の **2倍角の公式** を得ます。
$$\cos 2\theta = \cos^2\theta - \sin^2\theta、\quad \sin 2\theta = 2\sin\theta\cos\theta$$

同様に、$n=3$、$4$……とすれば、3倍角、4倍角、……の公式を得ることができます。

### なぜ、そうなる？

(1)、(2)の成立根拠は次の三角関数の加法定理にあります。

$$\sin(\alpha \pm \beta) = \sin\alpha\cos\beta \pm \cos\alpha\sin\beta \quad (複号同順)$$
$$\cos(\alpha \pm \beta) = \cos\alpha\cos\beta \mp \sin\alpha\sin\beta \quad (複号同順)$$

(1) $z_1 z_2 = r_1 r_2 (\cos\theta_1 + i\sin\theta_1)(\cos\theta_2 + i\sin\theta_2)$
$\quad = r_1 r_2 \{(\cos\theta_1\cos\theta_2 - \sin\theta_1\sin\theta_2) + i(\cos\theta_1\sin\theta_2 + \sin\theta_1\cos\theta_2)\}$
$\quad = r_1 r_2 (\cos(\theta_1 + \theta_2) + i\sin(\theta_1 + \theta_2))$

(2) $\dfrac{z_1}{z_2} = \dfrac{r_1}{r_2} \dfrac{(\cos\theta_1 + i\sin\theta_1)}{(\cos\theta_2 + i\sin\theta_2)}$

$\quad = \dfrac{r_1}{r_2} \dfrac{(\cos\theta_1 + i\sin\theta_1)(\cos\theta_2 - i\sin\theta_2)}{(\cos\theta_2 + i\sin\theta_2)(\cos\theta_2 - i\sin\theta_2)}$

$\quad = \dfrac{r_1}{r_2} \dfrac{\{(\cos\theta_1\cos\theta_2 + \sin\theta_1\sin\theta_2) + i(\sin\theta_1\cos\theta_2 - \cos\theta_1\sin\theta_2)\}}{\cos^2\theta^2 + \sin^2\theta^2}$

$\quad = \dfrac{r_1}{r_2} (\cos(\theta_1 - \theta_2) + i\sin(\theta_1 - \theta_2))$

(3) これについては、$r_1 = r_2 = 1$、$\theta_1 = \theta_2 = \theta$ として(1)を繰り返し使えば得られます。厳密には、数学的帰納法（§65）を使います。

〔例題〕極形式で表現して以下の計算をしてください。

(1) $(1+\sqrt{3}\,i)(\sqrt{3}+i)$　　(2) $\dfrac{1+\sqrt{3}\,i}{\sqrt{3}+i}$　　(3) $(1+\sqrt{3}\,i)^{300}$

[解]

(1) $(1+\sqrt{3}\,i)(\sqrt{3}+i) = 2\left(\dfrac{1}{2}+\dfrac{\sqrt{3}}{2}i\right) \times 2\left(\dfrac{\sqrt{3}}{2}+\dfrac{1}{2}i\right)$

$= 4\left(\cos\dfrac{\pi}{3}+i\sin\dfrac{\pi}{3}\right)\left(\cos\dfrac{\pi}{6}+i\sin\dfrac{\pi}{6}\right)$

$= 4\left\{\cos\left(\dfrac{\pi}{3}+\dfrac{\pi}{6}\right)+i\sin\left(\dfrac{\pi}{3}+\dfrac{\pi}{6}\right)\right\} = 4\left(\cos\dfrac{\pi}{2}+i\sin\dfrac{\pi}{2}\right) = 4i$

(2) $\dfrac{1+\sqrt{3}\,i}{\sqrt{3}+i} = \dfrac{2\left(\dfrac{1}{2}+\dfrac{\sqrt{3}}{2}i\right)}{2\left(\dfrac{\sqrt{3}}{2}+\dfrac{1}{2}i\right)} = \dfrac{\cos\dfrac{\pi}{3}+i\sin\dfrac{\pi}{3}}{\cos\dfrac{\pi}{6}+i\sin\dfrac{\pi}{6}}$

$= \cos\left(\dfrac{\pi}{3}-\dfrac{\pi}{6}\right)+i\sin\left(\dfrac{\pi}{3}-\dfrac{\pi}{6}\right)$

$= \cos\dfrac{\pi}{6}+i\sin\dfrac{\pi}{6} = \dfrac{\sqrt{3}}{2}+\dfrac{1}{2}i$

(3) $(1+\sqrt{3}\,i)^{300} = \left\{2\left(\dfrac{1}{2}+\dfrac{\sqrt{3}}{2}i\right)\right\}^{300} = \left\{2\left(\cos\dfrac{\pi}{3}+i\sin\dfrac{\pi}{3}\right)\right\}^{300}$

$= 2^{300}\left(\cos\dfrac{300\pi}{3}+i\sin\dfrac{300\pi}{3}\right) = 2^{300}(\cos 100\pi+i\sin 100\pi)$

$= 2^{300}(\cos 2\times 50\pi+i\sin 2\times 50\pi) = 2^{300}$

なお、ド・モアブルの定理は、次節で紹介する「オイラーの公式」をオイラーが導く際の基本となった定理です。

# §34 オイラーの公式

$e^{i\theta} = \cos\theta + i\sin\theta$ ……①
($i$ は虚数単位、$e$ はネイピアの数 $2.71828$……)

## 解説！ 三角関数と指数関数をつなぐ

この **オイラーの公式** の右辺、$\cos\theta + i\sin\theta$ の意味は何でしょうか。$\theta$ を実数とすれば、$\cos\theta + i\sin\theta$ は極形式で表示された複素数であり、その絶対値は1で、偏角は $\theta$ です(右図)。したがって、この複素数は複素数平面において「原点中心、半径1」の単位円周上にあると分かります。

では、左辺の $e^{i\theta}$ はどういう意味でしょうか。これは指数関数 $y = e^x$ の $x$ に $i\theta$ を代入したものですが、これは一体どんな数なのか……。ここでオイラーは「$e^{i\theta}$ は $\cos\theta + i\sin\theta$ である」と主張したのです。

$e^{i\theta} = \cos\theta + i\sin\theta$ は複素数平面上で見ると原点中心、半径1の単位円周上の複素数でした。それでは、一般の複素数を指数で表示するとどうなるでしょうか。一般の複素数 $z = a + bi$ は極形式で $r(\cos\theta + i\sin\theta)$ と書けます。したがって、

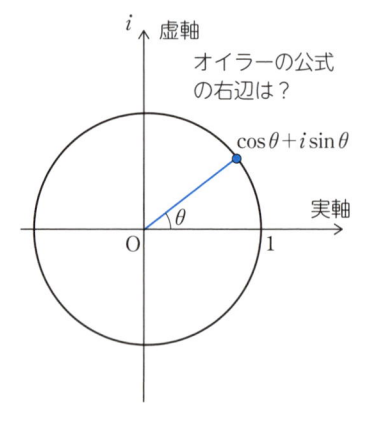

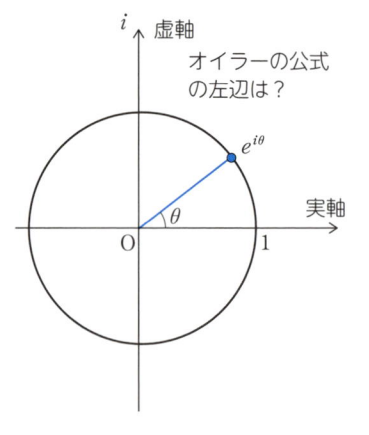

# 34 オイラーの公式

$$z = a+bi = r(\cos\theta + i\sin\theta) = re^{i\theta}$$

となります。ここで、$r = |z| = \sqrt{a^2+b^2}$ です。

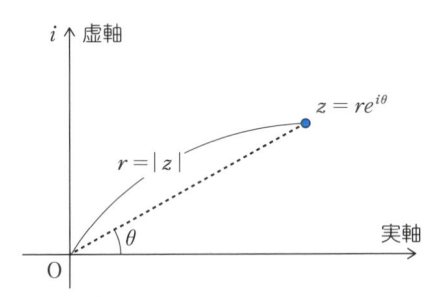

（注）ネイピアの数 $e$ については §67（196ページ）参照。

● 三角関数を指数表示すると

**オイラーの公式**①は、複素数の世界で三角関数と指数関数をつなぐ強力な公式です。この公式により、複素数の世界では、三角関数は指数関数で下記のように表現されます。

$$\cos\theta = \frac{e^{i\theta}+e^{-i\theta}}{2} 、 \sin\theta = \frac{e^{i\theta}-e^{-i\theta}}{2i}$$

三角関数は微分したり積分したりすると形を変えますが、指数関数 $e^x$ は形を変えません（下記参照）。

$$(\sin x)' = \cos x 、 (\cos x)' = -\sin x 、 (e^x)' = e^x$$

このオイラーの公式により、sin と cos の計算を指数関数で代用でき、複雑な三角関数の計算が簡単になります。

### なぜ、そうなる？

オイラーの公式の成立は**テイラー展開**を用いた §76 で紹介してあります。ここでは、ド・モアブルの定理（§33）をもとにオイラーの公式を導いてみることにします。証明ではありません。

ド・モアブルの定理より整数 $n$ について次のことが成り立ちます。

$$(\cos\theta + i\sin\theta)^n = \cos n\theta + i\sin n\theta \quad \cdots\cdots ②$$

$$(\cos\theta - i\sin\theta)^n = \cos n\theta - i\sin n\theta \quad \cdots\cdots ③ \quad (注1)$$

②+③、②-③より

$$\cos n\theta = \frac{1}{2}\{(\cos\theta + i\sin\theta)^n + (\cos\theta - i\sin\theta)^n\} \quad \cdots\cdots ④$$

$$i\sin n\theta = \frac{1}{2}\{(\cos\theta + i\sin\theta)^n - (\cos\theta - i\sin\theta)^n\} \quad \cdots\cdots ⑤$$

ここで、$x = n\theta$ とおくと④、⑤は

$$\cos x = \frac{1}{2}\left\{\left(\cos\frac{x}{n} + i\sin\frac{x}{n}\right)^n + \left(\cos\frac{x}{n} - i\sin\frac{x}{n}\right)^n\right\} \quad \cdots\cdots ⑥$$

$$i\sin x = \frac{1}{2}\left\{\left(\cos\frac{x}{n} + i\sin\frac{x}{n}\right)^n - \left(\cos\frac{x}{n} - i\sin\frac{x}{n}\right)^n\right\} \quad \cdots\cdots ⑦$$

⑥+⑦より

$$\cos x + i\sin x = \left(\cos\frac{x}{n} + i\sin\frac{x}{n}\right)^n$$

$n \to \infty$ のとき $\dfrac{x}{n} \to 0$

また、$\dfrac{x}{n} ≒ 0$ のとき、$\cos\dfrac{x}{n} ≒ 1$、$\sin\dfrac{x}{n} ≒ \dfrac{x}{n}$

$\cdots\cdots$（関数の1次近似（§75））

したがって、$n \to \infty$ のとき

$$\cos x + i\sin x = \lim_{n\to\infty}\left(1 + i\frac{x}{n}\right)^n \quad \cdots\cdots ⑧$$

ここで、$\lim\limits_{n\to\infty}\left(1 + \dfrac{x}{n}\right)^n = e^x \quad \cdots\cdots ⑨ \quad (注2)$

そこで、この $x$ に $ix$ を代入すると、$\lim\limits_{n\to\infty}\left(1 + \dfrac{ix}{n}\right)^n = e^{ix} \quad \cdots\cdots ⑩$

⑧と⑩より　オイラーの公式　$\cos x + i\sin x = e^{ix} \quad \cdots\cdots ①$

が導かれました。

(注1)　②の $\theta$ に $-\theta$ を代入すると、

$$(\cos(-\theta) + i\sin(-\theta))^n = \cos(-n\theta) + i\sin(-n\theta) \quad \cdots\cdots ③$$

cos は偶関数だから　$\cos(-\theta) = \cos\theta$、$\cos(-n\theta) = \cos n\theta$

sin は偶関数だから　$\sin(-\theta) = -\sin\theta$、$\sin(-n\theta) = -\sin n\theta$

(注2) ここで、$\lim_{n \to \infty}\left(1+\dfrac{1}{n}\right)^n = e(=2.71828\cdots)$　より（§67）

$$\lim_{n \to \infty}\left(1+\dfrac{x}{n}\right)^n = \lim_{n \to \infty}\left(1+\dfrac{x}{n}\right)^{\frac{n}{x}x} = \lim_{\frac{n}{x} \to \infty}\left\{\left(1+\dfrac{x}{n}\right)^{\frac{n}{x}}\right\}^x = e^x$$

### 使ってみればオイラーも分かる！

(1) オイラーの公式の $\theta$ に $\pi$ を代入すると、次の式を得ます。

$$e^{i\pi} = \cos\pi + i\sin\pi = -1 \quad つまり \quad e^{i\pi} = -1$$

この式は「**オイラーの等式**」と呼ばれ、円周率 $\pi$ とネイピアの数 $e$、それに、虚数単位 $i$ の関係を表現したものです。

(2) $\dfrac{d}{dx}e^{ix} = \dfrac{d}{dt}e^t \dfrac{dt}{dx} = e^t \times i = ie^{ix} \qquad (t=ix)$

これは、$\cos x + i\sin x$ を $x$ で微分したのと同じ関数です。

### オイラーの公式は最もすばらしい公式？

オイラーの公式を発見したのは、スイス生まれのレオンハルト・オイラー（1707〜1783）で、18世紀最大の数学者、物理学者です。量子力学の分野でノーベル物理学賞を受賞したリチャード・ファインマンはオイラーの公式を「我々の至宝」かつ「すべての公式の中で最もすばらしい公式」と称えています。

# §35 ベクトルの定義

> 大きさと向きを持つ量をベクトルという。ベクトルを表現するには矢印表示と成分表示がある。

## ベクトルの①矢印表示

「大きさ」と「向き」を矢印で右図のように表示したものを**ベクトルの矢印表示**といいます。

また、二つのベクトル $\vec{a}$、$\vec{b}$ に対して下図のように計算規則 $\vec{a}+\vec{b}$、$-\vec{a}$、$\vec{a}-\vec{b}$ を定めます。

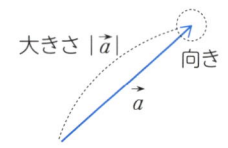

また、$\vec{a}$ に対して、向きが逆のものを逆ベクトルといい「$-\vec{a}$」と表し、大きさが 0 のベクトルを零ベクトルといい「$\vec{0}$」と表します。

(1) ベクトルの和

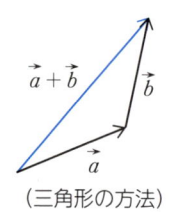

（三角形の方法） 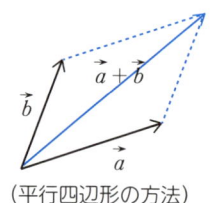　　　　（平行四辺形の方法）

(2) 逆ベクトル　　　(3) ベクトルの差

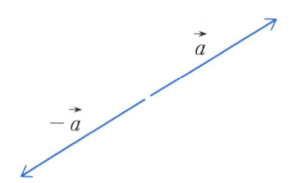

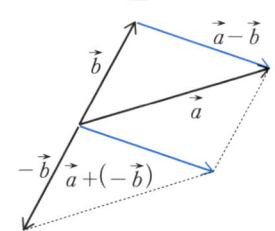

⑷　ベクトルの $k$ 倍

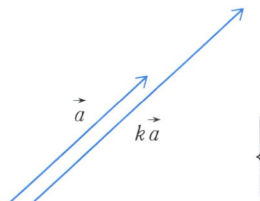

$\begin{cases} k>0 のとき \vec{a} と同じ向きで、大きさ k 倍 \\ k=0 のとき零ベクトル \\ k<0 のとき逆向きで、大きさ -k 倍 \end{cases}$

## ベクトルの②成分表示

平面上の任意のベクトル $\vec{a}$ は、**基本ベクトル** $\vec{e_1}$、$\vec{e_2}$（軸と同じ向きを持つ大きさ 1 のベクトル）を用いて

$$\vec{a} = a_1 \vec{e_1} + a_2 \vec{e_2}$$

と書けます。このとき、基本ベクトルの係数 $a_1$、$a_2$ を用いて $\vec{a}=(a_1, a_2)$ と表現したとき、これを**ベクトルの成分表示**といいます。

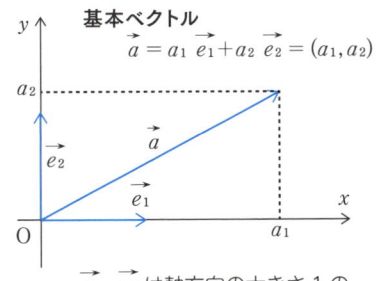

**基本ベクトル**
$\vec{a} = a_1 \vec{e_1} + a_2 \vec{e_2} = (a_1, a_2)$

$\vec{e_1}$、$\vec{e_2}$ は軸方向の大きさ 1 のベクトル（基本ベクトルという）

二つのベクトル $(a_1, a_2)$、$(b_1, b_2)$ に対して下記のようにベクトルの和、逆ベクトル、ベクトルの差、ベクトルの $k$ 倍が計算されます。

(1)　ベクトルの和　$(a_1, a_2)+(b_1, b_2)=(a_1+b_1, a_2+b_2)$
(2)　逆ベクトル　$-(a_1, a_2)=(-a_1, -a_2)$
(3)　ベクトルの差　$(a_1, a_2)-(b_1, b_2)=(a_1-b_1, a_2-b_2)$
(4)　ベクトルの $k$ 倍　$k(a_1, a_2)=(ka_1, ka_2)$
(5)　ベクトルの大きさ　$\vec{a}=(a_1, a_2)$ のとき $|\vec{a}|=\sqrt{a_1^2+a_2^2}$

# §36

# ベクトルの一次独立

> 平面上の零ベクトルでない二つのベクトル $\vec{a}$、$\vec{b}$ が平行でないとき、この二つのベクトルは一次独立であるという。また、このとき平面上の任意のベクトル $\vec{p}$ は実数 $m$、$n$ を用いて $\vec{p} = m\vec{a} + n\vec{b}$ とただ1通りに表せる。

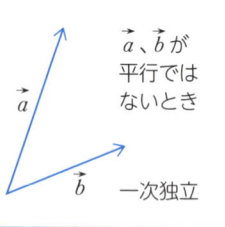

### 解説！ 一次独立と一次従属

二つのベクトル $\vec{a}$、$\vec{b}$ が平行のとき、ある実数 $s$ が存在して $\vec{a} = s\vec{b}$ と書けます(右図)。これは一方が他方に依存(従属)していることになります。したがって、このとき、二つのベクトル $\vec{a}$、$\vec{b}$ は**一次従属**といいます。

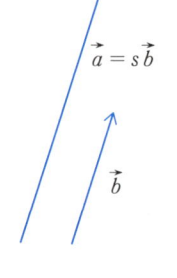

ところが、$\vec{a}$ と $\vec{b}$ が平行でないときは、片方のベクトルが他方のベクトルの実数倍とは書けません。このとき、双方は互いに依存していないので**一次独立**といいます。平面上の任意のベクトルは、一次独立な二つのベクトルがあれば、それらの実数倍の和で必ず書けることになります。

### なぜ、そうなる？

$\vec{p}$ と $\vec{a}$、$\vec{b}$ の始点を一致させてみると二つのベクトル $\vec{a}$、$\vec{b}$ は平行ではないので右図のような平行四辺形 ODPC を描くことができます。また、

$\vec{OC} \parallel \vec{OA}$ なので $\vec{OC} = m\vec{a}$
$\vec{OD} \parallel \vec{OB}$ なので $\vec{OD} = n\vec{b}$

と書けます。

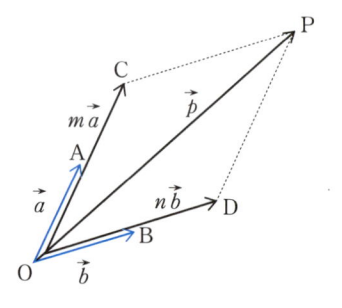

したがって、$\vec{p} = \overrightarrow{OC} + \overrightarrow{OD} = m\vec{a} + n\vec{b}$ と書けます。

## 成分表示からも分かる！

二つのベクトル $\vec{a} = (1, 2)$、$\vec{b} = (2, 1)$ は平行ではないので一次独立です。このとき、任意のベクトル $\vec{p} = (s, t)$ を実数 $m$、$n$ を用いて $\vec{p} = m\vec{a} + n\vec{b}$ と書き表してみましょう。

$$\vec{p} = m\vec{a} + n\vec{b}$$

とすると

$$(s, t) = m(1, 2) + n(2, 1) = (m + 2n, 2m + n)$$

よって、

$$m + 2n = s、2m + n = t \quad \cdots\cdots ①$$

これを $m$、$n$ について解くと

$$m = \frac{2t - s}{3}、n = \frac{2s - t}{3} \quad \cdots\cdots ②$$

よって、

$$\vec{p} = \frac{2t - s}{3}\vec{a} + \frac{2s - t}{3}\vec{b}$$

と書くことができます。

（注）$\vec{0}$ でない $\vec{a}$ と $\vec{b}$ が互いに平行でないとき、一次独立であるといいました。式の上では①から②がただ一通りに求められるという保障が $\vec{a}$ と $\vec{b}$ の一次独立なのです。

# §37 ベクトルの内積

(1) 二つのベクトル $\vec{a}$ と $\vec{b}$ のなす角を $\theta$ とするとき、$|\vec{a}||\vec{b}|\cos\theta$ を $\vec{a}$、$\vec{b}$ の**内積**と定義し、$\vec{a}\cdot\vec{b}$ と書く。
　つまり、$\vec{a}\cdot\vec{b}=|\vec{a}||\vec{b}|\cos\theta$
(2) 二つのベクトルを $\vec{a}=(a_1,\ a_2)$ と $\vec{b}=(b_1,\ b_2)$ とするとき、
$$\vec{a}\cdot\vec{b}=a_1b_1+a_2b_2$$

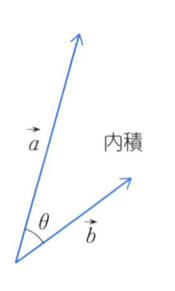

### 解説！ 内積と外積？

　二つのベクトル $\vec{a}$、$\vec{b}$ のなす角 $\theta$ は、二つのベクトルの始点を一致させたときにできる角です。二つのベクトル $\vec{a}$ と $\vec{b}$ の**内積**は、実は定義から分かるようにベクトルではありません。単なる数（**スカラー**）になります。なおベクトルの掛け算には内積の他にもう一つ、**外積**があります。

### なぜ、そうなる？

　下図において、$\overrightarrow{OA}=\vec{a}=(a_1,\ a_2)$、$\overrightarrow{OB}=\vec{b}=(b_1,\ b_2)$ とし、この二つのベクトルのなす角を $\theta$ とします。ここで三角形 OAB に余弦定理（§24）を使うと、
$$AB^2=OA^2+OB^2-2OA\cdot OB\cos\theta$$
この式を成分を使って書くと、
$$(a_1-b_1)^2+(a_2-b_2)^2$$
$$=a_1^2+a_2^2+b_1^2+b_2^2-2|\vec{a}||\vec{b}|\cos\theta$$
これを展開して整理すると、
$$|\vec{a}||\vec{b}|\cos\theta=a_1b_1+a_2b_2$$
内積の定義　$\vec{a}\cdot\vec{b}=|\vec{a}||\vec{b}|\cos\theta$ より、
$\vec{a}\cdot\vec{b}=a_1b_1+a_2b_2$ となります。

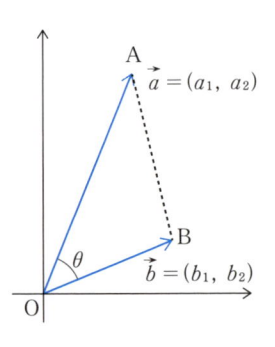

## 使ってみれば分かる！

(1) 内積の定義 $\vec{a}\cdot\vec{b} = |\vec{a}||\vec{b}|\cos\theta$ と $\vec{a}\cdot\vec{b} = a_1 b_1 + a_2 b_2$ より、公式 $\cos\theta = \dfrac{a_1 b_1 + a_2 b_2}{\sqrt{a_1^2 + a_2^2}\sqrt{b_1^2 + b_2^2}}$ を得ます。これにより、二つのベクトルの成分が分かればベクトルのなす角を求めることができます。

例えば、二つのベクトル $\vec{a} = (3, \sqrt{3})$ と $\vec{b} = (\sqrt{3}, 3)$ のなす角 $\theta$ は、
$$\cos\theta = \frac{\vec{a}\cdot\vec{b}}{|\vec{a}||\vec{b}|} = \frac{3\sqrt{3} + 3\sqrt{3}}{\sqrt{9+3}\sqrt{3+9}} = \frac{6\sqrt{3}}{12} = \frac{\sqrt{3}}{2}$$
より、$\theta = 30°$ です。

(2) ベクトルの垂直条件を内積で表現してみましょう。

二つのベクトル $\vec{a}\cdot\vec{b}$ が垂直であれば $\theta$ が直角で $\cos\theta = 0$ となるので内積は 0 になります。

したがって、

「$\vec{a}$、$\vec{b}$ の内積が 0 $\Leftrightarrow$ $\vec{a} \perp \vec{b}$」

がいえます。これはいろいろな分野でよく使われる大事な公式です。

なお、内積は物理の世界では「**仕事**」に相当します。つまり、

力の移動方向への正射影（$|\vec{f}|\cos\theta$）× 移動距離（$|\vec{s}|$）
$$= 内積（\vec{f}\cdot\vec{s}）$$

ということがいえます。

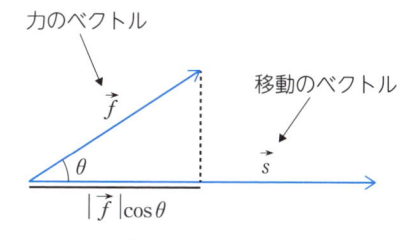

物理の「仕事」とベクトルの内積

# §38 分点の公式

2点 A、B の位置ベクトルを $\vec{a}$、$\vec{b}$ とするとき、線分 AB を $m:n$ に分ける点 P の位置ベクトル $\vec{p}$ は次の式で与えられる。

$$\vec{p} = \frac{m\vec{b} + n\vec{a}}{m+n} \cdots\cdots ①$$

ただし、
内分のとき、$m$ と $n$ は同符号
外分のとき、$m$ と $n$ は異符号

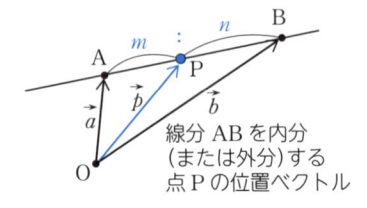

線分 AB を内分（または外分）する点 P の位置ベクトル

## 解説！ 内分点と外分点

平面や空間内に一点 O を固定して、これを**原点**と呼ぶことにします。すると平面や空間内の任意の点 P に対して $\overrightarrow{OP}$ がただ一つ決まります。この $\overrightarrow{OP}$ を点 P の**位置ベクトル**といいます。

● 内分点とは

線分 AB 上の点 P で AP：PB＝$m:n$ に分ける点を「線分 AB を $m:n$ に内分する点（**内分点**）」といいます。

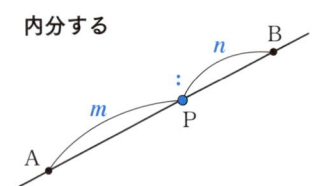

内分する

線分 AB を $m:n$ に内分
（線分 BA を $n:m$ に内分）

線分 AB を 3：2 に内分
（線分 BA を 2：3 に内分）

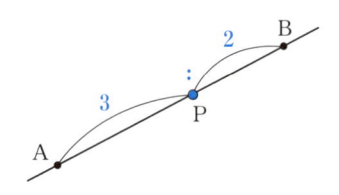

## 38 分点の公式

●外分点とは

　線分 AB の延長上の点 P で AP：PB＝$m$：$n$ に分ける点を「線分 AB を $m$：$n$ に外分する点（**外分点**）」といいます。$m$ と $n$ の大小関係によって、線分 AB のどちらの側の延長上かが異なります。

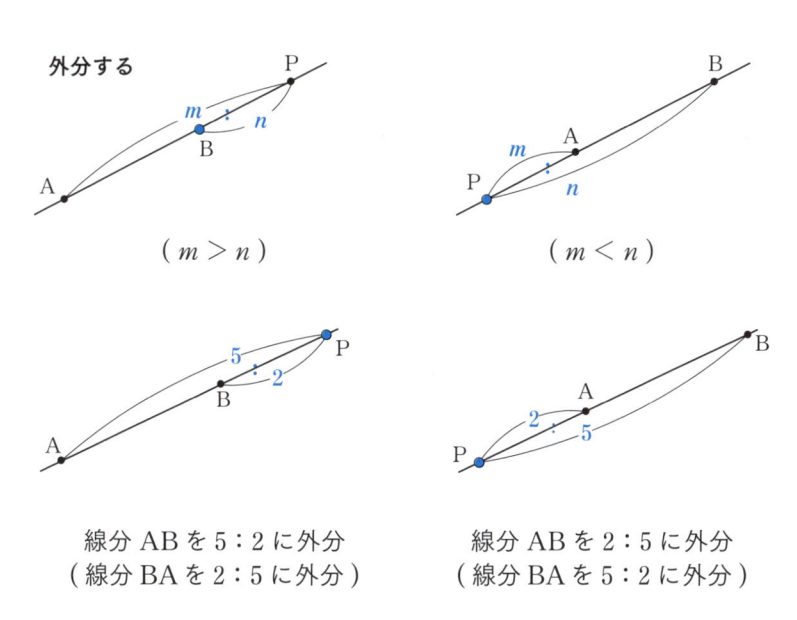

外分する

（$m > n$）　　　　　　　　（$m < n$）

線分 AB を 5：2 に外分　　　線分 AB を 2：5 に外分
（線分 BA を 2：5 に外分）　（線分 BA を 5：2 に外分）

　なお、線分 AB を外分する場合は、A からスタートして、一度、線分 AB の延長線上に出て、再度 B に戻ることになります。そこで「線分 AB を $m$：$n$ に**外分する**」ということを「線分 AB を $m$：$-n$ に**分ける**」とか、「線分 AB を $-m$：$n$ に**分ける**」というように、負の数を使って表現することもあります。

分ける

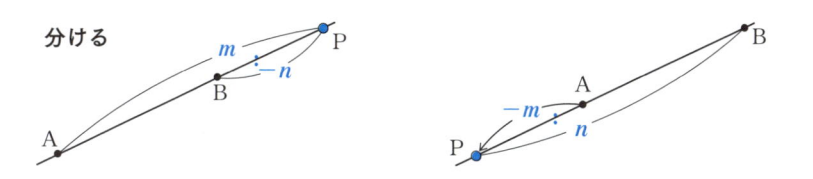

113

### なぜ、そうなる？

(1) $m:n$ に内分

$m$、$n$ ともに正の場合は、

$$\vec{p} = \vec{a} + \overrightarrow{AP} = \vec{a} + \frac{m}{m+n}\overrightarrow{AB}$$

$$= \vec{a} + \frac{m}{m+n}(\vec{b}-\vec{a})$$

$$= \frac{(m+n)\vec{a} + m(\vec{b}-\vec{a})}{m+n} = \frac{m\vec{b}+n\vec{a}}{m+n}$$

ここで、

$$\frac{m\vec{b}+n\vec{a}}{m+n} = \frac{(-m)\vec{b}+(-n)\vec{a}}{(-m)+(-n)}$$

よって、①は $m$ と $n$ がともに負でも成り立ちます。

(2) $m:n$ に外分

$m>n>0$ として AB を $m:n$ に外分の場合は、このとき、B が AP を $m-n:n$ に内分する点になります。よって、

$$\vec{b} = \frac{(m-n)\vec{p}+n\vec{a}}{(m-n)+n}$$

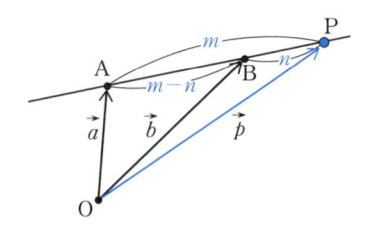

これを $\vec{p}$ について解くと、$\vec{p} = \dfrac{m\vec{b}-n\vec{a}}{m-n}$ ……②

$n>m>0$ として AB を $m:n$ に外分の場合も同様にして

$\vec{p} = \dfrac{-m\vec{b}+n\vec{a}}{-m+n}$ を得ます。また、$\dfrac{m\vec{b}-n\vec{a}}{m-n} = \dfrac{-m\vec{b}+n\vec{a}}{-m+n}$ なので、

②は①において $m$ と $n$ が異符号の場合（$m$, $n$ のどちらが正でも負でもよい）に相当します。

(1)(2)より、内分、外分いずれの場合でも分点は①で表せます。数学ではこのように、一見違うように見える世界でも統一した式で表される

ことが珍しくありません。数学の美しい一面です。

● 分点の位置を座標で表す

分点の公式①を成分表示すれば、分点を座標で表すこともできます。$\vec{p}=(x, y)$、$\vec{a}=(x_1, y_1)$、$\vec{b}=(x_2, y_2)$ として①を成分表示すれば、

$$x=\frac{mx_2+nx_1}{m+n}、y=\frac{my_2+ny_1}{m+n} \quad \cdots\cdots ④$$

$\vec{p}=(x, y, z)$、$\vec{a}=(x_1, y_1, z_1)$、$\vec{b}=(x_2, y_2, z_2)$ として、①を成分表示すれば、

$$x=\frac{mx_2+nx_1}{m+n}、y=\frac{my_2+ny_1}{m+n}、z=\frac{mz_2+nz_1}{m+n} \quad \cdots\cdots ⑤$$

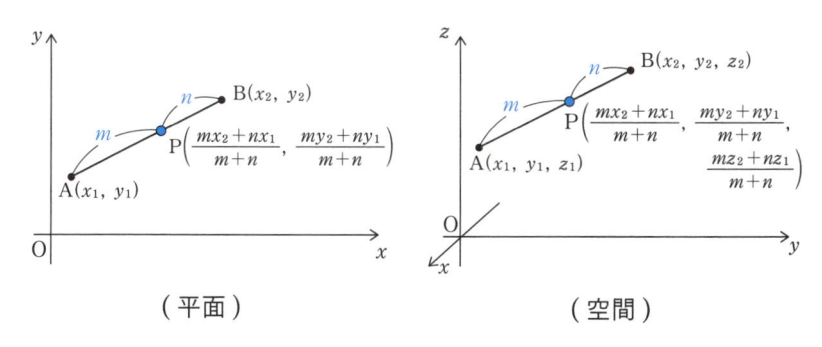

（平面）　　　　　　　　　　　　（空間）

〔例題〕　A(1, 2)、B(4, 3) とするとき、線分 AB を 3：2 に内分する点 P、外分する点 Q の位置ベクトルを成分表示してください。

[解]　点 A、B、P、Q の位置ベクトルを各々 $\vec{a}$、$\vec{b}$、$\vec{p}$、$\vec{q}$ とすると、
$m=3$、$n=2$ より、

$$\vec{p}=\frac{3\vec{b}+2\vec{a}}{3+2}=\frac{3(4, 3)+2(1, 2)}{5}=\frac{(12, 9)+(2, 4)}{5}$$
$$=\frac{(14, 13)}{5}=\left(\frac{14}{5}, \frac{13}{5}\right)$$

$m=3$、$n=-2$ より、

$$\vec{q}=\frac{3\vec{b}-2\vec{a}}{3-2}=\frac{3(4, 3)-2(1, 2)}{1}=(12, 9)-(2, 4)=(10, 5)$$

# §39 平面図形のベクトル方程式

(1) 点Cを中心とし半径$r$の円の
ベクトル方程式
$$|\vec{p}-\vec{c}|=r$$

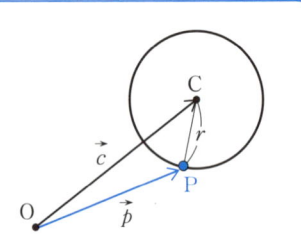

(2) 点Aを通り$\vec{e}$に平行な直線$l$の
ベクトル方程式
$$\vec{p}=\vec{a}+t\vec{e} \quad (t\text{は任意の実数})$$

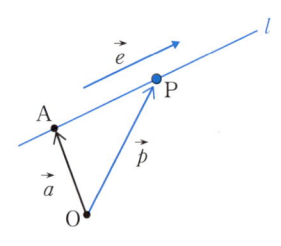

(3) 点Aを通り$\vec{n}$に垂直な直線$l$の
ベクトル方程式
$$(\vec{p}-\vec{a})\cdot\vec{n}=0$$

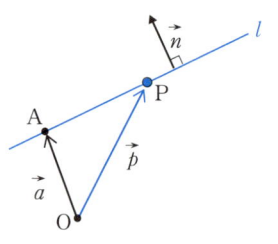

## 解説！ ベクトルの方程式

　図形F上の任意の点Pの位置ベクトル$\vec{p}$が満足すべきベクトルの間の関係(条件)式を、図形Fの**ベクトル方程式**といいます。

　ベクトル方程式を成分表示すると、$xy$平面における$x$と$y$に関する方程式になります。例えば、(2)のベクトル方程式は$\vec{p}=(x,y)$、$\vec{a}=(x_1,y_1)$、$\vec{e}=(h,k)$と成分表示すれば次のようになります。

$$(x,y)=(x_1,y_1)+t(h,k)=(x_1+th, y_1+tk)$$

これから、直線の方程式は任意の実数 $t$ を用いて、

$$x = x_1 + th$$
$$y = y_1 + tk$$
（$t$ は任意の実数）

と表示されます。この $t$ は**媒介変数**と呼ばれています。この二つの式から媒介変数 $t$ を消去すると、$h, k$ がいずれも $0$ でないとき、

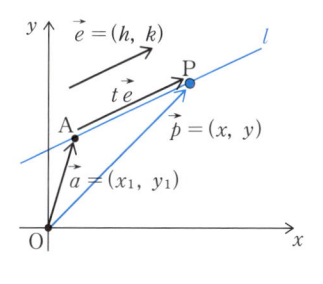

$$t = \frac{x-x_1}{h} 、 t = \frac{y-y_1}{k} より、\frac{x-x_1}{h} = \frac{y-y_1}{k}$$

## なぜ、そうなる？

(1)については、P が円周上のどこにあっても $\overrightarrow{PC}$ の大きさは $r$ となります。したがって、$|\overrightarrow{CP}| = r$ となり $|\vec{p} - \vec{c}| = r$ を得ます。

(2)については、P が直線 $l$ 上のどこにあっても $\overrightarrow{OP} = \overrightarrow{OA} + \overrightarrow{AP}$ より、適当な実数 $t$ を用いて $\vec{p} = \vec{a} + t\vec{e}$ と書けます。

(3)については、P が直線 $l$ 上のどこにあっても $\overrightarrow{AP} \perp \vec{n}$ より $\overrightarrow{AP} \cdot \vec{n} = 0$ となります(ベクトルの内積 §37)。したがって、$(\vec{p} - \vec{a}) \cdot \vec{n} = 0$ が成立します。

〔例題〕点 C(3, 2) を中心とし、半径 5 の円の $x$ と $y$ を使った方程式を求めてください。

[解] この円のベクトル方程式は $|\vec{p} - \vec{c}| = r$ となります。ここで $\vec{p}$ は円上の任意の点の位置ベクトル、$\vec{c}$ は点 C の位置ベクトルです。この方程式において、$\vec{p} = (x, y)$、$\vec{c} = (3, 2)$、$r = 5$ とすると、

$$\vec{p} - \vec{c} = (x-3, y-2) \quad より、\quad \sqrt{(x-3)^2 + (y-2)^2} = 5$$

となります。この両辺を 2 乗すると、

$$(x-3)^2 + (y-2)^2 = 5^2$$

これが $x$ と $y$ を使った円の方程式です。

# §40

# 空間図形のベクトル方程式

3次元空間における球面、直線、平面のベクトル方程式

(1) 点Cを中心とし半径$r$の球面の
ベクトル方程式

$$|\vec{p}-\vec{c}|=r$$

球面上の点Pの位置ベクトル

(2) 点Aを通り$\vec{e}$に平行な直線$l$の
ベクトル方程式

$$\vec{p}=\vec{a}+t\vec{e} \quad (t\text{は任意の実数})$$

(注) $\vec{e}$を直線$l$の方向ベクトルといいます。

直線上の点Pの位置ベクトル

(3) 点Aを通り$\vec{n}$に垂直な平面$\alpha$の
ベクトル方程式

$$(\vec{p}-\vec{a})\cdot\vec{n}=0$$

(注) $\vec{n}$を平面$\alpha$の法線ベクトルといいます。

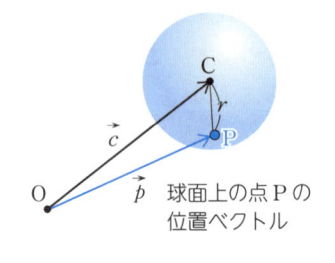

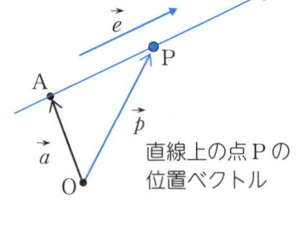

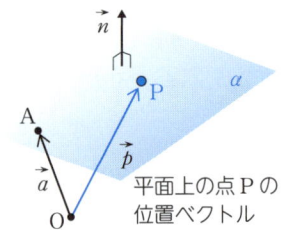

平面上の点Pの位置ベクトル

## 解説！ 空間図形のベクトル

(1)は前節の円のベクトル方程式と同じです。球面をCを通る平面で切れば、その切り口は円になるからです（次ページの左図）。(2)は直線のベクトル方程式ですが、これは平面でも空間でも全く同じです。(3)は前節の直線のベクトル方程式と同じです。平面を平面で切れば、その切り口は直線になるからです（次ページ右図）。

ここでは、三つの典型的な図形についてのベクトル方程式を紹介しましたが、どれもシンプルな表現です。このベクトル方程式を成分表示すると、$x$、$y$、$z$に関する方程式を得ます。

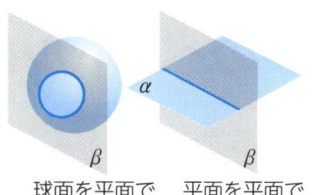

球面を平面で切る→円

平面を平面で切る→直線

### なぜ、そうなる？

(1)については、Pが球面上のどこにあっても$\overrightarrow{PC}$の大きさは$r$となります。したがって、$|\overrightarrow{CP}|=r$となり$|\vec{p}-\vec{c}|=r$を得ます。

(2)については、Pが直線$l$上のどこにあっても$\overrightarrow{OP}=\overrightarrow{OA}+\overrightarrow{AP}$より、適当な実数$t$を用いて$\vec{p}=\vec{a}+t\vec{e}$と書けます。

(3)については、Pが平面$\alpha$上のどこにあっても$\overrightarrow{AP}\perp\vec{n}$より、$\overrightarrow{AP}\cdot\vec{n}=0$となります（ベクトルの内積§37）。したがって、$(\vec{p}-\vec{a})\cdot\vec{n}=0$が成立します。

なお、(3)の場合、$\vec{p}=(x, y, z)$、$\vec{a}=(a_1, a_2, a_3)$、$\vec{n}=(h, k, j)$としてベクトル方程式を成分表示すれば$h(x-a_1)+k(y-a_2)+j(z-a_3)=0$を得ます。これから、3次元座標空間における平面の方程式は$x$、$y$、$z$の1次方程式であることが分かります。

〔例題〕点$A(4, 5, 6)$を通り、$\vec{n}=(1, 2, 3)$に垂直な平面の$x$、$y$、$z$に関する方程式を求めてください。

[解] ベクトル方程式は、$(\vec{p}-\vec{a})\cdot\vec{n}=0$……①となります。ここで、$\vec{p}=(x, y, z)$、$\vec{a}=(4, 5, 6)$より、$\vec{p}-\vec{a}=(x-4, y-5, z-6)$
よって、①より、

$1\times(x-4)+2(y-5)+3(z-6)=0$

これを整理すると、つぎのようになります。

∴ $x+2y+3z-32=0$

# §41

# 二つのベクトルに垂直なベクトル

3次元空間において、次のベクトル $\vec{c}$ は
二つのベクトル
$$\vec{a}=(a_1, a_2, a_3)、\vec{b}=(b_1, b_2, b_3)$$
に垂直なベクトルである。
$$\vec{c}=(a_2b_3-a_3b_2, a_3b_1-a_1b_3, a_1b_2-a_2b_1)\cdots①$$

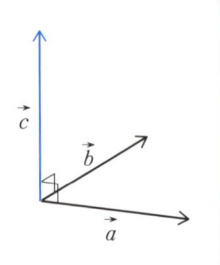

## 解説！ 空間における垂直？

二つのベクトル $\vec{a}$、$\vec{b}$ から作られた上記の $\vec{c}$ の成分は、ややこしくて、ピンときません。そこで、次の図から関係を把握するとよいでしょう。

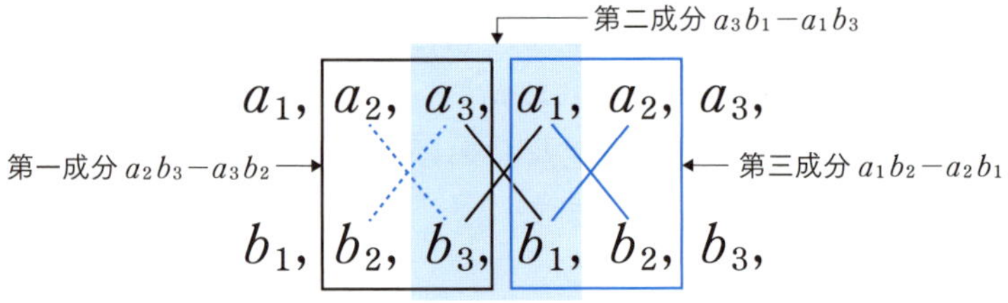

第一成分 $a_2b_3-a_3b_2$
第二成分 $a_3b_1-a_1b_3$
第三成分 $a_1b_2-a_2b_1$

$$a_1, a_2, a_3, a_1, a_2, a_3,$$
$$b_1, b_2, b_3, b_1, b_2, b_3,$$

（注）後の節の行列式（§42）を使うと、$\vec{c}=\left(\begin{vmatrix} a_2 & a_3 \\ b_2 & b_3 \end{vmatrix}, \begin{vmatrix} a_3 & a_1 \\ b_3 & b_1 \end{vmatrix}, \begin{vmatrix} a_1 & a_2 \\ b_1 & b_2 \end{vmatrix}\right)$ と書けます。

## なぜ、そうなる？

ここでは、$\vec{a}\perp\vec{c}$ かつ $\vec{b}\perp\vec{c}$ であることを調べてみるため、まずは、$\vec{a}$ と $\vec{c}$ の内積を計算してみます。

$$\vec{a}\cdot\vec{c}=a_1(a_2b_3-a_3b_2)+a_2(a_3b_1-a_1b_3)+a_3(a_1b_2-a_2b_1)$$
$$=a_1a_2b_3-a_1a_3b_2+a_2a_3b_1-a_2a_1b_3+a_3a_1b_2-a_3a_2b_1=0$$

よって、$\vec{a}\perp\vec{c}$ となります。同様に、$\vec{b}\cdot\vec{c}=0$ より $\vec{b}\perp\vec{c}$ となります。

〔例題〕 $\vec{a}=(1, 2, 3)$ と $\vec{b}=(-2, 4, 5)$ に垂直となるベクトルを求めてください。

［解］ 前ページの公式で、①にあてはめると、
$(2×5-3×4,\ 3×(-2)-1×5,\ 1×4-2×(-2))=(-2,\ -11,\ 8)$

● 外積とは何？

ベクトルに内積があるなら、当然「**外積**」と呼ばれるものがあっても不思議ではないはずです。実際、外積はあります。では、それはどういうものでしょうか。

いま、二つのベクトル $\vec{a}=(a_1, a_2, a_3)$ と $\vec{b}=(b_1, b_2, b_3)$ があるとき、このベクトルに対する内積とは、
$$\vec{a}\cdot\vec{b}=|\vec{a}||\vec{b}|\cos\theta=a_1b_1+a_2b_2+a_3b_3$$
というものでした。

これに対し、$\vec{a}$ と $\vec{b}$ の外積とは、

$(a_2b_3-a_3b_2,\ a_3b_1-a_1b_3,\ a_1b_2-a_2b_1)$

となるものをいい、$\vec{a}\times\vec{b}$ と表現します。これはまさしく①のベクトルです。

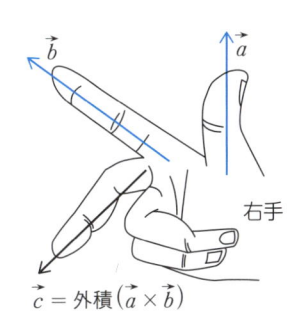

このとき、外積 $\vec{a}\times\vec{b}$ の向きは、右図のように右手の親指、人指し指、中指を垂直に立て、親指を $\vec{a}$ の向きに、$\vec{b}$ を人指し指の向きに合わせたとき、「中指の向きが外積 $\vec{a}\times\vec{b}$ の向き」となります。

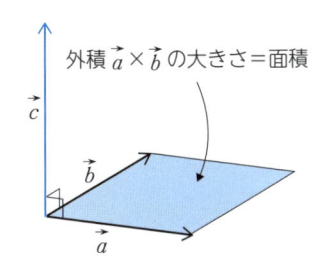

また、外積 $\vec{a}\times\vec{b}$ の大きさは $\vec{a}$ と $\vec{b}$ が張る平行四辺形の面積に等しくなります。少し外積のイメージがつかめたでしょうか。

なお、$\vec{a}\times\vec{b}=-\vec{b}\times\vec{a}$ です。

# §42 行列の計算規則

> (1) 数を長方形状に並べた表を行列という。また、行数が $m$ で列数が $n$ であれば、この行列を $m \times n$ 行列という。
> (2) 行列の加法、減法、乗法などを次のように定義する。
>   (イ) $k$ 倍：行列の $k$(実数)倍は各成分を $k$ 倍
>   (ロ) 加法：対応する成分同士の和
>   (ハ) 減法：対応する成分同士の差
>   (ニ) 乗法：$m \times n$ 行列 $A$ と $n \times l$ 行列 $B$ の積の行列 $C$ は $m \times l$ 行列で、その $ij$ 成分は行列 $A$ の第 $i$ 行ベクトルと行列 $B$ の第 $j$ 列ベクトルの内積とする。

## 解説！ 行と列で"行列"？

(1)の定義を見ると難しそうですが、つまりは「数を長方形状に並べてまとめたもの」を**行列**といいます。例をあげれば一目瞭然です。

$$2\times 3 \text{ 行列} \begin{pmatrix} 2 & -3 & 5 \\ -7 & 1 & 8 \end{pmatrix} \qquad 2\times 2 \text{ 行列} A = \begin{pmatrix} a & b \\ c & d \end{pmatrix}$$

ここで、横の並びを**行**、縦の並びを**列**と呼びます。また、行列の $i$ 行を第 $i$ 行ベクトル、$j$ 列を第 $j$ 列ベクトルといい、$i$ 行 $j$ 列の成分を $ij$ 成分といいます。

(2)では、行列の間の計算を定義しています。和とか差についてはすんなり納得できますが、ベクトルの内積(§37)を用いた積の定義は、最初は違和感を覚えます。しかし、慣れてくると、この定義のすばらしさが分かってきます。

● **行列の計算規則は具体例で**

(2)の行列の計算規則を理解するには、次の例で十分です。

(イ) $k$ 倍の例　$3\begin{pmatrix} a & b & c \\ d & e & f \end{pmatrix} = \begin{pmatrix} 3a & 3b & 3c \\ 3d & 3e & 3f \end{pmatrix}$

(ロ) 加法の例　$\begin{pmatrix} a & b & c \\ d & e & f \end{pmatrix} + \begin{pmatrix} p & q & r \\ s & t & u \end{pmatrix} = \begin{pmatrix} a+p & b+q & c+r \\ d+s & e+t & f+u \end{pmatrix}$

(注) 和に関しては交換法則が成り立ちます。

(ハ) 減法の例　$\begin{pmatrix} a & b & c \\ d & e & f \end{pmatrix} - \begin{pmatrix} p & q & r \\ s & t & u \end{pmatrix} = \begin{pmatrix} a-p & b-q & c-r \\ d-s & e-t & f-u \end{pmatrix}$

(ニ) 乗法の例　$\begin{pmatrix} a & b & c \\ d & e & f \end{pmatrix} \begin{pmatrix} p & q \\ r & s \\ t & u \end{pmatrix} = \begin{pmatrix} ap+br+ct & aq+bs+cu \\ dp+er+ft & dq+es+fu \end{pmatrix}$

上記(ニ)の掛け算を $AB=C$ と書けば、例えば $C$ の $1 \times 2$ 成分は $A$ の第 1 行ベクトル $(a \ b \ c)$ と $B$ の第 2 列ベクトル $\begin{pmatrix} q \\ s \\ u \end{pmatrix}$ の内積（対応する成分同士の積の和）、つまり、$aq+bs+cu$ になっています。

$$\begin{pmatrix} a & b & c \\ d & e & f \end{pmatrix} \begin{pmatrix} p & q \\ r & s \\ t & u \end{pmatrix} = \begin{pmatrix} ap+br+ct & aq+bs+cu \\ dp+er+ft & dq+es+fu \end{pmatrix}$$

ここで、注意したいのは、$A$ の列数と $B$ の行数が等しくないと、積 $AB$ が計算できないことです。また、$AB$ や $BA$ を計算できたとしても、$AB=BA$ となるわけではありません。つまり、**積に関して交換法則が成り立たない**ということです。ただ、乗法に関する分配法則、結合法則は成り立ちます。つまり、積の演算が可能であるものに対して、

$$A(B+C) = AB+AC,\ (A+B)C = AC+BC,\ (AB)C = A(BC)$$

●特殊な行列を知っておこう

**零行列**：すべての成分が 0 である行列。

　　　　零行列は $O$ と書き、数の世界の 0 に相当します。

　　例　$O = \begin{pmatrix} 0 & 0 & 0 \\ 0 & 0 & 0 \end{pmatrix}$

**正方行列**：行の数と列の数が等しい行列。

**単位行列**：$ii$ 成分が 1、他の成分が 0 である正方行列。

　　　　単位行列は $E$ と書き、数の世界の 1 に相当します。

　　例　$E = \begin{pmatrix} 1 & 0 \\ 0 & 1 \end{pmatrix}$

### 使えばわかる！

(1)　$A = \begin{pmatrix} 1 & 0 \\ 1 & 0 \end{pmatrix}$、$B = \begin{pmatrix} 0 & 0 \\ 1 & 0 \end{pmatrix}$ のとき

$AB = \begin{pmatrix} 1 & 0 \\ 1 & 0 \end{pmatrix}\begin{pmatrix} 0 & 0 \\ 1 & 0 \end{pmatrix} = \begin{pmatrix} 0 & 0 \\ 0 & 0 \end{pmatrix}$

$BA = \begin{pmatrix} 0 & 0 \\ 1 & 0 \end{pmatrix}\begin{pmatrix} 1 & 0 \\ 1 & 0 \end{pmatrix} = \begin{pmatrix} 0 & 0 \\ 1 & 0 \end{pmatrix}$

　この例から、「$AB=O$ でも、$A=O$ または $B=O$ とは限らない」といえます。なお、「$A \neq O$、$B \neq O$、$AB=O$」である $A$、$B$ を**零因子**といいます。

(2)　連立方程式 $\begin{cases} ax+by = s \\ cx+dy = t \end{cases}$ は行列を使うと $\begin{pmatrix} a & b \\ c & d \end{pmatrix}\begin{pmatrix} x \\ y \end{pmatrix} = \begin{pmatrix} s \\ t \end{pmatrix}$ と書けます。

　これは、$A = \begin{pmatrix} a & b \\ c & d \end{pmatrix}$、$X = \begin{pmatrix} x \\ y \end{pmatrix}$、$B = \begin{pmatrix} s \\ t \end{pmatrix}$ と置けば $AX=B$ と書けます。

　連立方程式は、行列で表現するとまさしく、1 次方程式と見なせます。

> **参考**

## 行列と似て非なる「行列式」

行列は数を長方形状に並べたものでしたが、正方形状に並べたものに値を持たせた**行列式**というものがあります。

● 2次の行列式

$2 \times 2$ 行列 $A = \begin{pmatrix} a_{11} & a_{12} \\ a_{21} & a_{22} \end{pmatrix}$ に対して $a_{11}a_{22} - a_{12}a_{21}$ を行列 $A$ の行列式といい、$|A|$ と書きます。つまり、

$$\begin{vmatrix} a_{11} & a_{12} \\ a_{21} & a_{22} \end{vmatrix} = a_{11}a_{22} - a_{12}a_{21}$$

● 3次の行列式

$3 \times 3$ 行列 $A = \begin{pmatrix} a_{11} & a_{12} & a_{13} \\ a_{21} & a_{22} & a_{23} \\ a_{31} & a_{32} & a_{33} \end{pmatrix}$ に対して

$a_{11}a_{22}a_{33} + a_{12}a_{23}a_{31} + a_{13}a_{21}a_{32} - a_{13}a_{22}a_{31} - a_{11}a_{23}a_{32} - a_{12}a_{21}a_{33}$

を行列 $A$ の行列式といい、$|A|$ と書きます。つまり、

$$\begin{vmatrix} a_{11} & a_{12} & a_{13} \\ a_{21} & a_{22} & a_{23} \\ a_{31} & a_{32} & a_{33} \end{vmatrix} = a_{11}a_{22}a_{33} + a_{12}a_{23}a_{31} + a_{13}a_{21}a_{32} \\ - a_{13}a_{22}a_{31} - a_{11}a_{23}a_{32} - a_{12}a_{21}a_{33}$$

この行列式には「**サラスの方法**」という覚え方があります。

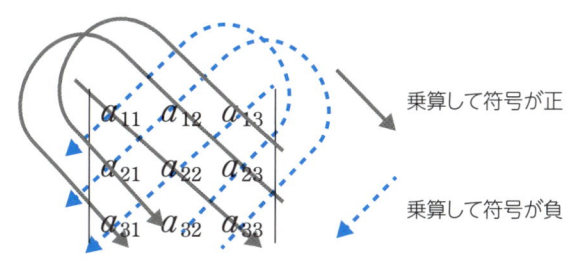

乗算して符号が正
乗算して符号が負

# §43

# 逆行列の公式

> $A = \begin{pmatrix} a & b \\ c & d \end{pmatrix}$ について
>
> (1) $ad-bc \neq 0$ ならば逆行列が存在して $A^{-1} = \dfrac{1}{ad-bc} \begin{pmatrix} d & -b \\ -c & a \end{pmatrix}$
>
> (2) $ad-bc = 0$ ならば逆行列は存在しない。

### 解説! 逆行列とは何か?

 正方行列 $A$ に対して $AX = XA = E$ となる行列 $X$ を行列 $A$ の**逆行列**といい、$A^{-1}$ と書きます。すなわち、

$$A^{-1}A = A\,A^{-1} = E$$

です。ここで、$E$ は**単位行列**です。逆行列を持つ行列を**正則行列**といいます。

 なお、$ad-bc$ は行列 $A$ の行列式 $|A|$ のことです(§42)。すると、行列 $A$ が正則行列である条件は、$|A| \neq 0$ と書くことができます。

 逆行列は、数の世界でいえば逆数に相当します。「割り算とは逆数を掛けること」といえるので、「逆行列を掛ける」ということは行列の割り算に相当します。

### なぜならば

$X = \begin{pmatrix} x & y \\ u & v \end{pmatrix}$ とすると、$AX = E$ より

$$\begin{pmatrix} a & b \\ c & d \end{pmatrix} \begin{pmatrix} x & y \\ u & v \end{pmatrix} = \begin{pmatrix} ax+bu & ay+bv \\ cx+du & cy+dv \end{pmatrix} = \begin{pmatrix} 1 & 0 \\ 0 & 1 \end{pmatrix}$$

ゆえに、

$ax + bu = 1$ ……①   $ay + bv = 0$ ……②
$cx + du = 0$ ……③   $cy + dv = 1$ ……④

$$①×d-③×b \quad より \quad (ad-bc)x=d \quad \cdots\cdots ⑤$$
$$①×c-③×a \quad より \quad (ad-bc)u=-c \quad \cdots\cdots ⑥$$
$$②×d-④×b \quad より \quad (ad-bc)y=-b \quad \cdots\cdots ⑦$$
$$②×c-④×a \quad より \quad (ad-bc)v=a \quad \cdots\cdots ⑧$$

(i) ここで、$ad-bc \neq 0$ ならば、⑤、⑥、⑦、⑧より、

$$x=\frac{d}{ad-bc},\ y=\frac{-b}{ad-bc},\ u=\frac{-c}{ad-bc},\ v=\frac{a}{ad-bc}$$

よって、$X=\begin{pmatrix} x & y \\ u & v \end{pmatrix}=\frac{1}{ad-bc}\begin{pmatrix} d & -b \\ -c & a \end{pmatrix}$

また、このとき、$XA=E$ が成立することが計算で分かります。

(ii) $ad-bc=0$ ならば、⑤、⑥、⑦、⑧を満たす $x$, $y$, $u$, $v$ は $a=b=c=d=0$ のとき以外、存在しません。しかし、このときも $A=O$ となり $AX=XA=E$ を満たす $X$ は存在しません。

（注）　一般に $n$ 次の正方行列についても、その逆行列が考えられます。2次の行列ほど単純ではありません。

〔例題〕 $A=\begin{pmatrix} 1 & 2 \\ 3 & 4 \end{pmatrix}$ の逆行列を求めてください。

[解]　逆行列の公式より、次のように求められます。

$$A^{-1}=\frac{1}{1\times 4-2\times 3}\begin{pmatrix} 4 & -2 \\ -3 & 1 \end{pmatrix}=\frac{-1}{2}\begin{pmatrix} 4 & -2 \\ -3 & 1 \end{pmatrix}$$
$$=\begin{pmatrix} -2 & 1 \\ \dfrac{3}{2} & \dfrac{-1}{2} \end{pmatrix}$$

第4章 複素数、ベクトルと行列

43 逆行列の公式

# §44

# 行列と連立方程式

2元連立1次方程式
$\begin{cases} ax+by=p \\ cx+dy=q \end{cases}$ は $\begin{pmatrix} a & b \\ c & d \end{pmatrix}\begin{pmatrix} x \\ y \end{pmatrix}=\begin{pmatrix} p \\ q \end{pmatrix}$ と書ける。

(1) $ad-bc \neq 0$ のとき $\begin{pmatrix} x \\ y \end{pmatrix}=\begin{pmatrix} a & b \\ c & d \end{pmatrix}^{-1}\begin{pmatrix} p \\ q \end{pmatrix}$

(2) $ad-bc=0$ のとき「不定」または「不能」

### 解説！ 連立方程式が機械的に解ける！

連立方程式は行列を使うと上記のように簡潔に書けます。ここで、

$$A=\begin{pmatrix} a & b \\ c & d \end{pmatrix}, \quad X=\begin{pmatrix} x \\ y \end{pmatrix}, \quad B=\begin{pmatrix} p \\ q \end{pmatrix} \quad \cdots\cdots ①$$

とすれば、連立方程式は $AX=B$ と書けます。これは、もちろん、2元連立1次方程式に限りません。一般に、$n$ 元連立1次方程式でも同じです。したがって、連立方程式を解くということは、$AX=B$ を満たす $X$ を求めることに帰着し、結局は、未知数の係数の行列 $A$ の逆行列 $A^{-1}$ を求めればよいことになります。

これは凄いことで、連立方程式は誰でも機械的に解けてしまうのです。

● 2×2行列の逆行列 $A^{-1}$

2×2行列 $A=\begin{pmatrix} a & b \\ c & d \end{pmatrix}$ の逆行列 $A^{-1}$ は、$ad-bc \neq 0$ のとき

$$A^{-1}=\frac{1}{ad-bc}\begin{pmatrix} d & -b \\ -c & a \end{pmatrix}$$

で与えられます（§43 参照）。

### なぜ、そうなる？

2元連立1次方程式を、前ページの①を使うと $AX=B$ と書けます。したがって、$ad-bc \neq 0$ のときは行列 $A$ が逆行列 $A^{-1}$ を持つので $AX=B$ の左からこれを掛けます。

$$A^{-1}AX = A^{-1}B \quad \text{よって、} \quad X = A^{-1}B$$

$ad-bc=0$ のときは $a$、$b$、$c$、$d$、$p$、$q$ の値によって**不定**（解はあるが一通りに決まらない）か、**不能**（解が存在しない）のいずれかになります。

〔例題〕次の連立方程式を、行列を使って解いてください。

(1) $\begin{cases} x+2y=3 \\ 3x+4y=5 \end{cases}$ (2) $\begin{cases} x+2y=3 \\ 2x+4y=6 \end{cases}$ (3) $\begin{cases} x+2y=3 \\ 2x+4y=5 \end{cases}$

[解]

(1) $ad-bc = 1\times4-2\times3 \neq 0$

$$\begin{pmatrix} x \\ y \end{pmatrix} = \begin{pmatrix} 1 & 2 \\ 3 & 4 \end{pmatrix}^{-1} \begin{pmatrix} 3 \\ 5 \end{pmatrix} = \frac{1}{1\times4-2\times3} \begin{pmatrix} 4 & -2 \\ -3 & 1 \end{pmatrix} \begin{pmatrix} 3 \\ 5 \end{pmatrix}$$

$$= \frac{-1}{2} \begin{pmatrix} 4\times3-2\times5 \\ -3\times3+1\times5 \end{pmatrix} = \frac{-1}{2} \begin{pmatrix} 2 \\ -4 \end{pmatrix} = \begin{pmatrix} -1 \\ 2 \end{pmatrix}$$

(2) $ad-bc = 1\times4-2\times2 = 0$

$\begin{cases} x+2y=3 \\ 2x+4y=6 \end{cases} \Leftrightarrow \begin{cases} x+2y=3 \\ x+2y=3 \end{cases} \Leftrightarrow x+2y=3$

これを満たす解は不定で $y=t$、$x=3-2t$ （$t$ は任意の数）

(3) $ad-bc = 1\times4-2\times2 = 0$

$\begin{cases} x+2y=3 \\ 2x+4y=5 \end{cases} \Leftrightarrow \begin{cases} 2x+4y=6 \\ 2x+4y=5 \end{cases}$

これを満たす解は存在しない。つまり、不能。

第4章 複素数、ベクトルと行列
44 行列と連立方程式

# §45

# 行列と1次変換

(1) 平面上の点 $\begin{pmatrix} x \\ y \end{pmatrix}$ を点 $\begin{pmatrix} x' \\ y' \end{pmatrix}$ に移す変換式が

$$\begin{pmatrix} x' \\ y' \end{pmatrix} = \begin{pmatrix} a & b \\ c & d \end{pmatrix} \begin{pmatrix} x \\ y \end{pmatrix} \cdots\cdots ①$$

と書けるとき、この変換 $f$ を1次変換という。

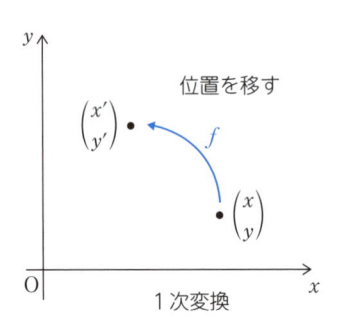

(2) 典型的な1次変換の公式
1次変換の特徴は行列 $A$ によって決まります。

① $x$ 軸に関する対称移動  $A = \begin{pmatrix} 1 & 0 \\ 0 & -1 \end{pmatrix}$

② $y$ 軸に関する対称移動  $A = \begin{pmatrix} -1 & 0 \\ 0 & 1 \end{pmatrix}$

③ 直線 $y=x$ 軸に関する対称移動  $A = \begin{pmatrix} 0 & 1 \\ 1 & 0 \end{pmatrix}$

④ 原点に関する対称移動  $A = \begin{pmatrix} -1 & 0 \\ 0 & -1 \end{pmatrix}$

⑤ 恒等変換 ( 自分自身に移動 )  $A = \begin{pmatrix} 1 & 0 \\ 0 & 1 \end{pmatrix}$

⑥ 原点中心に $k$ 倍  $A = \begin{pmatrix} k & 0 \\ 0 & k \end{pmatrix}$

⑦ 原点中心に $\theta$ 回転  $A = \begin{pmatrix} \cos\theta & -\sin\theta \\ \sin\theta & \cos\theta \end{pmatrix}$

### 解説！ 点の移動を表す1次変換

$A = \begin{pmatrix} a & b \\ c & d \end{pmatrix}$、$\vec{u} = \begin{pmatrix} x \\ y \end{pmatrix}$、$\vec{u'} = \begin{pmatrix} x' \\ y' \end{pmatrix}$ とすれば①は $\vec{u'} = A\vec{u}$ と書けます。

このとき、行列 $A$ を **1次変換** を表す行列といいます。1次変換は平面上の点の移動に限らず、3次元空間であれば1次変換を表す行列は3次の正方行列になり、3次元空間での点の移動になります。

### なぜ、そうなる？

ここでは前ページの⑦の公式を調べてみましょう。

$$x = r\cos\alpha, \quad y = r\sin\alpha$$

とすると、これを原点の周りに $\theta$ 回転した点は

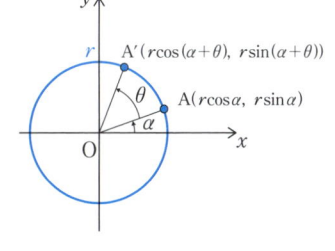

$$x' = r\cos(\alpha+\theta) \quad y' = r\sin(\alpha+\theta)$$

と書けます。

三角関数の加法定理より、

$$x' = r\cos(\alpha+\theta) = r\cos\alpha\cos\theta - r\sin\alpha\sin\theta = x\cos\theta - y\sin\theta$$
$$y' = r\sin(\alpha+\theta) = r\sin\alpha\cos\theta + r\cos\alpha\sin\theta = y\cos\theta + x\sin\theta$$

ゆえに $\begin{pmatrix} x' \\ y' \end{pmatrix} = \begin{pmatrix} \cos\theta & -\sin\theta \\ \sin\theta & \cos\theta \end{pmatrix} \begin{pmatrix} x \\ y \end{pmatrix}$ となります。

〔例題〕点 $(3, 4)$ を原点の周りに $60°$ 回転した点 $(x, y)$ を求めてください。

[解] ⑦の公式にあてはめると、次のようになります。

$$\begin{pmatrix} x \\ y \end{pmatrix} = \begin{pmatrix} \cos\left(\dfrac{\pi}{3}\right) & -\sin\left(\dfrac{\pi}{3}\right) \\ \sin\left(\dfrac{\pi}{3}\right) & \cos\left(\dfrac{\pi}{3}\right) \end{pmatrix} \begin{pmatrix} 3 \\ 4 \end{pmatrix} = \begin{pmatrix} \dfrac{3-4\sqrt{3}}{2} \\ \dfrac{3\sqrt{3}+4}{2} \end{pmatrix}$$

# §46 固有値と固有ベクトル

(1) $A = \begin{pmatrix} a & b \\ c & d \end{pmatrix}$ に対して、あるベクトル $\vec{u}\,(\neq \vec{0})$ が存在して
$A\vec{u} = k\vec{u}$ ($k$ は数) となるとき、$k$ を行列 $A$ の**固有値**、$\vec{u}$ を固有値 $k$ に対する**固有ベクトル**という。

(2) 行列 $A = \begin{pmatrix} a & b \\ c & d \end{pmatrix}$ の固有値 $k$ は次の2次方程式の解となる。
$$k^2 - (a+d)k + (ad-bc) = 0 \cdots\cdots ①$$

### 解説！ 固有ベクトルを求めるには

零ベクトルでないベクトル $\vec{u}$ を1次変換 $f$ で移したら、自分自身の $k$ 倍になったとき、$k$ を**固有値**、$\vec{u}$ を**固有ベクトル**といいます。図示すれば右図のようになります。

固有値 $k$ を求めるには①を解けばよい、というのが(2)の説明です。なお、この①を行列 $A$ の**固有方程式**（**特性方程式**）といいます。

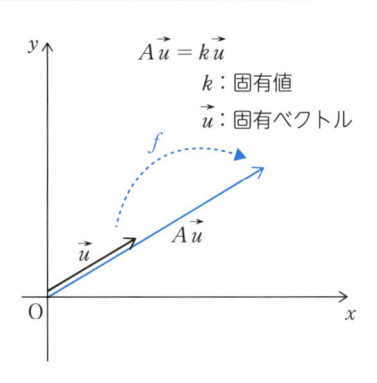

●固有方程式は行列式で表現

行列 $A$ の固有方程式は行列式 (§42) を使って $|A - kE| = 0$ 書けます。ただし、$E$ は単位行列とします。なぜならば、

$$|A - kE| = \begin{vmatrix} a-k & b \\ c & d-k \end{vmatrix} = (a-k)(d-k) - bc$$
$$= k^2 - (a+d)k + ad - bc = 0$$

## なぜ、そうなる？

前ページの(2)の公式①を調べてみましょう。
$A\vec{u}=k\vec{u}$ より $A\vec{u}-k\vec{u}=(A-kE)\vec{u}=\vec{0}$ となります。この式を満たす $\vec{u}(\neq 0)$ が存在するには $A-kE=\begin{pmatrix} a-k & b \\ c & d-k \end{pmatrix}$ の逆行列が存在してはいけません。なぜならば、存在すれば、それを $(A-kE)\vec{u}=\vec{0}$ の左から掛けることにより $\vec{u}=\vec{0}$ になるからです。したがって、

$$(a-k)(d-k)-bc=0$$

となり①を得ます。

〔例題〕 $A=\begin{pmatrix} 1 & 1 \\ -2 & 4 \end{pmatrix}$ の固有値、固有ベクトルを求めてください。

[解] 固有方程式より、$k^2-5k+6=(k-2)(k-3)=0$   $k=2, 3$

$k=2$ のとき $\begin{pmatrix} 1 & 1 \\ -2 & 4 \end{pmatrix}\begin{pmatrix} x \\ y \end{pmatrix}=2\begin{pmatrix} x \\ y \end{pmatrix}$ より $y-x=0$  よって、固有ベクトル $\begin{pmatrix} t \\ t \end{pmatrix}$

$k=3$ のとき $\begin{pmatrix} 1 & 1 \\ -2 & 4 \end{pmatrix}\begin{pmatrix} x \\ y \end{pmatrix}=3\begin{pmatrix} x \\ y \end{pmatrix}$ より $y-2x=0$ よって、固有ベクトル $\begin{pmatrix} t \\ 2t \end{pmatrix}$

## 欠かせないツール＝固有値と固有ベクトル

固有値、固有ベクトルは2次の正方行列に限りません。これは、一般に $n$ 次の正方行列で定義されています。これらの概念は、歴史的には、微分方程式などの行列以外の分野の研究から生じたといわれています。つまり、18世紀以降、ベルヌーイ、ダランベール、オイラーなどが弦の運動を研究していく中で固有値問題に突き当たったとされています。

現在では自然科学、情報工学、統計学、微分方程式、ベクトル解析など実に多くの分野で固有値、固有ベクトルは欠かせないツールになっています。

# §47

# 行列の$n$乗の公式

行列$A$の固有値が異なる二つの実数であるとき、$A^n$は次のようにして計算できる。

(i) $A$の固有値$\alpha$、$\beta$と固有ベクトル$\begin{pmatrix} p_1 \\ p_2 \end{pmatrix}$、$\begin{pmatrix} q_1 \\ q_2 \end{pmatrix}$を求める。

(ii) $A^n = \begin{pmatrix} p_1 & q_1 \\ p_2 & q_2 \end{pmatrix} \begin{pmatrix} \alpha^n & 0 \\ 0 & \beta^n \end{pmatrix} \begin{pmatrix} p_1 & q_1 \\ p_2 & q_2 \end{pmatrix}^{-1}$

## 解説！"行列の$n$乗"の公式

例えば、1次変換$f$を$n$回繰り返したとき、もとの点はどこに移動するのかを考えるとします。その際、1次変換$f$を表す行列を$A$とすると$A^n$の計算が必要になります。この公式は、行列$A$の固有値と固有ベクトルが求められれば、$A^n$が求められるというものです。ここでは、2×2行列を扱っていますが、この原理は$n$次の正方行列に拡張できます。

## なぜ、そうなる？

行列$A = \begin{pmatrix} a & b \\ c & d \end{pmatrix}$の固有値が異なる二つの実数$\alpha$、$\beta$であるとき、固有値$\alpha$、$\beta$に対する固有ベクトルを、$\begin{pmatrix} p_1 \\ p_2 \end{pmatrix}$、$\begin{pmatrix} q_1 \\ q_2 \end{pmatrix}$、$P = \begin{pmatrix} p_1 & q_1 \\ p_2 & q_2 \end{pmatrix}$とおけば$P^{-1}AP = \begin{pmatrix} \alpha & 0 \\ 0 & \beta \end{pmatrix}$となります（証明は略）。この定理は**対角行列**（行番号と列番号が異なる成分はすべて0）つまり、対角化の際に欠かせない定理で、対角行列を使うと、次のようにして$A^n$が求まります。

$$B = P^{-1}AP = \begin{pmatrix} \alpha & 0 \\ 0 & \beta \end{pmatrix} \quad \text{とおくと} \quad B^2 = \begin{pmatrix} \alpha & 0 \\ 0 & \beta \end{pmatrix}\begin{pmatrix} \alpha & 0 \\ 0 & \beta \end{pmatrix} = \begin{pmatrix} \alpha^2 & 0 \\ 0 & \beta^2 \end{pmatrix}$$

から分かるように、$B^n = \begin{pmatrix} \alpha^n & 0 \\ 0 & \beta^n \end{pmatrix}$ となります。

ここで、$B = P^{-1}AP$ より
$$B^2 = P^{-1}APP^{-1}AP = P^{-1}A^2P$$
$$B^3 = B^2B = P^{-1}A^2PP^{-1}AP = P^{-1}A^3P$$
$$\cdots\cdots\cdots\cdots\cdots\cdots\cdots\cdots$$
$$\cdots\cdots\cdots\cdots\cdots\cdots\cdots\cdots$$
$$B^n = B^{n-1}B = P^{-1}A^{n-1}PP^{-1}AP = P^{-1}A^nP$$

ゆえに、$A^n = PB^nP^{-1}$

〔例題〕 $A = \begin{pmatrix} 1 & 1 \\ -2 & 4 \end{pmatrix}$ のとき、$A^n$ を求めてください。

[解] この行列の固有値、固有ベクトルは次のようになります (§46)。

固有値 2、固有ベクトル $\begin{pmatrix} t \\ t \end{pmatrix}$ と固有値 3、固有ベクトル $\begin{pmatrix} t \\ 2t \end{pmatrix}$

ここで、簡単のために固有ベクトルとしては $\begin{pmatrix} 1 \\ 1 \end{pmatrix}$ と $\begin{pmatrix} 1 \\ 2 \end{pmatrix}$ を採用すると、

$$A^n = \begin{pmatrix} 1 & 1 \\ 1 & 2 \end{pmatrix}\begin{pmatrix} 2^n & 0 \\ 0 & 3^n \end{pmatrix}\begin{pmatrix} 1 & 1 \\ 1 & 2 \end{pmatrix}^{-1} = \begin{pmatrix} 1 & 1 \\ 1 & 2 \end{pmatrix}\begin{pmatrix} 2^n & 0 \\ 0 & 3^n \end{pmatrix}\begin{pmatrix} 2 & -1 \\ -1 & 1 \end{pmatrix}$$

$$= \begin{pmatrix} 2^n & 3^n \\ 2^n & 2\times 3^n \end{pmatrix}\begin{pmatrix} 2 & -1 \\ -1 & 1 \end{pmatrix} = \begin{pmatrix} 2^{n+1}-3^n & -2^n+3^n \\ 2^{n+1}-2\times 3^n & -2^n+2\times 3^n \end{pmatrix}$$

なお、上記の計算では特定の固有ベクトルを使いましたが、固有ベクトルを $\begin{pmatrix} s \\ s \end{pmatrix}$、$\begin{pmatrix} t \\ 2t \end{pmatrix}$ としても計算結果は同じです。

# §48

# ケイリー・ハミルトンの定理

$$A = \begin{pmatrix} a & b \\ c & d \end{pmatrix} \text{のとき} \quad A^2 - (a+d)A + (ad-bc)E = O \quad \cdots\cdots ①$$

### 解説！ 行列の$n$乗や逆行列を求めるときに使う

①は**ケイリー・ハミルトンの定理**といい、任意の2次の正方行列$A$に対して成り立ちます。ここで、上記の2次の正方行列$A$に対して、
$$f(x) = x^2 - (a+d)x + (ad-bc) = 0$$
を**固有方程式**、または、**特性方程式**といいます。すると、①は
$$f(A) = A^2 - (a+d)A + (ad-bc)E = O$$
と書けます。この定理は、$A^n$の計算や、逆行列$A^{-1}$を求めるときに使われます。

### なぜ、そうなる？

なぜ①の**ケイリー・ハミルトンの定理**が成立するかは、簡単です。①の左辺を成分で表示して計算してみれば分かります。

$$\begin{aligned}&A^2 - (a+d)A + (ad-bc)E \\ &= \begin{pmatrix} a & b \\ c & d \end{pmatrix}\begin{pmatrix} a & b \\ c & d \end{pmatrix} - (a+d)\begin{pmatrix} a & b \\ c & d \end{pmatrix} + (ad-bc)\begin{pmatrix} 1 & 0 \\ 0 & 1 \end{pmatrix} = \cdots = O\end{aligned}$$

〔例題〕次の行列を簡単にしてください。
$$\begin{pmatrix} 3 & -1 \\ 5 & -2 \end{pmatrix}^3 + 2\begin{pmatrix} 3 & -1 \\ 5 & -2 \end{pmatrix}^2 - 3\begin{pmatrix} 3 & -1 \\ 5 & -2 \end{pmatrix} - \begin{pmatrix} 1 & 0 \\ 0 & 1 \end{pmatrix}$$

[解] $A = \begin{pmatrix} 3 & -1 \\ 5 & -2 \end{pmatrix}$とすると、与式は $A^3 + 2A^2 - 3A - E$ と書けます。
ケイリー・ハミルトンの定理より、

$$A^2 - A - E = O$$

よって、 $A^2 = A + E$　これを与式に繰り返し代入すると、

$$\begin{aligned}
A^3 + 2A^2 - 3A - E &= A(A+E) + 2(A+E) - 3A - E \\
&= A^2 + A + 2A + 2E - 3A - E \\
&= A + E + E = A + 2E \\
&= \begin{pmatrix} 3 & -1 \\ 5 & -2 \end{pmatrix} + 2\begin{pmatrix} 1 & 0 \\ 0 & 1 \end{pmatrix} = \begin{pmatrix} 5 & -1 \\ 5 & 0 \end{pmatrix}
\end{aligned}$$

なお、整式の割り算を用いて、商と余りを求めて次のように解く方法もあります。

$$x^3 + 2x^2 - 3x - 1 = (x^2 - x - 1)(x+3) + x + 2$$

$x^2 - x - 1 = 0$ を利用すると、 $A^3 + 2A^2 - 3A - E = A + 2E$

> **参考**
>
> **$n$ 次正方行列でのケイリー・ハミルトンの定理**
>
> ケイリー・ハミルトンの定理は 2 次の正方行列には限りません。一般の $n$ 次の正方行列 $A$ について成り立ちます。つまり、行列 $A - xE$ の行列式 $|A - xE|$ (§42) を 0 とおいた行列 $A$ の固有方程式 $|A - xE| = 0$ から得られる $n$ 次方程式
>
> $$f(x) = x^n + a_{n-1}x^{n-1} + \cdots\cdots + a_1 x + a_0 = 0$$
>
> の $x$ に $A$ を代入し、$a_0$ を $a_0 E$ で書き換えた次の式が成立します。
>
> $$f(A) = A^n + a_{n-1}A^{n-1} + \cdots\cdots + a_1 A + a_0 E = O$$
>
> なお、この定理の発見はイギリスのアーサー・ケイリー（1821〜1895）の仕事とされていますが、ケイリー自身はアイスランドのウィリアム・ローワン・ハミルトン（高次元複素数である四元数の考案者、1805〜1865）の研究に負っていると述べていることと、二人の時間的順序を考慮して「ハミルトン・ケイリーの定理」と呼ぶこともあります。

# §49

# 関数のグラフの平行移動の公式

> 関数 $y=f(x)$ ……① のグラフを $x$ 軸方向に $p$、$y$ 軸方向に $q$ だけ平行移動したグラフが表す関数は
> $$y=f(x-p)+q \quad ……②$$
> となる。

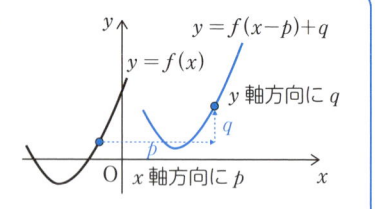

### 解説！　グラフの平行移動

　二つの変数 $x$、$y$ の間に、ある対応の関係があって、$x$ の値が定まるとそれに対応して $y$ の値が定まるとき、「$y$ は $x$ の**関数**」といい、$y=f(x)$ と書きます。上記②は関数の**グラフの平行移動の公式**としてよく使われます。

　この公式②は、$y$ 軸方向については $q$ だけ平行移動するので「$+q$」とするのは理解しやすいのですが、間違いやすいのは $x$ 軸方向です。$x$ 軸方向に $p$ だけ平行移動するのに、なぜか②では「$-p$」となっていて、しっくりきません。この点については、この後の〔なぜ、そうなる？〕で説明しましょう。

　なお、この平行移動の公式を覚えるには、②を
$$y-q=f(x-p) \quad ……③$$
と変形した方がよいかも知れません。なぜなら、$x$ 軸方向に $p$ だけ平行移動するということは、$y=f(x)$ の $x$ を $x-p$ に書き換えることであり、同様に $y$ 軸方向に $q$ だけ平行移動するということは $y=f(x)$ の $y$ を $y-q$ に書き換えるということで、ともに「引く」ことで統一できるからです。

### なぜ、そうなる？

　$x$ と $y$ を同時に考えると混乱するので、それぞれ分けて考えます。

(1) $x$ 軸方向に $p$ だけ平行移動

関数 $y=f(x)$ のグラフを $x$ 軸方向に $p$ だけ平行移動したグラフが表す関数を $y=g(x)$ とすると、$x=a$ における $y=g(x)$ の関数値 $g(a)$ と $x=a-p$ における $y=f(x)$ の関数値 $f(a-p)$ は同じです。つまり、
$$g(a)=f(a-p)$$
これが、任意の $a$ で成り立つので、$a$ を $x$ に書き換えると、
$$g(x)=f(x-p)$$
$$\therefore \quad y=g(x)=f(x-p)$$

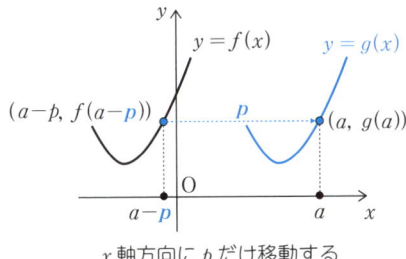

$x$ 軸方向に $p$ だけ移動する

(2) $y$ 軸方向に $q$ だけ平行移動

関数 $y=f(x)$ のグラフを $y$ 軸方向に $q$ だけ平行移動したグラフが表す関数を $y=g(x)$ とすると、$g(x)=f(x)+q$ となり、
$$y=g(x)=f(x)+q$$

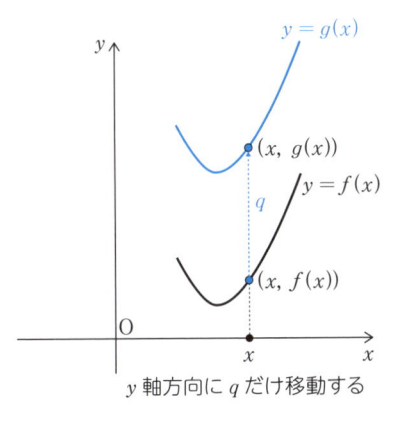

$y$ 軸方向に $q$ だけ移動する

(1)、(2)より平行移動の公式②となることが分かります。

## 第5章 関数 関数のグラフの平行移動の公式

### 使ってみれば分かる！

(1) 2次関数 $y=x^2$ のグラフを $x$ 軸方向に 2、$y$ 軸方向に 3 だけ平行移動したグラフが表す関数は、公式②より、$y=(x-2)^2+3$ となります。

(2) 分数関数 $y=\dfrac{x-5}{x+2}$ のグラフを $x$ 軸方向に $-3$、$y$ 軸方向に $-7$ だけ平行移動したグラフの関数は、$x$ を $x-(-3)=x+3$ とし、$y$ から 7 を引いて、
$$y=\dfrac{(x+3)-5}{(x+3)+2}-7=\dfrac{x-2}{x+5}-7$$
となります。

# §50 1次関数のグラフ

1次関数 $y=ax+b$ のグラフは下図のように直線である。

(1) $a>0$ のとき

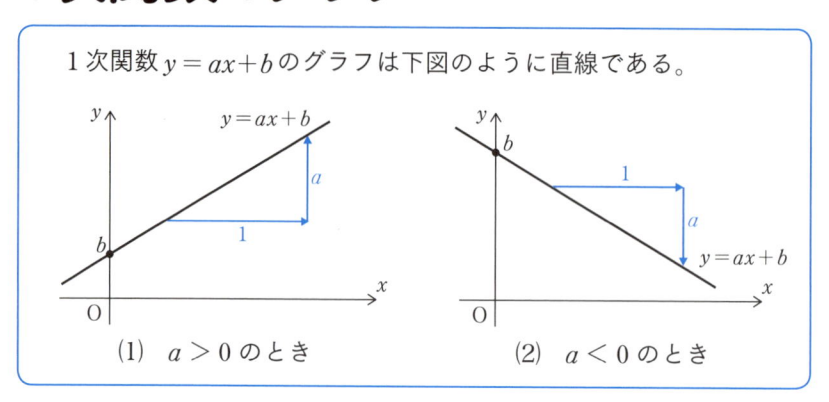

(2) $a<0$ のとき

### 解説！"傾きと切片"で決まる

　1次関数のグラフは単純な直線です。自然現象や社会現象は、1次関数で表されることが少なくありません。$x$ の1次の係数 $a$ を傾きと呼びますが、$a$ が正であれば「$x$ が増えれば $y$ も増える関係」になり、単調増加関数です。また、$a$ が負であれば逆に、「$x$ が増えれば $y$ は減る関係」となり、単調減少関数です。なお、グラフと $y$ 軸の交点の $y$ 座標を **$y$ 切片** といいますが、1次関数 $y=ax+b$ の場合、$y$ 切片は $b$ です。

● $b=0$ の場合のみ、比例を表す

　$y=ax+b$ の形を「比例関係」と考えている人がいますが、それは誤解です。$y$ が $x$ に比例するというのは、比例定数を $a$ とすると $y=ax$ と書ける場合のことで、$y=ax+b$ の定数項 $b$ が 0 のとき比例関係といえます。ですから、定数項が 0 でない $y=ax+b$ の形は比例関係とはいえません。

### 使ってみれば分かる！

　統計学の分野には、回帰分析という、非常に有名なデータ分析法があります。これは1次関数を利用して分析するもので、それほど難しくは

ないので、挑戦してみましょう。

ある会社の年度別の宣伝費 $x$ と売上高 $y$ に関する右のようなデータがあります。このデータをもとに $x$ から $y$ を推定する式

$$y = ax + b \quad \cdots\cdots ①$$

を作ってみましょう。

| 年度 | 宣伝費 $x$ | 売上高 $y$ |
|---|---|---|
| 22 | 2 | 50 |
| 23 | 3 | 70 |
| 24 | 5 | 40 |
| 25 | 8 | 90 |
| (平成) | | (単位：百万円) |

例えば、平成 22 年度に着目すると、$x=2$ のとき $y=50$ です。このとき、①の $x=2$ における値は $2a+b$ です。したがって、推定の誤差の絶対値は

$$|(2a+b)-50|$$

です。回帰分析の考え方は、各年度ごとの誤差の2乗の和 $e^2$ が最小になるような $a$、$b$ を①としよう、という分析法です。図形的には右上図の4点 (2, 50)、(3, 70)、(5, 40)、(8, 90) のすべてにできるだけ近い直線を求めていることになります。それでは、表にある4年分のデータから $e^2$ を計算してみましょう。

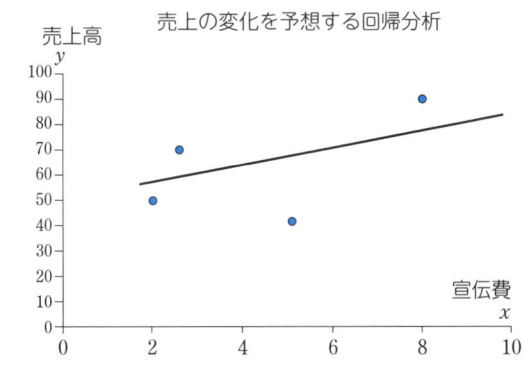

$$e^2 = (2a+b-50)^2 + (3a+b-70)^2 + (5a+b-40)^2 + (8a+b-90)^2$$

これから、$e^2$ が最小になる値を求めるのはなかなか大変です。実際には、平方完成 (§16) の方法か、後で説明する偏微分 (§80) という方法などを用います。すると、「$a=5$、$b=40$ のとき、$e^2$ は最小の値になる」ことが分かります。したがって、求める推定式は $y=5x+40$ で、これが4点のすべてにできるだけ近いところを通る直線なのです。このことから、宣伝費を9にすると売上高は $5\times9+40$ で 85 になることが予測できます。

# §51

# 2次関数のグラフ

2次関数 $y = ax^2 + bx + c$ のグラフは曲線 $y = ax^2$ を平行移動した放物線である。

(1) 軸の方程式

$$x = -\frac{b}{2a}$$

(2) 頂点の座標

$$\left(-\frac{b}{2a},\ -\frac{D}{4a}\right)$$

ただし、$D = b^2 - 4ac$

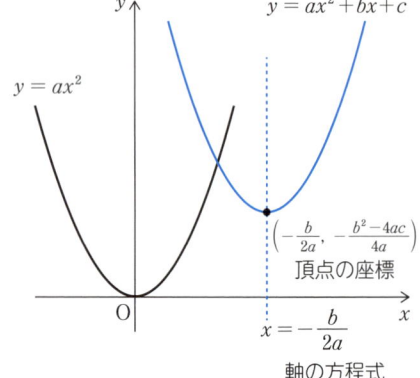

(注) 図は $a > 0$ の下に凸の場合。$a < 0$ の場合は上に凸。

### 解説！ 自然界に多い"2次関数"

物を落としたとき、その落下する距離やエネルギーの関係などは1次関数ではなく、2次関数となります。2次関数は自然界において、よくある関数なのです。また、2次関数のグラフを利用することによって、2次方程式や2次不等式の解を目で判別できるようになります。そのため、上記の2次関数のグラフの性質(1)と(2)は、使い道がいろいろとあります。

●2次関数には最大値、最小値がある

両端を含めたある区間で考えれば、1次関数や2次関数などの連続関数（グラフが切れ目なくつながっている関数）は、必ずその区間で**最大値**と**最小値**を持ちます（右図）。とくに、2

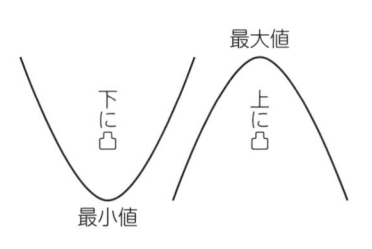

次関数は考えている区間に頂点があれば、そこで最大値や最小値をとることになります。

● 頂点の座標と2次方程式の判別式$D$

2次関数 $y=ax^2+bx+c$ のグラフの頂点の $y$ 座標は $-D/4a$ です。この $D$ は2次方程式 $ax^2+bx+c=0$ の**判別式**そのものです。また、2次方程式 $ax^2+bx+c=0$ の実数解は $y=ax^2+bx+c$ のグラフと $x$ 軸との共有点の $x$ 座標です。

そこで、例えば、判別式 $D=b^2-4ac>0$ のとき、$a>0$ であれば頂点の $y$ 座標が負になり、2次方程式が異なる二つの実数解を持つ意味がグラフから理解できます（右図）。

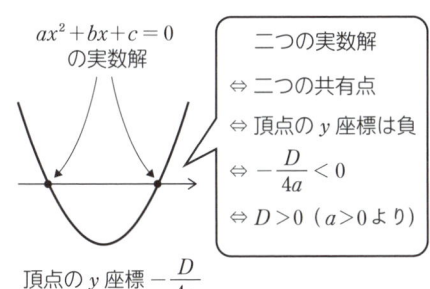

$ax^2+bx+c=0$ の実数解

頂点の $y$ 座標 $-\dfrac{D}{4a}$

二つの実数解
⇔ 二つの共有点
⇔ 頂点の $y$ 座標は負
⇔ $-\dfrac{D}{4a}<0$
⇔ $D>0$（$a>0$ より）

● 2次不等式の解はグラフで解けば一目瞭然

2次不等式 $ax^2+bx+c<0$ などを式の変形だけで解くのは大変です。しかし、2次関数 $y=ax^2+bx+c$ のグラフを描けば2次不等式の解は一目瞭然です。なぜならば、例えば、$ax^2+bx+c<0$ を満たす $x$ の集合は、
　　　$y=ax^2+bx+c$
のグラフの $y<0$ となる $x$ の範囲だからです。

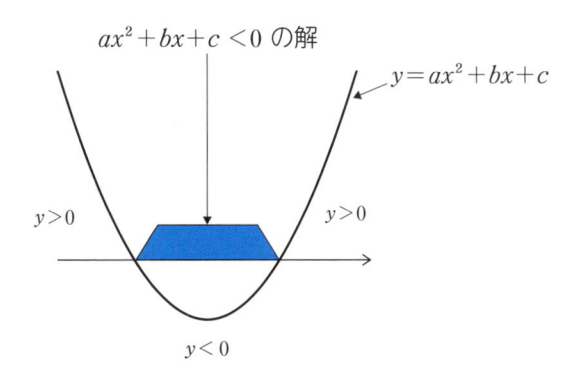

$ax^2+bx+c<0$ の解

$y=ax^2+bx+c$

$y>0$　　$y>0$

$y<0$

### なぜ、そうなる？

2次関数 $y = ax^2 + bx + c$ ……① の式は

$$y = a\left(x + \frac{b}{2a}\right)^2 - \frac{b^2 - 4ac}{4a} \quad \text{……②}$$

と変形できます（この変形が**平方完成**です）。

したがって、§49 より、②のグラフは $y = ax^2$ ……③のグラフを

$x$ 軸方向に、$-\dfrac{b}{2a}$

$y$ 軸方向に $-\dfrac{b^2 - 4ac}{4a}$

だけ平行移動したものと分かります。

$y = ax^2$ ……③のグラフの頂点は原点 $(0, 0)$ で、軸は $x = 0$ ($y$ 軸) だから②、つまり、①のグラフの頂点は $\left(-\dfrac{b}{2a},\ -\dfrac{b^2 - 4ac}{4a}\right)$ で、軸は $x = -\dfrac{b}{2a}$ と分かります。

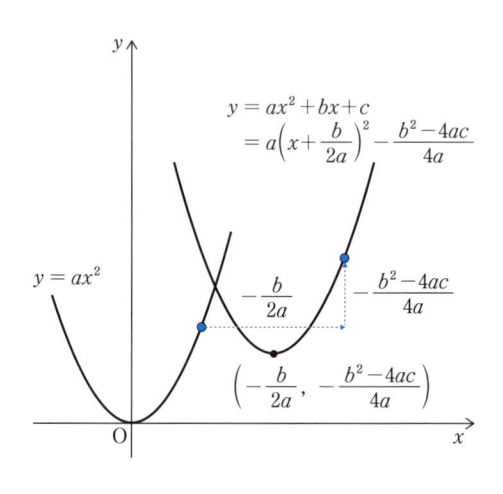

なお、①から②を導く式は次のようになります。

$$\begin{aligned}
y = ax^2 + bx + c &= a\left(x^2 + \frac{b}{a}x\right) + c \\
&= a\left\{\left(x + \frac{b}{2a}\right)^2 - \frac{b^2}{4a^2}\right\} + c \\
&= a\left(x + \frac{b}{2a}\right)^2 - \frac{b^2}{4a} + c = a\left(x + \frac{b}{2a}\right)^2 - \frac{b^2 - 4ac}{4a}
\end{aligned}$$

$x^2 + mx = \left(x + \dfrac{m}{2}\right)^2 - \left(\dfrac{m}{2}\right)^2$ を利用

〔例題〕縦200cm、横50cmの長方形状の金属の板を下図の青線に沿って折り曲げて雨樋を作りたいのですが、この雨樋の断面積を最大にするには下図の $x$ を何cmにしたらよいでしょうか。

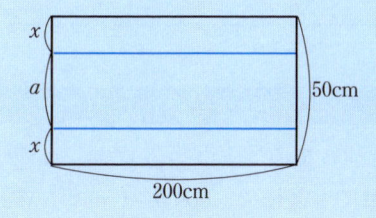

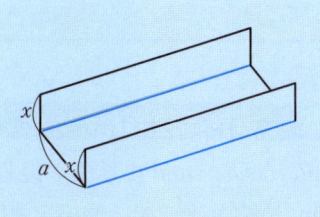

[解]　$2x+a=50$ より、
　　　$a=50-2x$　$(0<x<25)$
よって、断面積を $y$ とすると
　　　$y=ax=(50-2x)x$
　　　　$=-2x^2+50x$
　　　　$=-2\left(x-\dfrac{25}{2}\right)^2+\dfrac{625}{2}$
よって、$x=12.5$cm のときです。

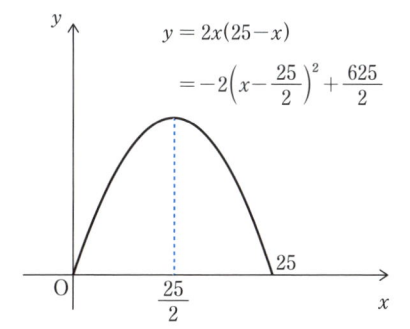

$y=2x(25-x)$
$=-2\left(x-\dfrac{25}{2}\right)^2+\dfrac{625}{2}$

## 2次関数のグラフ

### 参考

**$n$ 次関数のグラフ**

　下記のグラフは左から1次、2次、3次、4次関数のグラフの一般形を描いたものです。これらのグラフは最高次の係数 $a$ が正の場合ですが、負の場合には上下が逆になります。

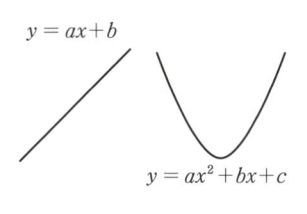

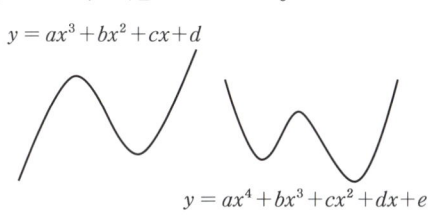

$y=ax+b$

$y=ax^2+bx+c$

$y=ax^3+bx^2+cx+d$

$y=ax^4+bx^3+cx^2+dx+e$

# §52 三角関数と基本公式

$$\sin^2\theta + \cos^2\theta = 1$$

### 解説！ 直角三角形がキホン

$\sin\theta$、$\cos\theta$、$\tan\theta$ の拡張の経過を辿ってみましょう。なお、$\sin^2\theta$ とは $(\sin\theta)^2$ の意味です。他の三角関数でも同様で、$\cos^2\theta = (\cos\theta)^2$ です。

● 直角三角形の辺の長さの比で定義すると

直角三角形の直角でない一つの角の大きさ $\theta$ に対して、辺の名前と辺の長さを右図のように表してみます。直角三角形の「斜辺」とは一番長い辺のことで、対辺、隣辺というのは着目した角によって変化します。右図はあくまでも $\theta$ という角を基準とした場合で、このとき、$\theta$ に対して辺の長さの比を対応させる $\sin(\theta)$、$\cos(\theta)$、$\tan(\theta)$ という関数を考えます。

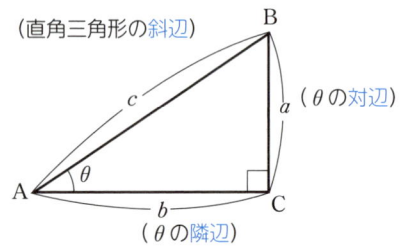

（直角三角形の斜辺）
（$\theta$ の対辺）
（$\theta$ の隣辺）

$$\sin(\theta) = \frac{\text{対辺の長さ}}{\text{斜辺の長さ}} 、 \cos(\theta) = \frac{\text{隣辺の長さ}}{\text{斜辺の長さ}} 、 \tan(\theta) = \frac{\text{対辺の長さ}}{\text{隣辺の長さ}}$$

つまり、 $\sin(\theta) = \dfrac{a}{c}$、$\cos(\theta) = \dfrac{b}{c}$、$\tan(\theta) = \dfrac{a}{b}$

ここで ( ) を付けておきました。これは関数記号 $f(\ )$ の ( ) と同じ意味ですが、煩わしいので省略して次のように書くことにします。

$$\sin\theta = \frac{a}{c}, \quad \cos\theta = \frac{b}{c}, \quad \tan\theta = \frac{a}{b}$$

つまり、sin θ、cos θ、tan θ は、角の大きさ θ に対し、三角形の辺の長さの比を対応させる関数なので**三角関数**と呼ばれています。なお、この段階の三角関数を**三角比**と呼ぶこともあります。

● 「単位円（半径1）」で定義し直す

　直角三角形の場合、最大の角は 90° です。したがって、直角三角形をもとに考えた sin θ、cos θ、tan θ を使っている限り、θ の値は、0° < θ < 90° という制約が生じます。

　しかし、角度というのは、この範囲に収まるものではありません。鈍角三角形では一つの角が 90° を越えています。また、回転運動などを考えると、θ が無限に大きな角や、それどころか負の角（逆回り）さえ存在します。そこで、このような角に対しても sin θ、cos θ、tan θ を使えるようにしなければ、三角関数の利用範囲が狭まります。そこで、最終的には直角三角形を離れて、座標平面と**単位円**（原点中心、半径1の円）を利用して sin θ、cos θ、tan θ を定義し直すことにしました。

　つまり、θ が与えられたら、まず、単位円周上の (1, 0) を起点とした点 P が原点中心に θ だけ回転します。すると、動く半径（動径）の位置 OP が決まります。ここで、θ が正ならば単位円周上を原点中心に左周り（正の向き）に回転し、θ が負ならば右回り（負の向き）に回転することになります。

　このとき、点 P の $x$ 座標を cos θ、$y$ 座標を sin θ と定義することにします（右図）。また、

$$\tan \theta = \frac{\sin \theta}{\cos \theta}$$

（ただし、cos θ ≠ 0 のとき）

と定義します。これで θ がどんな角でも sin θ、cos θ、tan θ の値が決まります。θ が鋭角の場合に sin θ、cos θ、tan θ は直角三角形を用いて定義したのです

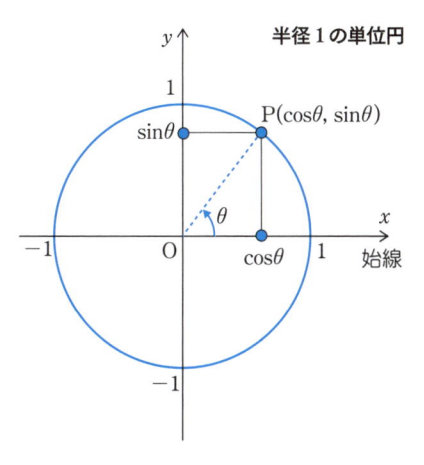

**半径1の単位円**

が、単位円による定義は、これも包含しています。

● 三角関数のグラフ

　回転角 $\theta$ を横軸に、関数値を縦軸にとると、$\sin\theta$、$\cos\theta$、$\tan\theta$ のグラフはそれぞれ次のようになります。

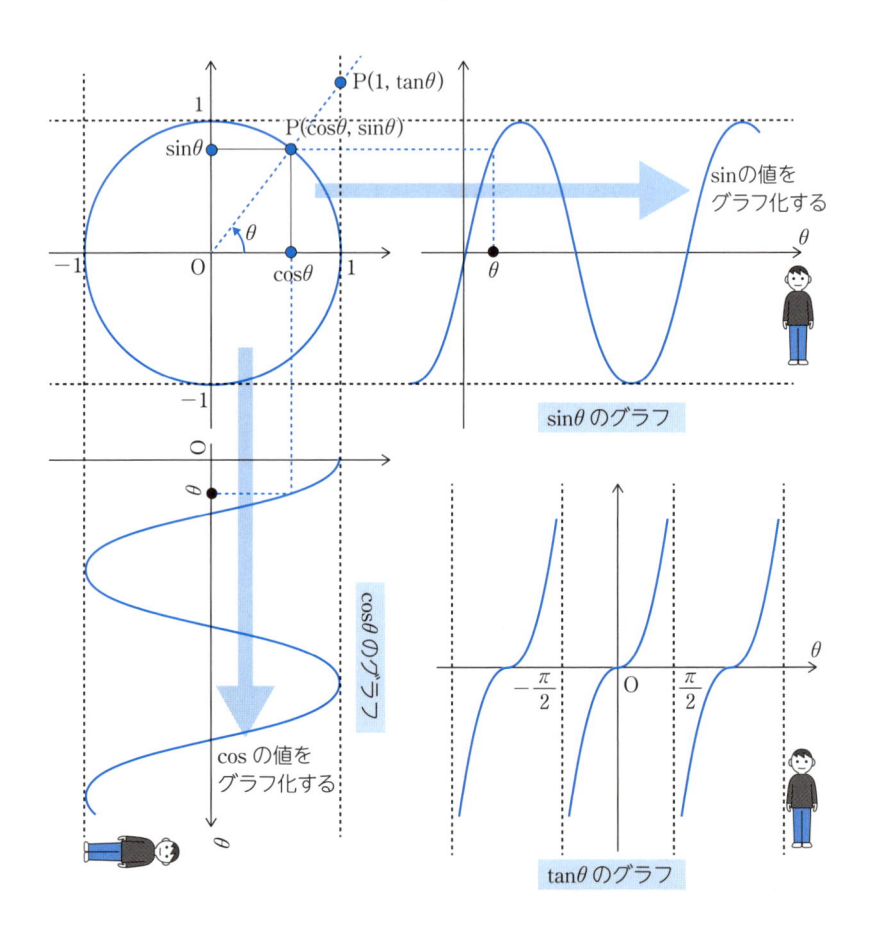

sin の値をグラフ化する

$\sin\theta$ のグラフ

cos の値をグラフ化する

$\cos\theta$ のグラフ

$\tan\theta$ のグラフ

### なぜ、そうなる？

　$\sin^2\theta + \cos^2\theta = 1$ の関係は、直角三角形で見るとピタゴラスの定理から導かれます。また、単位円で定義された場合は、単位円の方程式が

$x^2+y^2=1$（これも、結局はピタゴラスの定理による）から導かれます。

〔例題〕$\sin\theta=\dfrac{1}{2}$ のとき $\cos\theta$、$\tan\theta$ の値を求めてください。

[解] $\sin^2\theta+\cos^2\theta=1$ より、$\cos^2\theta=1-\sin^2\theta=1-\dfrac{1}{4}=\dfrac{3}{4}$

ゆえに、$\cos\theta=\pm\dfrac{\sqrt{3}}{2}$ よって、

$$\tan\theta=\left(\dfrac{1}{2}\right)\bigg/\left(\pm\dfrac{\sqrt{3}}{2}\right)=\pm\dfrac{\sqrt{3}}{3}$$ （複号同順）

●60分法と弧度法の区別

　小中学校では、角度を測るのに **60分法** を使っていました。これは、1回転を360°、直角を90°とする測り方です。高校の数学からは **弧度法** が主に使われるようになりました。これは扇形の弧の長さが半径に等しいときの中心角を1弧度（**ラジアン**）とする計り方です。弧度法の場合、単位のラジアンは、通常、省略されます。なお、60分法と弧度法の換算式は次の式を使うと便利です。

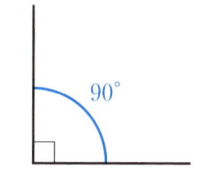

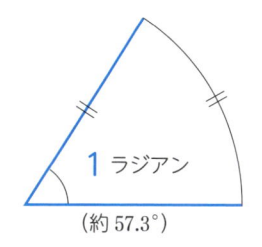

**180°＝π ラジアン**

（なお、π＝3.141592……）

〔例題〕60分法の60°、30°、45°、360°を弧度法で表してください。

[解] 180°＝π（ラジアン）から、次のように求められます。

$$60°=\dfrac{\pi}{3}\text{（ラジアン）}、30°=\dfrac{\pi}{6}\text{（ラジアン）}$$
$$45°=\dfrac{\pi}{4}\text{（ラジアン）}、360°=2\pi\text{（ラジアン）}$$

# §53 三角関数の加法定理

$$\sin(\alpha \pm \beta) = \sin\alpha\cos\beta \pm \cos\alpha\sin\beta \quad \cdots\cdots ①$$
$$\cos(\alpha \pm \beta) = \cos\alpha\cos\beta \mp \sin\alpha\sin\beta \quad \cdots\cdots ②$$
$$\tan(\alpha \pm \beta) = \frac{\tan\alpha \pm \tan\beta}{1 \mp \tan\alpha\tan\beta} \quad \cdots\cdots ③ \quad (①〜③はいずれも複号同順)$$

### 解説！ 三角関数の加法定理

　三角関数の公式はたくさんありますが、上記の公式は**三角関数の加法定理**と呼ばれるもので、最も基本となる公式です。というのは、この公式をもとに**倍角の公式**、三角関数の合成公式、三角関数の微分の公式など、三角関数に関する重要な公式が導かれるからです。

### なぜ、そうなる？

(1) 回転移動を利用した典型的な証明

　下図において三角形 OCE（右図）は三角形 OAB（左図）を原点中心に $-\beta$ だけ回転したものです。

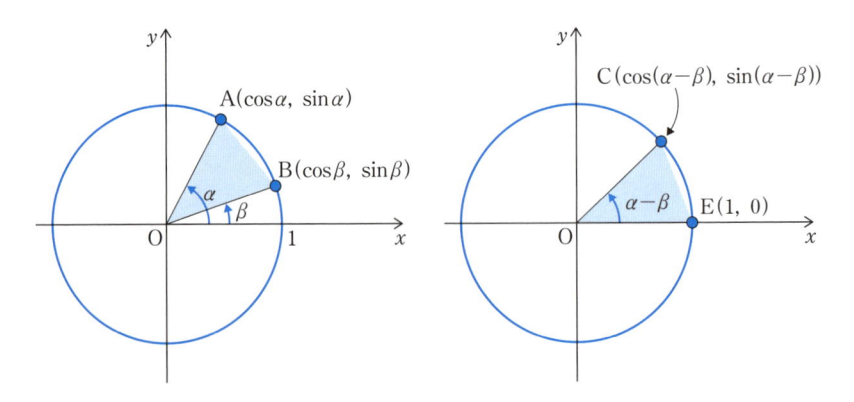

　したがって、三角形 OCE と三角形 OAB は合同です。ゆえに、$AB^2 = CE^2$ なので、次の式が成立します。

$$(\cos\alpha - \cos\beta)^2 + (\sin\alpha - \sin\beta)^2 = (\cos(\alpha-\beta) - 1)^2 + \sin^2(\alpha-\beta)$$

この式を $\sin^2\theta + \cos^2\theta = 1$ などを使って整理すると

$$\cos(\alpha-\beta) = \cos\alpha\cos\beta + \sin\alpha\sin\beta \quad \cdots\cdots ④$$

この④は②の一部です。この④の $\beta$ に $-\beta$ を代入したり、$\alpha$ に $\frac{\pi}{2} - \alpha$ を代入するなどして、①、②を得ることができます。また、

$$\tan(\alpha\pm\beta) = \frac{\sin(\alpha\pm\beta)}{\cos(\alpha\pm\beta)} = \frac{\sin\alpha\cos\beta \pm \cos\alpha\sin\beta}{\cos\alpha\cos\beta \mp \sin\alpha\sin\beta}$$

の分母、分子を $\cos\alpha\cos\beta$ で割れば③を得ることができます。

(2) オイラーの公式 $e^{i\theta} = \cos\theta + i\sin\theta$ を使う証明

オイラーの公式 (§34) を使えば①、②を簡単に導けます。つまり、$e^{i\alpha}e^{i\beta} = e^{i\alpha+i\beta} = e^{i(\alpha+\beta)}$ をオイラーの公式で書き換えます。

$$(\cos\alpha + i\sin\alpha)(\cos\beta + i\sin\beta) = \cos(\alpha+\beta) + i\sin(\alpha+\beta)$$

これを展開して整理すると、

$$(\cos\alpha\cos\beta - \sin\alpha\sin\beta) + i(\sin\alpha\cos\beta + \cos\alpha\sin\beta)$$
$$= \cos(\alpha+\beta) + i\sin(\alpha+\beta)$$

実部と虚部は互いに等しいので、

$$\cos(\alpha+\beta) = \cos\alpha\cos\beta - \sin\alpha\sin\beta \quad \cdots\cdots ②の一部$$
$$\sin(\alpha+\beta) = \sin\alpha\cos\beta + \cos\alpha\sin\beta \quad \cdots\cdots ①の一部$$

を得ます。これらの $\beta$ に $-\beta$ を代入することによって、①、②の残りの公式を得ます。ただし、その際には sin は **奇関数**（§89）、cos は **偶関数**（§89）であることを利用します。

## 加法定理を使ってみよう！

(1) 倍角・半角の公式

三角関数の加法定理①、②、③の第一式において $\beta=\alpha$ とおきます。

例えば、 $\sin(\alpha+\alpha)=\sin\alpha\cos\alpha+\cos\alpha\sin\alpha$ などです。

その後、これらの式を整理すると、三角関数の**倍角の公式**を得ることができます。

$$\sin 2\alpha = 2\sin\alpha\cos\alpha$$

$$\cos 2\alpha = \cos^2\alpha - \sin^2\alpha = 1-2\sin^2\alpha = 2\cos^2\alpha-1 \quad \cdots\cdots ⑤$$

$$\tan 2\alpha = \frac{2\tan\alpha}{1-\tan^2\alpha}$$

なお、⑤を $\sin^2\alpha$、$\cos^2\alpha$ について解くと、次の式を得ます。

$$\sin^2\alpha = \frac{1-\cos 2\alpha}{2}, \quad \cos^2\alpha = \frac{1+\cos 2\alpha}{2}$$

この式の $\alpha$ を $\frac{\alpha}{2}$ で置き換えると次の**半角の公式**を得ます。

$$\sin^2\frac{\alpha}{2} = \frac{1-\cos\alpha}{2}, \quad \cos^2\frac{\alpha}{2} = \frac{1+\cos\alpha}{2}$$

(2) 3倍角の公式

$3\alpha=2\alpha+\alpha$ と加法定理①、②より $\sin 3\alpha$、$\cos 3\alpha$ の式を得ます。

例　$\sin 3\alpha = \sin(2\alpha+\alpha) = \sin 2\alpha\cos\alpha + \cos 2\alpha\sin\alpha$

ここで、先の倍角の公式を使って $\sin 2\alpha$、$\cos 2\alpha$ を $\sin\alpha$、$\cos\alpha$ で書き換えると次の3倍角の公式を得ることができます。

$$\sin 3\alpha = 3\sin\alpha - 4\sin^3\alpha$$
$$\cos 3\alpha = -3\cos\alpha + 4\cos^3\alpha$$

(3) **2 直線のなす角の公式**

座標平面上の垂直でない 2 直線 $y = m_1 x + n_1$ と $y = m_2 x + n_2$ のなす角を $\theta$ とすると、

$$\tan\theta = \frac{m_1 - m_2}{1 + m_1 m_2}$$

が成り立ちます。

この $\tan\theta$ の公式も三角関数の加法定理から導くことができます。

2 直線のなす角は 2 直線の交点が原点になるように平行移動して考えることができます。つまり、$y$ 切片 $n_1$、$n_2$ がともに 0 として考えることができます。

直線 $y = m_1 x$ と $y = m_2 x$ が $x$ 軸となす角をそれぞれ $\theta_1$、$\theta_2$ とすると、

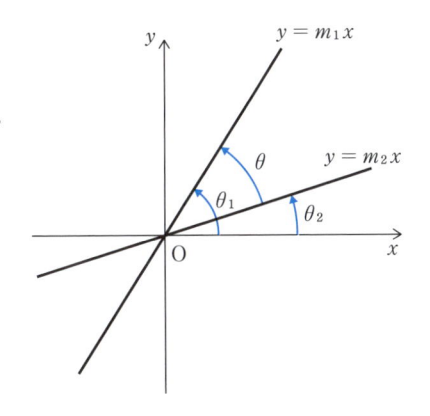

$$m_1 = \tan\theta_1、\ m_2 = \tan\theta_2、\ \theta = \theta_1 - \theta_2$$

となります。ゆえに、

$$\tan\theta = \tan(\theta_1 - \theta_2) = \frac{\tan\theta_1 - \tan\theta_2}{1 + \tan\theta_1 \tan\theta_2} = \frac{m_1 - m_2}{1 + m_1 m_2}$$

### 三角関数が指数関数につながる!

三角比の起源は紀元前 2000 年頃のエジプトに遡ることができます。これは、生活に必要な測量や天文学で使われたためでした。三角関数が sin、cos と表記されるようになったのは 17 世紀のことで、その後、オイラー (1748 年) の公式 (§34) により、「複素数の世界では、三角関数は指数関数に含まれる (つながっている)」ことが示されました。

# §54 三角関数の合成公式

$$a\sin\theta + b\cos\theta = \sqrt{a^2+b^2}\sin(\theta+\alpha) \quad \cdots\cdots ①$$

ただし、 $\sin\alpha = \dfrac{b}{\sqrt{a^2+b^2}}$、 $\cos\alpha = \dfrac{a}{\sqrt{a^2+b^2}}$

## 解説！ 合成公式とは？

$a\sin\theta + b\cos\theta$ のグラフは、物理的には、二つの波 $y=a\sin\theta$ と $y=b\cos\theta$ が重なったときの波形です。これは複雑な波形になると思われますが、実際には、一つの三角関数で表されることを①は示しています。下図は実際に、三つのグラフ $y=3\sin\theta$、 $y=4\cos\theta$、 $y=3\sin\theta+4\cos\theta$ を同じ座標平面上に描いたものです。

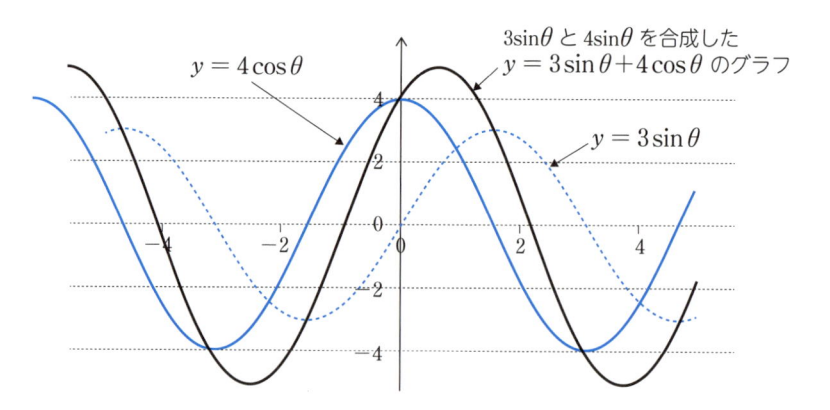

$y=3\sin\theta+4\cos\theta$ の黒のグラフが単純な sin 曲線（または、cos 曲線）になっていることが実感できます。①はこのグラフが

$$y=5\sin(\theta+\alpha) \quad (\alpha は定数)$$

と一つの三角関数で表されることを示しています。

### なぜ、そうなる？

なぜ①が成立するかは、一言でいうと、次の加法定理によります。

$$\sin(\alpha+\beta) = \sin\alpha\cos\beta + \cos\alpha\sin\beta$$

この定理を使うと次のように式変形ができます。

$$\begin{aligned}a\sin\theta + b\cos\theta &= \sqrt{a^2+b^2}\left(\frac{a}{\sqrt{a^2+b^2}}\sin\theta + \frac{b}{\sqrt{a^2+b^2}}\cos\theta\right) \\ &= \sqrt{a^2+b^2}(\cos\alpha\sin\theta + \sin\alpha\cos\theta) \\ &= \sqrt{a^2+b^2}\sin(\theta+\alpha)\end{aligned}$$

ただし、$\alpha$ は右図の角を表すものとします。つまり、$\alpha$ は点 $P(a, b)$ と原点 $O$ を結ぶ直線が $x$ 軸となす角です。

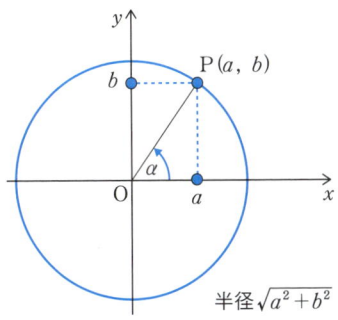

半径 $\sqrt{a^2+b^2}$

〔例題〕 $\sin\theta + \sqrt{3}\cos\theta$ を合成して一つの三角関数で表してください。

[解] $\sin\theta + \sqrt{3}\cos\theta = 1 \times \sin\theta + \sqrt{3} \times \cos\theta$ となり、これは①において $a=1$、$b=\sqrt{3}$ の場合と考えられます。ここで、

$$\sin\alpha = \frac{b}{\sqrt{a^2+b^2}} = \frac{\sqrt{3}}{2}$$
$$\cos\alpha = \frac{a}{\sqrt{a^2+b^2}} = \frac{1}{2}$$

を満たす $\alpha$ は $\dfrac{\pi}{3}$ ラジアンです。よって、

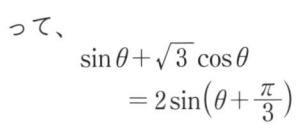

$$\begin{aligned}&\sin\theta + \sqrt{3}\cos\theta \\ &= 2\sin\left(\theta + \frac{\pi}{3}\right)\end{aligned}$$

となります。

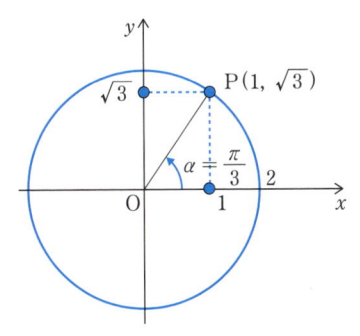

第5章 関数　54　三角関数の合成公式

# §55 指数の拡張

$a$ を正の数とするとき $a^x$ を次のように定義する。

(1) $x$ が自然数のとき

$a^x$ …… $a$ を $x$ 回掛ける

(2) $x$ が0のとき

$a^0 = 1$

(3) $-x$ が負の整数 ($x$ が正の整数) のとき

$a^{-x} = \dfrac{1}{a^x}$

(4) $x$ が有理数 $\dfrac{n}{m}$ (ただし、$m$、$n$ は整数で $m > 0$) のとき

$a^{\frac{n}{m}} = \sqrt[m]{a^n}$

(注) $\sqrt[m]{A}$ とは $m$ 乗して $A$ となる正の数。ただし、$A > 0$

(5) $x$ が無理数のとき

$a^x = \lim\limits_{n \to \infty} a^{x_n}$  ただし、数列 $\{x_n\}$ は極限値が無理数 $x$ である有理数の無限数列。

(注) $\lim\limits_{n \to \infty} a^{x_n}$ は $n$ を限りなく大きくしたときの数列 $\{a^{x_n}\}$ の極限値。

### 解説! 指数を計算する

$a^x$ の意味は、$x$ が自然数のときは「$a$ を何回か掛ける」という考えで説明がつきますが、$x$ が整数、有理数(分数)、無理数($\sqrt{2}$ など)となると、この考え方では説明がつきません。そこで、以下に、$3^x$ を例にして指数 $x$ の拡張の跡を辿ってみましょう。基本原理は、自然数の範囲で成り立つ次の指数法則(i)、(ii)、(iii)を、より広い範囲の数でも成り立つように $a^x$ を定義することです。

(i)　$a^p a^q = a^{p+q}$　　(ii)　$(a^p)^q = a^{pq}$　　(iii)　$(ab)^p = a^p b^p$

● 指数 $x$ が整数のとき
⑴　**$x$ が正の整数（つまり、自然数）の場合**
　このとき $3^x$ は $3$ を $x$ 回掛け合わせた値です。これが最初の段階の指数の意味でした。例えば、$3^2 = 3 \times 3 = 9$ となります。

⑵　**$x$ が $0$ の場合**
　しかし、⑴によると、「$3^0$ は $3$ を $0$ 回掛ける」ことになり、これは無意味です。そこで、$a^0 = 1$ と定義します。その理由は次の通りです。
　まず、指数法則(i)が $p$ に $0$ を代入しても成り立つとします。すると、

$$a^0 a^q = a^{0+q} = a^q$$

となります。この式を $a^q (>0)$ で割ると $a^0 = 1$ となります。
　そこで、指数法則(i)で指数が $0$ でも成り立つように $a^0 = 1$ と定義することにします。したがって、$3^0$ は $1$ です。

⑶　**$x$ が負の整数の場合**
　例えば、$3^{-2}$ は⑴によると、「$3$ を $-2$ 回掛ける」ことになりますが、これも無理な話なので、$a^{-n} = \dfrac{1}{a^n}$ と決めます。その理由は次の通りです。
　まず、指数法則(i)が $p$ が負の整数でも成り立つとします。そこで、(i)の $p$ に $-n$、$q$ に $n$ を代入します。ただし、$n$ を正の整数とします。すると、⑵より、次の式が成立します。

$$a^{-n} a^n = a^{-n+n} = a^0 = 1$$

この式を $a^n (>0)$ で割ると $a^{-n} = \dfrac{1}{a^n}$ となります。
　そこで、指数法則(i)で指数が負の整数でも成り立つように $a^{-n} = \dfrac{1}{a^n}$ と決めます。したがって、$3^{-2} = \dfrac{1}{3^2} = \dfrac{1}{9}$ となります。

●指数 $x$ が有理数のとき

例えば、$3^{\frac{2}{5}}$ ですが、これを「3 を $\frac{2}{5}$ 回掛け合わせた値」と考えてもまるで見当が付きません。$3^{\frac{2}{5}}$ をどう決めたらよいでしょうか。そこで、指数法則(2)の $p$ に有理数 $\frac{n}{m}$ を、$q$ に整数 $m$ を代入したものが成り立つとします。すると、$(a^{\frac{n}{m}})^m = a^{\frac{n}{m}m} = a^n$ となり、このことから、「$a^{\frac{n}{m}}$ は $m$ 乗したら $a^n$ になる数」と考えられます。これは、$a^n$ の $m$ 乗根です。

そこで、一般に、$a^{\frac{n}{m}} = \sqrt[m]{a^n}$ と決めます。ただし、$m$、$n$ は整数で $m > 0$ とします。つまり、$a^{\frac{n}{m}}$ は「$m$ 乗根 $a$ の $n$ 乗」、つまり、$m$ 乗したら $a$ の $n$ 乗になる正の数と決めるのです。

●指数 $x$ が無理数のとき

$3^{\sqrt{2}}$ も、「3 を $\sqrt{2}$ 回掛け合わせた値」と考えるのは無意味です。そこで、数列の極限値と考えるのです。

$\sqrt{2}$ を小数表示した $\sqrt{2} = 1.41421356\cdots$ に対して次の無限数列 $\{x_n\}$ を考えます。

$$x_1 = 1、x_2 = 1.4、x_3 = 1.41、x_4 = 1.414、$$
$$x_5 = 1.4142、x_6 = 1.41421\cdots\cdots$$

この有理数の数列をもとに数列 $\{3^{x_n}\}$ を考えると、この数列は単調増加数列になります。

$$3^1 < 3^{1.4} < 3^{1.41} < 3^{1.414} < 3^{1.4142} < 3^{1.41421} < \cdots\cdots$$

この数列は少しずつ大きくなっていますが、明らかに $3^2 = 9$ を越えることはありません。そこで、数列に関する次の性質を使います。すなわち、「頭打ちな単調増加数列は一定の値に限りなく近づく」という性質です（厳密には、「有界な単調増加数列は収束する」と表現されます）。

したがって

$3^1$、$3^{1.4}$、$3^{1.41}$、$3^{1.414}$、$3^{1.4142}$、……
は一定の値に限りなく近づきます。その値をもって$3^{\sqrt{2}}$の値とします。

$3^x$ の $x$ が他の無理数の場合でも原理は同じです。

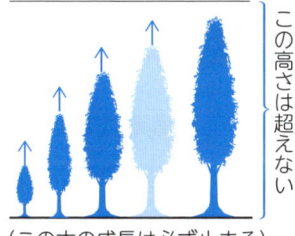

この高さは超えない

（この木の成長は必ず止まる）

〔例題〕次の(1)～(6)を計算してください。

(1) $2^5$　　(2) $2^0$　　(3) $2^{-5}$　　(4) $2^{\frac{1}{3}}$　　(5) $2^{\frac{3}{5}}$　　(6) $2^{-\frac{3}{5}}$

[解]

(1) $2^5 = 2 \times 2 \times 2 \times 2 \times 2 = 32$

(2) $2^0 = 1$

(3) $2^{-5} = \dfrac{1}{2^5} = \dfrac{1}{32}$

(4) $2^{\frac{1}{3}} = \sqrt[3]{2} = 1.25992\cdots\cdots$ （3乗したら2になる正の数）

(5) $2^{\frac{3}{5}} = \sqrt[5]{2^3} = \sqrt[5]{8} = 1.51571\cdots\cdots$ （5乗したら8になる正の数）

(6) $2^{-\frac{3}{5}} = \sqrt[5]{2^{-3}} = \sqrt[5]{\dfrac{1}{8}} = \dfrac{1}{\sqrt[5]{8}} = 0.65975\cdots\cdots$

### 参考

**根号 $\sqrt[n]{\phantom{a}}$ について**

$n$ を正の整数、$a$ を正の実数とするとき、
$\sqrt[n]{a} = n$ 乗したら $a$ になる正の数
と定義します。

第5章 関数

指数の拡張

# §56

# 指数関数と性質

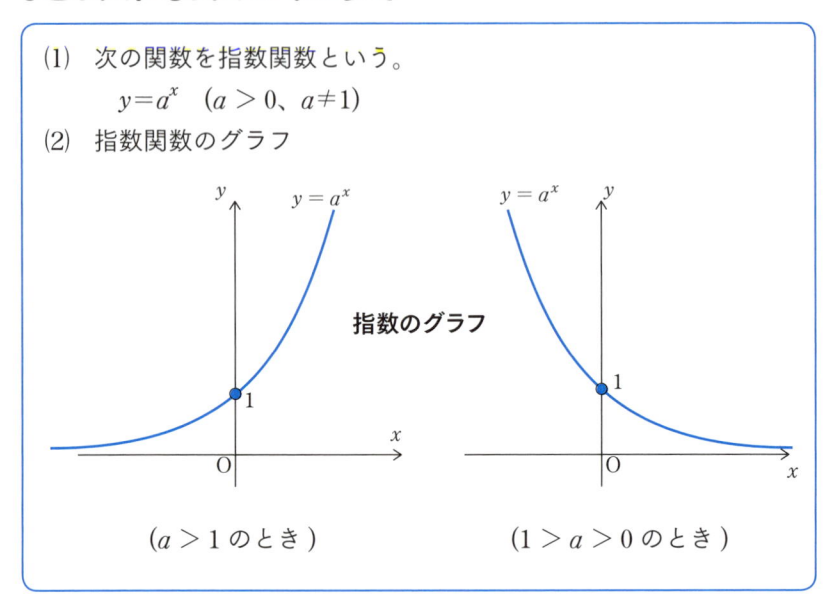

(1) 次の関数を指数関数という。
　　$y = a^x \quad (a > 0、a \neq 1)$

(2) 指数関数のグラフ

指数のグラフ

($a > 1$ のとき)　　　　　　($1 > a > 0$ のとき)

## 解説！ 指数関数とそのグラフ

　関数 $y = a^x$ は指数の部分に変数 $x$ が含まれているので**指数関数**と呼ばれます。$x$ のとり得る値の範囲（定義域）は実数全体で、$y$ のとり得る値の範囲（値域）は正の数です。なお、$y = x^2$ のような関数（整関数）と、$y = 2^x$ のような指数関数は形が似ていますが、$x$ の位置が違うことに気をつけてください。

● 指数関数の値

　指数関数 $y = a^x$ のグラフは上図のようになります。ここで指数関数 $y = a^x$ の $x$ における値（関数値）は、$x$ が自然数のときには「$a$ を $x$ 回掛け合わせた値」なので理解できます。例えば、$a^3 = a \times a \times a$ です。しかし、$x$ が 0 や負の整数、有理数、無理数となると、そのときの関数値がよく分かりません。これらの場合の関数値については前節で扱いま

したので参照してください。

### 使ってみれば分かる！

元金1万円を年利率 $r$ の複利で $x$ 年間預金しておいたら、$x$ 年後の元利合計 $y$ は

$$(1+r)^n 万円$$

になります。$a=1+r$ とすれば、$y=a^x$ となり、まさに指数関数です。ただし、この場合の $x$ のとる値は正の整数のみとなります。下図は $r=0.01$、$0.02$、$0.03$、$0.04$、$0.05$、$0.06$、$0.07$、$0.08$ の場合について 50 年後までの元利合計をグラフ化したものです。上に位置するグラフほど利率が高く、年利率 8％ ($r=0.08$) だと、50 年後にはほぼ 50 倍になります。

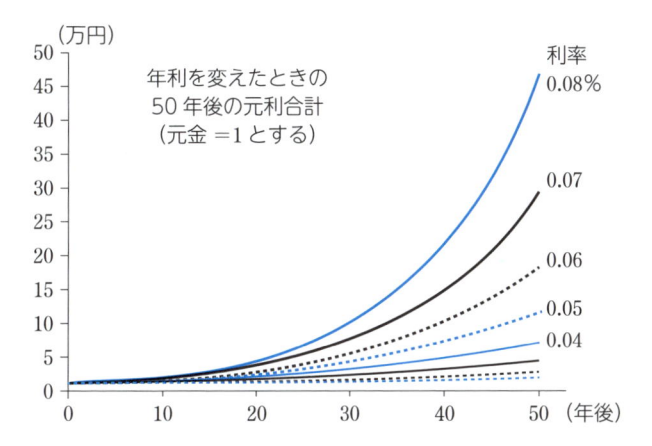

最後に、拡張された**指数法則**についてまとめておきましょう。

(i) $a^m a^n = a^{m+n}$ 　　(ii) $(a^m)^n = a^{mn}$ 　　(iii) $(ab)^n = a^n b^n$

この法則における指数は任意の実数ですが、底 $a$ は正の実数に限定されています。ただし、指数 $m$、$n$ が自然数の場合は、底 $a$ に何も制約がありません。つまり、$a$ はどんな実数でもよいのです。というのは、「何回掛ける」とか「何個掛ける」ということで説明がつくからです。

# §57

# 逆関数と性質

関数 $y=f(x)$ ……① があるとき、$y$ の各々の値に対して、それに対応するもとの $x$ の値がただ一つ定まれば、逆の関数 $x=g(y)$ ……② が考えられる。

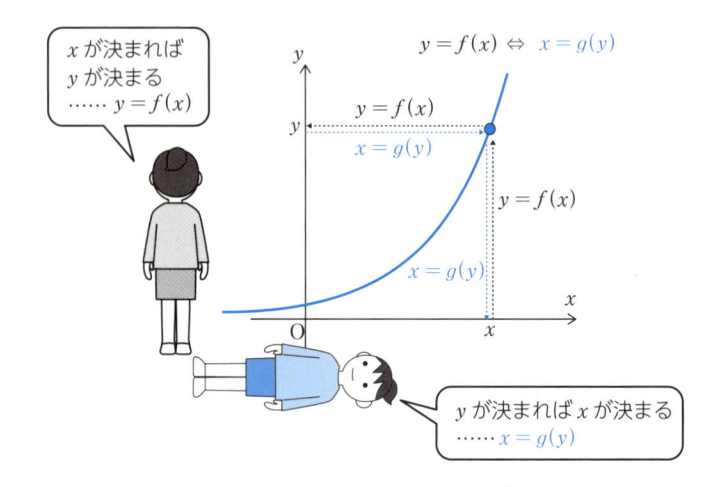

- $x$ が決まれば $y$ が決まる …… $y=f(x)$
- $y=f(x) \Leftrightarrow x=g(y)$
- $y$ が決まれば $x$ が決まる …… $x=g(y)$

この $x=g(y)$ ……②において $x$ と $y$ を交換した $y=g(x)$ ……③ を $y=f(x)$ ……①の**逆関数**という。このとき①と③のグラフは直線 $y=x$ に関して対称となる。

（注） 関数 $f(x)$ の逆関数を上記では $g(x)$ を使っていますが、$f^{-1}(x)$ と表現することがあります。

## 解説！ 逆関数とは

関数 $y=f(x)$ の逆関数が存在するためには条件が必要です。それは「$y=f(x)$ は定義域で単調増加か単調減少」ということです。単調増加とは「$x$ が増えれば $y$ も増える」ということでグラフが右肩上がりを意味します。単調減少とは「$x$ が増えれば、逆に $y$ が減る」ということでグラフが右肩下がりを意味します（次ページ図）。

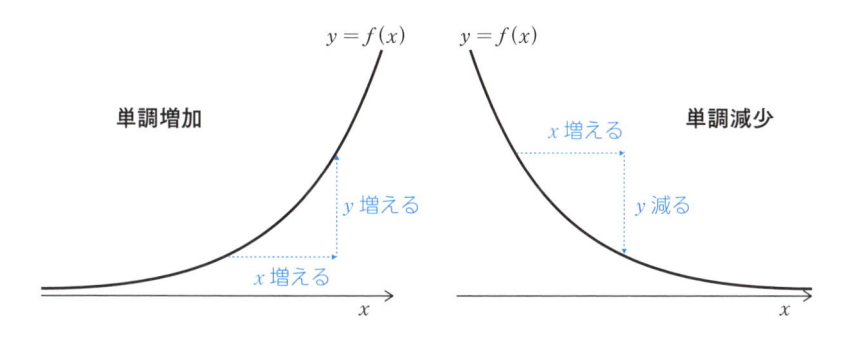

単調増加 　　　　　　　　　　　単調減少

### ●増加と減少が混じると逆関数は存在しない

関数 $y=f(x)$ の定義域内に増加と減少が混在すると、$y$ が決まっても、$x$ の対応先は複数存在してしまい、図のように一つには決まりません。関数である以上、対応先は一つなので、このとき逆関数は存在しません。しかし、定義域を単調増加（または、単調減少）部分に狭めれば逆関数は存在します。

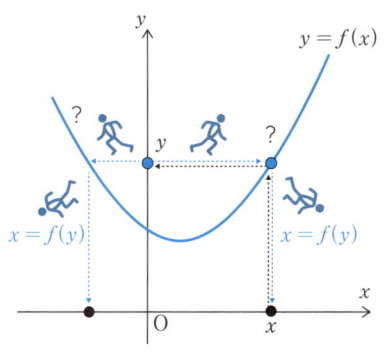

### ●$x$ と $y$ を交換すればもとの関数と逆関数のグラフは $y=x$ で対称

関数では先に値を決める変数を**独立変数**、その結果、後から値の決まる変数を**従属変数**といい、独立変数を $x$ で、従属変数を $y$ で書く習慣があります。

$$x=g(y) \quad \cdots\cdots ②$$

では、独立変数が $y$、従属変数が $x$ になっています。そこで、$x$ と $y$ を入れ替えた

$$y=g(x) \quad \cdots\cdots ③$$

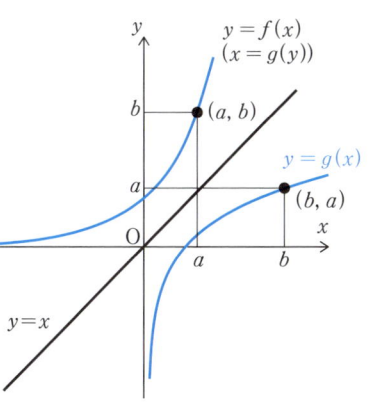

# 57 逆関数と性質

第5章 関数

を、①の逆関数といいます。このとき、①と③のグラフは直線 $y=x$ に関して対称になります。理由は、座標平面上の点 $(a, b)$ と点 $(b, a)$ は直線 $y=x$ に関して対称の位置 (前ページの図) にあるからです。

(注) $x$ と $y$ を交換する前の②が①の逆関数とする見方もあります (§70)。

〔例題〕関数 $y=2x+3$ ……④ の逆関数を求めてください。

[解] この式を $x$ について解くと

$$x = \frac{y-3}{2} \quad \text{……⑤}$$

となります。ここで、⑤における $x$ と $y$ を入れ替えます。

$$y = \frac{x-3}{2} \quad \text{……⑥}$$

⑥が、$y=2x+3$ の逆関数です。なお、⑥のグラフは問題の④と直線 $y=x$ に関して対称となります。

### 参考

**逆三角関数と主値**

例えば、三角関数 $y=\sin x$ は、そのグラフから分かるように、増加あり、減少ありで逆関数を考えることができません。つまり、$x$ を決めればそれに対応する $y$ は一つに決まりますが、$y$ を決めても、それに対応する $x$ は一つには決まりません。

しかし、$y=\sin x$ の定義域を、

$$-\frac{\pi}{2} \leq x \leq \frac{\pi}{2}$$

と限定すれば、$y$ に対応する $x$ はただ一つ決まり、$y=\sin x$ の逆関数が考えられます。これを

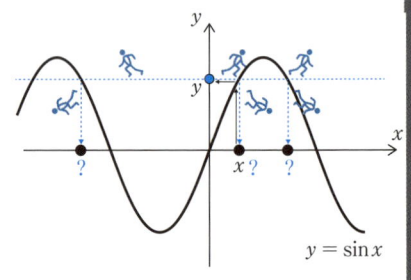

$$x = \sin^{-1} y$$

と書くことにします。ここで、$x$ と $y$ を交換して、
$$y = \sin^{-1} x$$
とすれば、この関数の、
定義域　$-1 \leqq x \leqq 1$

値　域　$-\dfrac{\pi}{2} \leqq y \leqq \dfrac{\pi}{2}$

となります（下のグラフの左）。この $y$ の値の範囲を関数 $y = \sin^{-1} x$ の**主値（主枝）**といいます。なお、$y = \sin^{-1} x$ を $y = \arcsin x$ とも書きます。

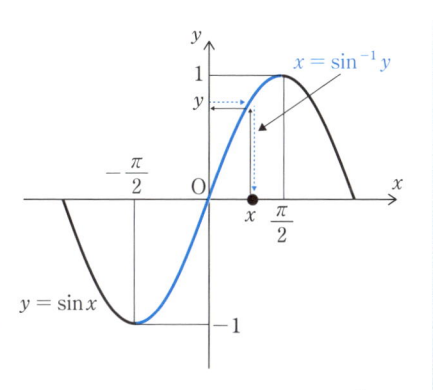

以下に、$\cos x$、$\tan x$ の逆三角関数についても主値をまとめておきます。

| 逆三角関数　（定義域） | 主値(Principal Branch) |
| --- | --- |
| $y = \sin^{-1} x$　（$-1 \leqq x \leqq 1$） | $-\dfrac{\pi}{2} \leqq x \leqq \dfrac{\pi}{2}$ |
| $y = \cos^{-1} x$　（$-1 \leqq x \leqq 1$） | $0 \leqq x \leqq \pi$ |
| $y = \tan^{-1} x$　（$x$ は実数全体） | $-\dfrac{\pi}{2} \leqq x \leqq \dfrac{\pi}{2}$ |

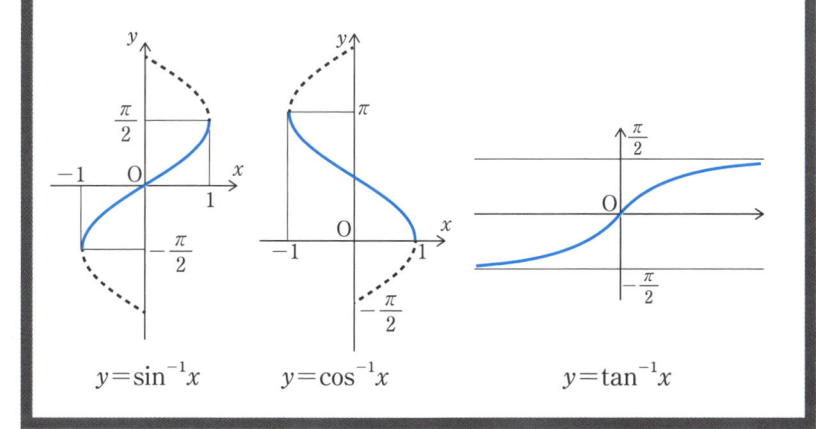

$y = \sin^{-1} x$　　　$y = \cos^{-1} x$　　　$y = \tan^{-1} x$

# §58 対数関数と性質

(1) 指数関数 $y = a^x$ $(x > 0 、 a > 0 、 a \neq 1)$ の逆関数を対数関数といい、$y = \log_a x$ と書く。$a$ を底、$x$ を真数という。

(2) 対数関数のグラフ

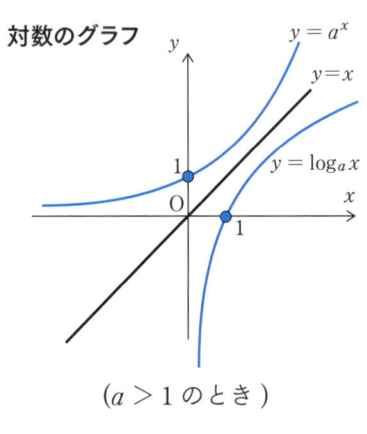

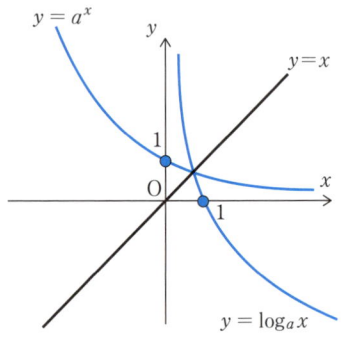

**対数のグラフ**

($a > 1$ のとき)　　　($1 > a > 0$ のとき)

(3) 対数関数の性質

(イ) $\log_a 1 = 0$ 　　$\log_a a = 1$

(ロ) $\log_a MN = \log_a M + \log_a N$

(ハ) $\log_a \dfrac{M}{N} = \log_a M - \log_a N$

(ニ) $\log_a M^r = r \log_a M$

(ホ) $\log_a b = \dfrac{\log_c b}{\log_c a}$ ……　$c > 0 、 c \neq 1$　（底の変換公式）

## 解説！ 指数関数の逆関数

指数関数 $y = a^x$ ……① の逆関数を、順を追って求めてみましょう。なお、逆関数そのものについては §57 で説明しています。

### ●新しい記号logの導入

まず、$y = a^x$ ……①を $x$ について解きます。しかし、ここで困ってしまいます。①を変形して「$x = $ ○○○」としたいのですが、どうにもなりません。そこで、新しい記号「log」を使って、$y = a^x$ を $x$ について解いた式を $x = \log_a y$ ……② と書くことにします。

読み方は「$x$ イコール、ログ $a$ テイ $y$」です。「$a$ テイ」の「テイ」は「**底**」のことです。これは指数関数①の底が $a$ であることによります。つまり $y = a^x$ と $x = \log_a y$ は表現が変わっただけで、$x$ と $y$ の対応は同じで向きが逆なだけです。したがって、次のようになります。

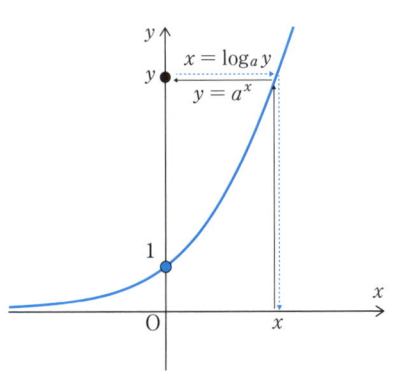

「$y = a^x \Leftrightarrow x = \log_a y$」

### ●$x$と$y$を交換

$x = \log_a y$ は、「$y$ が決まれば $x$ が決まる」ということです。関数では、先に決める方を**独立変数**、その結果、後から決まる方を**従属変数**と呼びました（§57）。そして通常、独立変数を $x$ で、従属変数を $y$ で書く習慣があります。そこで、$x = \log_a y$ における $x$ と $y$ を入れ替えます。

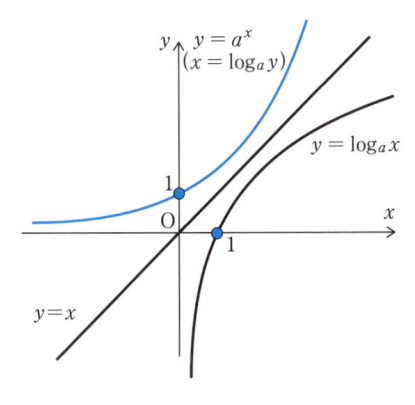

$y = \log_a x$ ……③

　これが、指数関数 $y = a^x$ の逆関数なのです。$x$ と $y$ を入れ替えたために、①（これと②は同じグラフ）と③のグラフは「直線 $y=x$ に関して対称」になります。また、指数関数と対数関数の定義域（独立変数のとる値の範囲）と値域（従属関数のとる値の範囲）も逆になります。つまり、$y = a^x$ の定義域は実数全体で、値域は正の実数ですが、$y = \log_a x$ の定義域は正の実数で、値域は実数全体となります。

（注）　$x$ と $y$ を交換する前の②が①の逆関数とする見方もあります（§70）。

## なぜ、そうなる？

　対数関数 $y = \log_a x$ には冒頭の(3)で示したようにいろいろな性質がありますが、この性質を裏で保障しているのは次の指数法則です。

(1)　$a^m a^n = a^{m+n}$　　(2)　$(a^m)^n = a^{mn}$　　(3)　$(ab)^n = a^n b^n$

これを使うと、冒頭の(3)が成り立つ理由が分かります。

(イ)　$a^0 = 1$ より $\log_a 1 = 0$、また　$a^1 = a$ より $\log_a a = 1$

(ロ)　$a^{x+y} = a^x a^y$ より　$a^x = M$、$a^y = N$　とすると、$a^{x+y} = MN$
　　よって、$x+y = \log_a MN$　また、$x = \log_a M$、$y = \log_a N$
　　ゆえに、$\log_a MN = \log_a M + \log_a N$

(ハ)　$\dfrac{a^x}{a^y} = a^{x-y}$　より　$a^x = M$、$a^y = N$　とすると、$\dfrac{M}{N} = a^{x-y}$
　　よって、$x-y = \log_a \dfrac{M}{N}$　また、$x = \log_a M$、$y = \log_a N$
　　ゆえに、$\log_a \dfrac{M}{N} = \log_a M - \log_a N$

(ニ)　$a^x = M$ とすると、$(a^x)^r = M^r$　よって　$a^{xr} = M^r$
　　ゆえに、$xr = \log_a M^r$
　　ここで、$x = \log_a M$　ゆえに　$\log_a M^r = r \log_a M$

(ホ)　$\log_a b = x$ とすると $a^x = b$　ゆえに、$\log_c a^x = \log_c b$

(ニ)より $x\log_c a = \log_c b$

$a>0$、$a\neq 1$ より $\log_c a \neq 0$　ゆえに、$x = \dfrac{\log_c b}{\log_c a}$

〔例題〕マグニチュード $(M)$ は地震の規模 ($E$ ジュール：エネルギーの大きさ) を表す数で次の式で与えられます。
$$\log_{10} E = 4.8 + 1.5M \quad \cdots\cdots ①$$
ここで、マグニチュードが $m$ 増えると地震のエネルギーはどのくらい増えるでしょうか。

［解］　マグニチュードが $M$ のときのエネルギーを $E_M$ と書くと、①より $E_M = 10^{4.8+1.5M}$ と書けます。ゆえに、
$$\frac{E_{M+m}}{E_M} = \frac{10^{4.8+1.5(M+m)}}{10^{4.8+1.5M}} = 10^{1.5m} = (10^{1.5})^m = \sqrt{1000}^m \fallingdotseq 31.6^m$$

よって、マグニチュードが一つ上がると、地震の規模は 31.6 倍、二つ上がると $31.6^2 \fallingdotseq 1000$ 倍になることが分かります。

## 指数は紀元前、対数は16世紀

紀元前 2000 年ぐらいの古代エジプトでは同じ数を何回も掛けるという指数の考え方が既に使われていました。その後、長い時間をかけて指数が拡張され、14 世紀には分数指数が、17 世紀には負の指数も使われ始めました。また、指数と密接に関係する対数についてはジョン・ネイピア (1550 ～ 1617) によって考案されました。対数を使うことによって大きな数の計算が簡単に処理できるようになったのです。

## §59

# 常用対数と性質

正の数 $N$ に対して、10 を底とする対数 $\log_{10} N$ の値を

$$\log_{10} N = m + a \qquad (m \text{ は整数、} 0 \leq a < 1)$$

と書くとき、整数 $m$ を**指標**、小数 $a$ を**仮数**という。

(1) 指標 $m$ の性質
　　$N > 1$ のとき　　　$N$ の桁数 $= m+1$
　　$0 < N < 1$ のとき　$N$ において 0 でない数字が小数第 $|m|$ 位に初めて現れる

(2) 仮数 $a$ の性質
　$N$ を表す各桁の数字の並び方によって定まり、小数点の位置によらない。

### 解説！ 常用対数の計算

10 を底とする対数を**常用対数**といいます。1 以上 10 未満の真数 $x$ に対して、その常用対数 $\log_{10} x$ の値を表にした常用対数表 (172 ページ) が作成されると、対数の性質 (§58) を用いて、大きな数の近似計算に常用対数が頻繁に利用されました。

### なぜ、そうなる？

なんだか難しそうですが、次の具体例を見れば上記の(1)や(2)の成り立つ理由を納得できます。

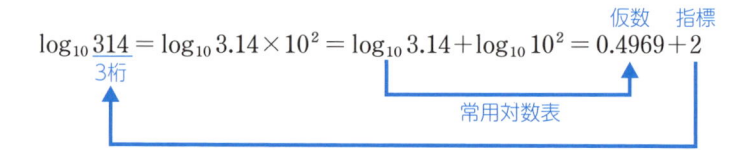

$$\log_{10} \underset{\text{3桁}}{314} = \log_{10} 3.14 \times 10^2 = \log_{10} 3.14 + \log_{10} 10^2 = \underset{\text{仮数}}{0.4969} + \underset{\text{指標}}{2}$$

常用対数表

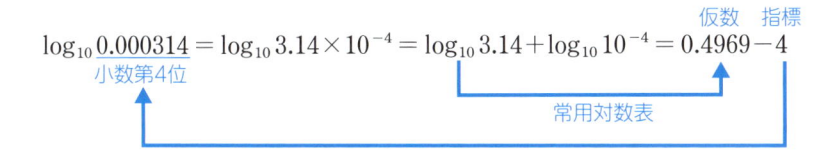

$$\underset{\text{小数第4位}}{\log_{10} 0.000314} = \log_{10} 3.14 \times 10^{-4} = \underset{\text{常用対数表}}{\log_{10} 3.14 + \log_{10} 10^{-4}} = \underset{\text{仮数\quad 指標}}{0.4969 - 4}$$

〔例題〕常用対数を用いて $3^{100}$ がどんな数かを調べてください。

次ページの「常用対数表」から、$\log_{10} 3 = 0.4771$。ゆえに、対数の性質より、
$$\log_{10} 3^{100} = 100 \log_{10} 3 = 100 \times 0.4771 = 47.71 = 47 + 0.71$$
よって、対数の定義と指数の性質より
$$3^{100} = 10^{47.71} = 10^{47+0.71} = 10^{47} \times 10^{0.71}$$
ここで、$a = 10^{0.71}$ とし、これを log で書き換えると $0.71 = \log_{10} a$ となります。常用対数表を逆に見ると $a = 5.13$ であることが分かります。

よって、$3^{100} = 10^{47.71} = 10^{47} \times 10^{0.71} = 5.13 \times 10^{47}$ となります。

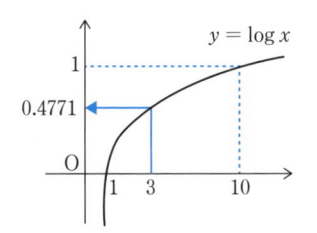

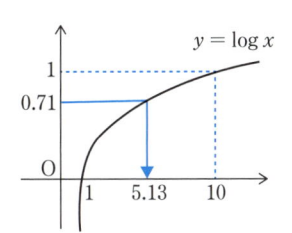

## ネイピア数 $e$ と自然対数

イングランドの数学者ヘンリー・ブリックス (1561〜1630) はジョン・ネイピアが対数の底として採用した**ネイピア数 $e$** ($=2.71828\cdots\cdots$) の代わりに、10 を底とすることを提案し、常用対数表を作成しました。なお、ネイピアの数 $e$ を底とした対数は**自然対数**と呼ばれ「**ln**」と表記されます。つまり、$\ln = \log_e$ です。

## 常用対数表

左の目盛 3.0 と
上の目盛 0 で log(3.00)、
その交点 0.4771 が log(3.00) の値

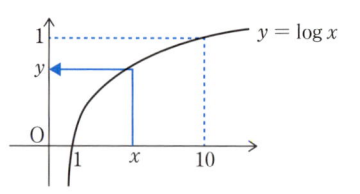

| 数 | 0 | 1 | 2 | 3 | 4 | 5 | 6 | 7 | 8 | 9 |
|---|---|---|---|---|---|---|---|---|---|---|
| 1.0 | 0.0000 | 0.0043 | 0.0086 | 0.0128 | 0.0170 | 0.0212 | 0.0253 | 0.0294 | 0.0334 | 0.0374 |
| 1.1 | 0.0414 | 0.0453 | 0.0492 | 0.0531 | 0.0569 | 0.0607 | 0.0645 | 0.0682 | 0.0719 | 0.0755 |
| 1.2 | 0.0792 | 0.0828 | 0.0864 | 0.0899 | 0.0934 | 0.0969 | 0.1004 | 0.1038 | 0.1072 | 0.1106 |
| 1.3 | 0.1139 | 0.1173 | 0.1206 | 0.1239 | 0.1271 | 0.1303 | 0.1335 | 0.1367 | 0.1399 | 0.1430 |
| 1.4 | 0.1461 | 0.1492 | 0.1523 | 0.1553 | 0.1584 | 0.1614 | 0.1644 | 0.1673 | 0.1703 | 0.1732 |
| 1.5 | 0.1761 | 0.1790 | 0.1818 | 0.1847 | 0.1875 | 0.1903 | 0.1931 | 0.1959 | 0.1987 | 0.2014 |
| 1.6 | 0.2041 | 0.2068 | 0.2095 | 0.2122 | 0.2148 | 0.2175 | 0.2201 | 0.2227 | 0.2253 | 0.2279 |
| 1.7 | 0.2304 | 0.2330 | 0.2355 | 0.2380 | 0.2405 | 0.2430 | 0.2455 | 0.2480 | 0.2504 | 0.2529 |
| 1.8 | 0.2553 | 0.2577 | 0.2601 | 0.2625 | 0.2648 | 0.2672 | 0.2695 | 0.2718 | 0.2742 | 0.2765 |
| 1.9 | 0.2788 | 0.2810 | 0.2833 | 0.2856 | 0.2878 | 0.2900 | 0.2923 | 0.2945 | 0.2967 | 0.2989 |
| 2.0 | 0.3010 | 0.3032 | 0.3054 | 0.3075 | 0.3096 | 0.3118 | 0.3139 | 0.3160 | 0.3181 | 0.3201 |
| 2.1 | 0.3222 | 0.3243 | 0.3263 | 0.3284 | 0.3304 | 0.3324 | 0.3345 | 0.3365 | 0.3385 | 0.3404 |
| 2.2 | 0.3424 | 0.3444 | 0.3464 | 0.3483 | 0.3502 | 0.3522 | 0.3541 | 0.3560 | 0.3579 | 0.3598 |
| 2.3 | 0.3617 | 0.3636 | 0.3655 | 0.3674 | 0.3692 | 0.3711 | 0.3729 | 0.3747 | 0.3766 | 0.3784 |
| 2.4 | 0.3802 | 0.3820 | 0.3838 | 0.3856 | 0.3874 | 0.3892 | 0.3909 | 0.3927 | 0.3945 | 0.3962 |
| 2.5 | 0.3979 | 0.3997 | 0.4014 | 0.4031 | 0.4048 | 0.4065 | 0.4082 | 0.4099 | 0.4116 | 0.4133 |
| 2.6 | 0.4150 | 0.4166 | 0.4183 | 0.4200 | 0.4216 | 0.4232 | 0.4249 | 0.4265 | 0.4281 | 0.4298 |
| 2.7 | 0.4314 | 0.4330 | 0.4346 | 0.4362 | 0.4378 | 0.4393 | 0.4409 | 0.4425 | 0.4440 | 0.4456 |
| 2.8 | 0.4472 | 0.4487 | 0.4502 | 0.4518 | 0.4533 | 0.4548 | 0.4564 | 0.4579 | 0.4594 | 0.4609 |
| 2.9 | 0.4624 | 0.4639 | 0.4654 | 0.4669 | 0.4683 | 0.4698 | 0.4713 | 0.4728 | 0.4742 | 0.4757 |
| 3.0 | 0.4771 | 0.4786 | 0.4800 | 0.4814 | 0.4829 | 0.4843 | 0.4857 | 0.4871 | 0.4886 | 0.4900 |
| 3.1 | 0.4914 | 0.4928 | 0.4942 | 0.4955 | 0.4969 | 0.4983 | 0.4997 | 0.5011 | 0.5024 | 0.5038 |
| 3.2 | 0.5051 | 0.5065 | 0.5079 | 0.5092 | 0.5105 | 0.5119 | 0.5132 | 0.5145 | 0.5159 | 0.5172 |
| 3.3 | 0.5185 | 0.5198 | 0.5211 | 0.5224 | 0.5237 | 0.5250 | 0.5263 | 0.5276 | 0.5289 | 0.5302 |
| 3.4 | 0.5315 | 0.5328 | 0.5340 | 0.5353 | 0.5366 | 0.5378 | 0.5391 | 0.5403 | 0.5416 | 0.5428 |
| 3.5 | 0.5441 | 0.5453 | 0.5465 | 0.5478 | 0.5490 | 0.5502 | 0.5514 | 0.5527 | 0.5539 | 0.5551 |
| 3.6 | 0.5563 | 0.5575 | 0.5587 | 0.5599 | 0.5611 | 0.5623 | 0.5635 | 0.5647 | 0.5658 | 0.5670 |
| 3.7 | 0.5682 | 0.5694 | 0.5705 | 0.5717 | 0.5729 | 0.5740 | 0.5752 | 0.5763 | 0.5775 | 0.5786 |
| 3.8 | 0.5798 | 0.5809 | 0.5821 | 0.5832 | 0.5843 | 0.5855 | 0.5866 | 0.5877 | 0.5888 | 0.5899 |
| 3.9 | 0.5911 | 0.5922 | 0.5933 | 0.5944 | 0.5955 | 0.5966 | 0.5977 | 0.5988 | 0.5999 | 0.6010 |
| 4.0 | 0.6021 | 0.6031 | 0.6042 | 0.6053 | 0.6064 | 0.6075 | 0.6085 | 0.6096 | 0.6107 | 0.6117 |
| 4.1 | 0.6128 | 0.6138 | 0.6149 | 0.6160 | 0.6170 | 0.6180 | 0.6191 | 0.6201 | 0.6212 | 0.6222 |
| 4.2 | 0.6232 | 0.6243 | 0.6253 | 0.6263 | 0.6274 | 0.6284 | 0.6294 | 0.6304 | 0.6314 | 0.6325 |
| 4.3 | 0.6335 | 0.6345 | 0.6355 | 0.6365 | 0.6375 | 0.6385 | 0.6395 | 0.6405 | 0.6415 | 0.6425 |
| 4.4 | 0.6435 | 0.6444 | 0.6454 | 0.6464 | 0.6474 | 0.6484 | 0.6493 | 0.6503 | 0.6513 | 0.6522 |
| 4.5 | 0.6532 | 0.6542 | 0.6551 | 0.6561 | 0.6571 | 0.6580 | 0.6590 | 0.6599 | 0.6609 | 0.6618 |
| 4.6 | 0.6628 | 0.6637 | 0.6646 | 0.6656 | 0.6665 | 0.6675 | 0.6684 | 0.6693 | 0.6702 | 0.6712 |
| 4.7 | 0.6721 | 0.6730 | 0.6739 | 0.6749 | 0.6758 | 0.6767 | 0.6776 | 0.6785 | 0.6794 | 0.6803 |
| 4.8 | 0.6812 | 0.6821 | 0.6830 | 0.6839 | 0.6848 | 0.6857 | 0.6866 | 0.6875 | 0.6884 | 0.6893 |
| 4.9 | 0.6902 | 0.6911 | 0.6920 | 0.6928 | 0.6937 | 0.6946 | 0.6955 | 0.6964 | 0.6972 | 0.6981 |
| 5.0 | 0.6990 | 0.6998 | 0.7007 | 0.7016 | 0.7024 | 0.7033 | 0.7042 | 0.7050 | 0.7059 | 0.7067 |

0.71→5.13

| 数 | 0 | 1 | 2 | 3 | 4 | 5 | 6 | 7 | 8 | 9 |
|---|---|---|---|---|---|---|---|---|---|---|
| 5.1 | 0.7076 | 0.7084 | 0.7093 | 0.7101 | 0.7110 | 0.7118 | 0.7126 | 0.7135 | 0.7143 | 0.7152 |
| 5.2 | 0.7160 | 0.7168 | 0.7177 | 0.7185 | 0.7193 | 0.7202 | 0.7210 | 0.7218 | 0.7226 | 0.7235 |
| 5.3 | 0.7243 | 0.7251 | 0.7259 | 0.7267 | 0.7275 | 0.7284 | 0.7292 | 0.7300 | 0.7308 | 0.7316 |
| 5.4 | 0.7324 | 0.7332 | 0.7340 | 0.7348 | 0.7356 | 0.7364 | 0.7372 | 0.7380 | 0.7388 | 0.7396 |
| 5.5 | 0.7404 | 0.7412 | 0.7419 | 0.7427 | 0.7435 | 0.7443 | 0.7451 | 0.7459 | 0.7466 | 0.7474 |
| 5.6 | 0.7482 | 0.7490 | 0.7497 | 0.7505 | 0.7513 | 0.7520 | 0.7528 | 0.7536 | 0.7543 | 0.7551 |
| 5.7 | 0.7559 | 0.7566 | 0.7574 | 0.7582 | 0.7589 | 0.7597 | 0.7604 | 0.7612 | 0.7619 | 0.7627 |
| 5.8 | 0.7634 | 0.7642 | 0.7649 | 0.7657 | 0.7664 | 0.7672 | 0.7679 | 0.7686 | 0.7694 | 0.7701 |
| 5.9 | 0.7709 | 0.7716 | 0.7723 | 0.7731 | 0.7738 | 0.7745 | 0.7752 | 0.7760 | 0.7767 | 0.7774 |
| 6.0 | 0.7782 | 0.7789 | 0.7796 | 0.7803 | 0.7810 | 0.7818 | 0.7825 | 0.7832 | 0.7839 | 0.7846 |
| 6.1 | 0.7853 | 0.7860 | 0.7868 | 0.7875 | 0.7882 | 0.7889 | 0.7896 | 0.7903 | 0.7910 | 0.7917 |
| 6.2 | 0.7924 | 0.7931 | 0.7938 | 0.7945 | 0.7952 | 0.7959 | 0.7966 | 0.7973 | 0.7980 | 0.7987 |
| 6.3 | 0.7993 | 0.8000 | 0.8007 | 0.8014 | 0.8021 | 0.8028 | 0.8035 | 0.8041 | 0.8048 | 0.8055 |
| 6.4 | 0.8062 | 0.8069 | 0.8075 | 0.8082 | 0.8089 | 0.8096 | 0.8102 | 0.8109 | 0.8116 | 0.8122 |
| 6.5 | 0.8129 | 0.8136 | 0.8142 | 0.8149 | 0.8156 | 0.8162 | 0.8169 | 0.8176 | 0.8182 | 0.8189 |
| 6.6 | 0.8195 | 0.8202 | 0.8209 | 0.8215 | 0.8222 | 0.8228 | 0.8235 | 0.8241 | 0.8248 | 0.8254 |
| 6.7 | 0.8261 | 0.8267 | 0.8274 | 0.8280 | 0.8287 | 0.8293 | 0.8299 | 0.8306 | 0.8312 | 0.8319 |
| 6.8 | 0.8325 | 0.8331 | 0.8338 | 0.8344 | 0.8351 | 0.8357 | 0.8363 | 0.8370 | 0.8376 | 0.8382 |
| 6.9 | 0.8388 | 0.8395 | 0.8401 | 0.8407 | 0.8414 | 0.8420 | 0.8426 | 0.8432 | 0.8439 | 0.8445 |
| 7.0 | 0.8451 | 0.8457 | 0.8463 | 0.8470 | 0.8476 | 0.8482 | 0.8488 | 0.8494 | 0.8500 | 0.8506 |
| 7.1 | 0.8513 | 0.8519 | 0.8525 | 0.8531 | 0.8537 | 0.8543 | 0.8549 | 0.8555 | 0.8561 | 0.8567 |
| 7.2 | 0.8573 | 0.8579 | 0.8585 | 0.8591 | 0.8597 | 0.8603 | 0.8609 | 0.8615 | 0.8621 | 0.8627 |
| 7.3 | 0.8633 | 0.8639 | 0.8645 | 0.8651 | 0.8657 | 0.8663 | 0.8669 | 0.8675 | 0.8681 | 0.8686 |
| 7.4 | 0.8692 | 0.8698 | 0.8704 | 0.8710 | 0.8716 | 0.8722 | 0.8727 | 0.8733 | 0.8739 | 0.8745 |
| 7.5 | 0.8751 | 0.8756 | 0.8762 | 0.8768 | 0.8774 | 0.8779 | 0.8785 | 0.8791 | 0.8797 | 0.8802 |
| 7.6 | 0.8808 | 0.8814 | 0.8820 | 0.8825 | 0.8831 | 0.8837 | 0.8842 | 0.8848 | 0.8854 | 0.8859 |
| 7.7 | 0.8865 | 0.8871 | 0.8876 | 0.8882 | 0.8887 | 0.8893 | 0.8899 | 0.8904 | 0.8910 | 0.8915 |
| 7.8 | 0.8921 | 0.8927 | 0.8932 | 0.8938 | 0.8943 | 0.8949 | 0.8954 | 0.8960 | 0.8965 | 0.8971 |
| 7.9 | 0.8976 | 0.8982 | 0.8987 | 0.8993 | 0.8998 | 0.9004 | 0.9009 | 0.9015 | 0.9020 | 0.9025 |
| 8.0 | 0.9031 | 0.9036 | 0.9042 | 0.9047 | 0.9053 | 0.9058 | 0.9063 | 0.9069 | 0.9074 | 0.9079 |
| 8.1 | 0.9085 | 0.9090 | 0.9096 | 0.9101 | 0.9106 | 0.9112 | 0.9117 | 0.9122 | 0.9128 | 0.9133 |
| 8.2 | 0.9138 | 0.9143 | 0.9149 | 0.9154 | 0.9159 | 0.9165 | 0.9170 | 0.9175 | 0.9180 | 0.9186 |
| 8.3 | 0.9191 | 0.9196 | 0.9201 | 0.9206 | 0.9212 | 0.9217 | 0.9222 | 0.9227 | 0.9232 | 0.9238 |
| 8.4 | 0.9243 | 0.9248 | 0.9253 | 0.9258 | 0.9263 | 0.9269 | 0.9274 | 0.9279 | 0.9284 | 0.9289 |
| 8.5 | 0.9294 | 0.9299 | 0.9304 | 0.9309 | 0.9315 | 0.9320 | 0.9325 | 0.9330 | 0.9335 | 0.9340 |
| 8.6 | 0.9345 | 0.9350 | 0.9355 | 0.9360 | 0.9365 | 0.9370 | 0.9375 | 0.9380 | 0.9385 | 0.9390 |
| 8.7 | 0.9395 | 0.9400 | 0.9405 | 0.9410 | 0.9415 | 0.9420 | 0.9425 | 0.9430 | 0.9435 | 0.9440 |
| 8.8 | 0.9445 | 0.9450 | 0.9455 | 0.9460 | 0.9465 | 0.9469 | 0.9474 | 0.9479 | 0.9484 | 0.9489 |
| 8.9 | 0.9494 | 0.9499 | 0.9504 | 0.9509 | 0.9513 | 0.9518 | 0.9523 | 0.9528 | 0.9533 | 0.9538 |
| 9.0 | 0.9542 | 0.9547 | 0.9552 | 0.9557 | 0.9562 | 0.9566 | 0.9571 | 0.9576 | 0.9581 | 0.9586 |
| 9.1 | 0.9590 | 0.9595 | 0.9600 | 0.9605 | 0.9609 | 0.9614 | 0.9619 | 0.9624 | 0.9628 | 0.9633 |
| 9.2 | 0.9638 | 0.9643 | 0.9647 | 0.9652 | 0.9657 | 0.9661 | 0.9666 | 0.9671 | 0.9675 | 0.9680 |
| 9.3 | 0.9685 | 0.9689 | 0.9694 | 0.9699 | 0.9703 | 0.9708 | 0.9713 | 0.9717 | 0.9722 | 0.9727 |
| 9.4 | 0.9731 | 0.9736 | 0.9741 | 0.9745 | 0.9750 | 0.9754 | 0.9759 | 0.9763 | 0.9768 | 0.9773 |
| 9.5 | 0.9777 | 0.9782 | 0.9786 | 0.9791 | 0.9795 | 0.9800 | 0.9805 | 0.9809 | 0.9814 | 0.9818 |
| 9.6 | 0.9823 | 0.9827 | 0.9832 | 0.9836 | 0.9841 | 0.9845 | 0.9850 | 0.9854 | 0.9859 | 0.9863 |
| 9.7 | 0.9868 | 0.9872 | 0.9877 | 0.9881 | 0.9886 | 0.9890 | 0.9894 | 0.9899 | 0.9903 | 0.9908 |
| 9.8 | 0.9912 | 0.9917 | 0.9921 | 0.9926 | 0.9930 | 0.9934 | 0.9939 | 0.9943 | 0.9948 | 0.9952 |
| 9.9 | 0.9956 | 0.9961 | 0.9965 | 0.9969 | 0.9974 | 0.9978 | 0.9983 | 0.9987 | 0.9991 | 0.9996 |

第5章 関数 常用対数と性質

## §60 等差数列の和の公式

初項 $a$、公差 $d$ の等差数列の第 $n$ 項までの和 $S_n$ は

$$S_n = \frac{(初項+末項) \times 項数}{2} = \frac{\{2a+(n-1)d\} \times n}{2} \quad \cdots\cdots ①$$

### 解説！ "1+3+5+…" 等差数列の和

1、3、5、7、9、…のような数の並びを「**数列**」といい、最初の項を**初項**、また、各項の差が一定 (**公差**：例では2) のような数列を**等差数列**といいます。初項 $a$ に公差 $d$ を次々に足して得られる等差数列は、

$$a_1=a,\ a_2=a+d,\ a_3=a+2d,\ a_4=a+3d,\ \cdots\cdots$$

のように表せ、このとき、一般項 (第 $n$ 項) $a_n$ は次のようになります。

$$a_n = a+(n-1)d$$

①は初項、公差、項数の3つが分かれば初項から $n$ 番目の項までの和が求められる、という意味の公式です。

### なぜ、そうなる？

等差数列は差が一定なので、$S_n = a_1+a_2+a_3+\cdots\cdots+a_n$ を棒グラフの和で示すと、階段状になります。個々の棒の高さは等差数列の各項の値で、横の長さを1とすれば $S_n$ はこの棒グラフの面積に相当します。

このグラフは階段状で、面積を求めるのは少々厄介ですが、180°回

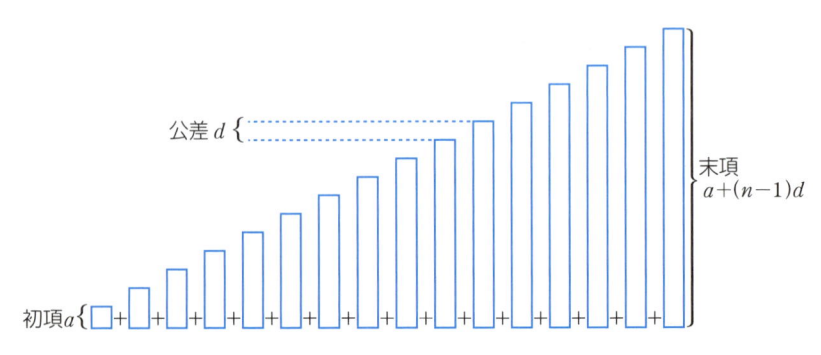

第6章 数列

転したものをもう一つ重ねれば、長方形になります（右図）。この長方形の面積は、高さが（初項＋末項）、横幅が項数 $n$ ですから、

「(初項＋末項)×$n$」

であり、求めたい和 $S_n$ はこの長方形の面積の半分ですから、①を得ることができます。なお、末項とは数列の最後の項のことです。

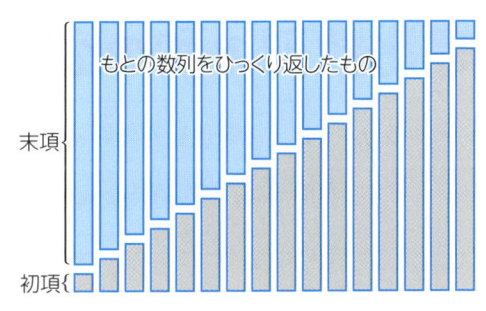

### 使ってみれば分かる！

初項が 10、公差が 3 である、等差数列の 20 項までの和であれば、

$$S_{20} = \frac{\{2\times 10+(20-1)\times 3\}\times 20}{2} = 770$$

なお、この等差数列の第 20 項は $a_{20}=10+19\times 3=67$ なので、

$$S_{20} = \frac{(初項＋末項)\times 項数}{2} = \frac{(10+67)\times 20}{2} = 770$$

としても求められます。

### ガウスの天才発揮！

ガウス (1777～1855) はドイツの数学、天文、物理学など多方面にわたる大天才で、小学生のとき、$1+2+3+\cdots\cdots+99+100$ という課題に対して、下記のように計算し、$101\times 100\div 2$ より、即座に、5050 と答え、先生をビックリさせたそうです。

$$\begin{array}{cccccccccccccccc}
1 & + & 2 & + & 3 & + & \cdots & + & 50 & + & 51 & + & \cdots & + & 98 & + & 99 & + & 100 \\
100 & + & 99 & + & 98 & + & \cdots & + & 51 & + & 50 & + & \cdots & + & 3 & + & 2 & + & 1 \\
\hline
101 & + & 101 & + & 101 & + & \cdots & + & 101 & + & 101 & + & \cdots & + & 101 & + & 101 & + & 101
\end{array}$$

逆に足すと、101が100個

ガウスは幼くして、等差数列の和の原理を発見していたのです。

**60 等差数列の和の公式**

# §61

# 等比数列の和の公式

初項 $a$、公比 $r$ の等比数列の第 $n$ 項までの和 $S_n$ は

$$S_n = \frac{a(1-r^n)}{1-r} \quad \cdots\cdots① \ (r \neq 1) \qquad S_n = an \quad \cdots\cdots② \ (r=1)$$

## 解説！ 等比数列の和

初項 $a$ に一定の数 $r$ を次々に掛けて得られる数列を**等比数列**といい、

$$a_1 = a、a_2 = ar、a_3 = ar^2、a_4 = ar^3、\cdots\cdots$$

のようになります。このとき、一般項（第 $n$ 項）$a_n$ は、

$$a_n = ar^{n-1}$$

となります。ここで、$r$ のことを**公比**と呼びます。①、②は初項、公比、項数の3つが分かれば、初項から $n$ 番目の項までの和が分かるという意味の公式です。

## なぜ、そうなる？

等比数列の和 $S_n = a + ar + ar^2 + ar^3 + \cdots + ar^{n-1}$ ……③ を求めるには「ズラして差をとる」という技法を使います。つまり、③と③の両辺に $r$ を掛けた式から、辺々を引きます（下図）。

$$\begin{array}{rl} & S_n = a + ar + ar^2 + ar^3 + \cdots + ar^{n-1} \\ -) & rS_n = \phantom{a+} ar + ar^2 + ar^3 + ar^4 + \cdots + ar^n \\ \hline & (1-r)S_n = a - ar^n \end{array}$$

この引き算を図で示せば次ページのようになります。したがって、$r \neq 1$ のとき①を得ます。$r=1$ のときは③から②を得るのは明らかです。

$$S_n \quad rS_n \quad S_n - rS_n = (1-r)S_n$$

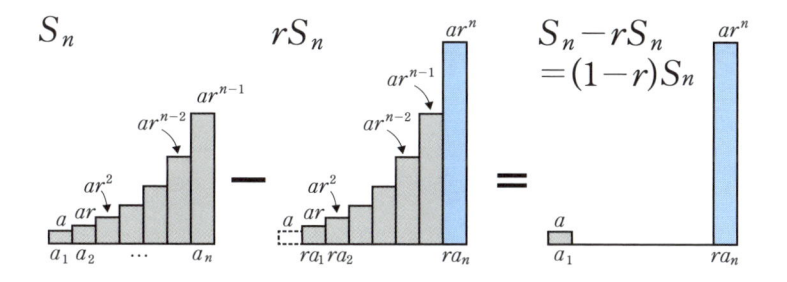

〔例題〕初項 10、公比 3 の等比数列の初項から 8 項までの和を求めてください。

[解] 前ページの公式①より、

$$S_8 = \frac{10(1-3^8)}{1-3} = 5 \times 6560 = 32800$$

## 秀吉 vs 曽呂利新左衛門

曽呂利新左衛門は豊臣秀吉から「望みの褒美をとらせる」といわれ、「米粒を初日に 1 個、翌日には 2 倍の 2 個、その翌日にはその 2 倍の 4 個……と、前日の 2 倍の米粒をください」といったそうです。秀吉は「なんと欲のない奴だ」と快諾したのですが、たった 30 日で青ざめ、謝って別の褒美に変えてもらったとのこと。なぜなら、30 日間の米粒は全部で、

$$1+2+2^2+2^3+\cdots\cdots+2^{29}=2^{30}-1=10 \text{ 億 } 7374 \text{ 万 } 1823 \text{ 粒}$$

です。これを重さ (kg) に換算すると、1000 粒 ＝ 23 グラムとして 2 万 4696kg、つまり、約 25 トンです。たったのひと月で 25 トン。

なお、この種の話はイスラーム世界を代表する 11 世紀の知識人アブー＝ビールーニー (973～1048) の著作にも見いだされます。

等差数列や等比数列の起源は紀元前にまで遡ることができます。考えてみれば、1、2、3、4、5、……や 1、2、4、8、16、……などの数列は生活において極めて自然なものだったのかも知れません。

# §62

# 数列 $\{n^k\}$ の和の公式

(1) $1+2+3+\cdots+(n-1)+n = \dfrac{1}{2}n(n+1)$

(2) $1^2+2^2+3^2+\cdots+n^2 = \dfrac{1}{6}n(n+1)(2n+1)$

(3) $1^3+2^3+3^3+\cdots+n^3 = \left\{\dfrac{1}{2}n(n+1)\right\}^2$

## 解説！ $n^k$の和を求める

上記(1)～(3)の数列の和の公式は、それぞれ、1乗の和、2乗の和、3乗の和の公式として有名です。本書では「積分」のところでも使いますが、和の記号 $\Sigma$ と併用することにより使い勝手がよくなります。

### ●Σ記号の使い方

数列の和を表現するのに便利な $\Sigma$（シグマ）記号は、次のように、

$$\sum_{k=1}^{n} a_k = a_1 + a_2 + a_3 + \cdots + a_{n-1} + a_n$$

つまり、数列 $\{a_n\}$ の初項から第 $n$ 項までの和を意味します。上記では $k$ を使いましたが、$i$ など他の文字を使うこともあります。

$$\sum_{i=1}^{n} a_i = a_1 + a_2 + a_3 + \cdots + a_{n-1} + a_n$$

この $\Sigma$ には以下の性質（線形性）があります。

$$\sum_{k=1}^{n}(a_k+b_k) = \sum_{k=1}^{n}a_k + \sum_{k=1}^{n}b_k \qquad \sum_{k=1}^{n}ca_k = c\sum_{k=1}^{n}a_k \quad (c \text{ は定数})$$

## なぜ、そうなる？

上の3つの公式(1)、(2)、(3)ともに、$(a+b)^k$ の展開式を使うことで導

くことができます。原理は同じなので、(1)のみ調べてみましょう。

$(k+1)^2 = k^2 + 2k + 1$　より　$(k+1)^2 - k^2 = 2k + 1$

$k=1$ のとき　　$2^2 - 1^2 = 2 \times 1 + 1$
$k=2$ のとき　　$3^2 - 2^2 = 2 \times 2 + 1$
$k=3$ のとき　　$4^2 - 3^2 = 2 \times 3 + 1$
　………　　　　………………………
　………　　　　………………………
$k=n$ のとき　　$(n+1)^2 - n^2 = 2 \times n + 1$

辺々加えると　$(n+1)^2 - 1^2 = 2(1+2+3+\cdots+n) + 1 \times n$

これから、$1+2+3+\cdots+(n-1)+n = \dfrac{1}{2}n(n+1)$　を得ます。

（注）(1)だけならば、等差数列の和の公式を利用しても求められます。

### "数列の公式" を使ってみれば分かる！

(1)　$1+2+3+\cdots+99+100 = \dfrac{1}{2} \times 100(100+1) = 5050$

(2)　$1^2+2^2+3^2+\cdots+100^2 = \dfrac{1}{6} \times 100(100+1)(2 \times 100+1) = 338350$

(3)　$1^3+2^3+3^3+\cdots+100^3 = \left\{ \dfrac{1}{2} \times 100(100+1) \right\}^2 = 25502500$

(4)　$S = 1 \cdot 2 + 2 \cdot 3 + 3 \cdot 4 + 4 \cdot 5 + \cdots + n(n+1)$

$\quad = \sum_{k=1}^{n} k(k+1) = \sum_{k=1}^{n} (k^2 + k)$

$\quad = \sum_{k=1}^{n} k^2 + \sum_{k=1}^{n} k$

$\quad = \dfrac{n(n+1)(2n+1)}{6} + \dfrac{n(n+1)}{2} = \dfrac{n(n+1)(n+2)}{3}$

# §63 漸化式 $a_{n+1}=pa_n+q$ の解法

> 漸化式 $a_{n+1}=pa_n+q$ ……①、$a_1=a$ ……② を満たす数列 $\{a_n\}$ の一般項は
>
> (1) $p=1$ のとき $a_n=a+(n-1)q$ ……③
>
> (2) $p\neq 1$ のとき $a_n=p^{n-1}\left(a-\dfrac{q}{1-p}\right)+\dfrac{q}{1-p}$ ……④

### 解説！ 漸化式の使い方

数列 $\{a_n\}$ において、上記の二つの規則①、②が与えられれば、②により初項が決まり、①により第2項が決まり、また、①より第3項が決まり……。このことを繰り返すことによって一般項 $a_n$ が決まります。このよう数列の決め方を**帰納的定義**といい、項の間の関係を表した①、②を**漸化式**といいます。

● 漸化式から一般項を求める

漸化式が与えられれば、初項をもとに、漸化式に代入することを繰り返すことによって、いつかは「任意の $n$ 番目の項」に辿り着けます。しかし、もう少し面白い方法はないものでしょうか。実は、漸化式によっては、一般項 $a_n$ が $n$ を使った式で書き表すことができます。漸化式が①、②の場合、一般項は必ず③、④のように $n$ を使った式で書けるのです。

● 漸化式そのものを作る

与えられた漸化式から一般項を求めることは大事ですが、もっと大事なことは、ある問題に直面したときに、その問題の本質を漸化式で表すということです。後で挑戦してみましょう。

### なぜ、そうなる？

(1) $p=1$ のとき

漸化式①は $a_{n+1}=a_n+q$ となり、数列 $\{a_n\}$ は初項 $a$、公差 $q$ の等差数列になり、③を得ます。

(2) $p\neq1$ のとき

$a_n-\alpha=b_n$ としてみます。これは数列 $\{a_n\}$ を $\alpha$ だけ平行移動したものといえます。すると、①は $b_{n+1}+\alpha=p(b_n+\alpha)+q$ と書け、

$$b_{n+1}+\alpha=pb_n+p\alpha+q \quad \cdots\cdots ⑤$$

ここで、$\alpha=p\alpha+q$ ……⑥ つまり、$\alpha=\dfrac{q}{1-p}$ とすれば

⑤は $b_{n+1}=pb_n$ となり $\{b_n\}$ は公比 $p$ の等比数列になります。

ゆえに、$b_n=p^{n-1}b_1=p^{n-1}(a_1-\alpha)=p^{n-1}\left(a-\dfrac{q}{1-p}\right)$

$$\therefore\quad a_n=b_n+\alpha=p^{n-1}\left(a-\dfrac{q}{1-p}\right)+\dfrac{q}{1-p}$$

ここで求めた $\alpha$ は、もとの漸化式①の $a_{n+1}$ と $a_n$ をともに $x$ とおいた方程式 $x=px+q$ の解と一致し、この方程式を①の**特性方程式**といいます。なお、漸化式①は $a_n$ が決まれば $a_{n+1}$ が決まるので関数です。そこで、$a_{n+1}$ を $y$、$a_n$ を $x$ とおいた $y=px+q$ を考えると、このグラフと直線 $y=x$ の交点の $x$ 座標が特性方程式の解となります。

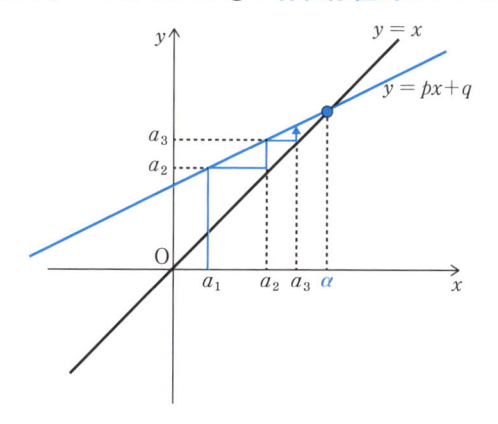

〔例題〕$n$ 枚の円盤が下図のように、より大きな円盤が下側にあるという規則でAという場所に積み上げられているものとします。

ハノイの塔

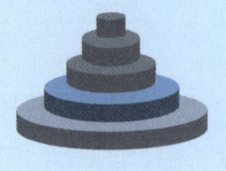

　　　　　　　A　　　　　　　B　　　　　　　C

　このとき、次の約束で、場所Aにあるすべての円盤を場所C（またはB）に移動するものとします。
　(1)　1回の操作で1枚ずつ移動する。
　(2)　大きな円盤を小さな円盤の上には乗せてはいけない。
このときに要する最少移動回数はどれくらいでしょうか？

[解]　これはハノイの塔（バラモンの塔）と呼ばれる問題です。まずは漸化式を立てることから始めましょう。

　そこで、$n$ 枚の円盤が積み重なっているとき、これを先の規則で別の場所に移動するのに必要な最少移動回数を $a_n$ とします。$n$ 枚全部を場所 A から場所 C に移動するには、
(i)　場所 A にある上から $n-1$ 枚を最少移動回数で場所 B に移動する必要があります。その回数は $a_{n-1}$ と書けます。

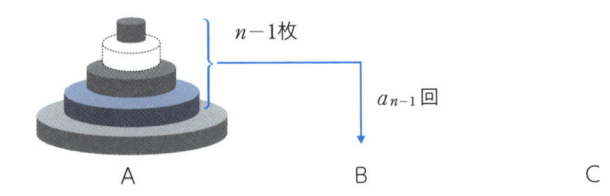

　　　　　　　　　　　　$n-1$枚

　　　　　　　　　　　　　　$a_{n-1}$回

　　　　　A　　　　　　　B　　　　　　　C

(ii) 場所 A に残っている 1 枚の円盤を場所 C に移動します。この移動回数は 1 回です。

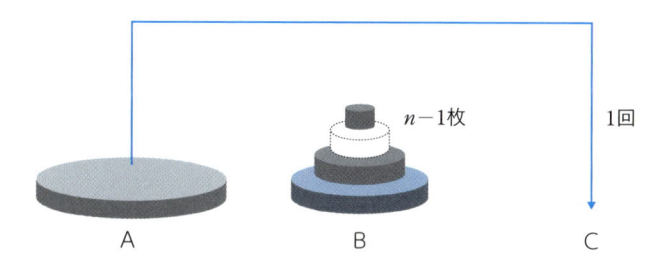

(iii) 場所 B にある $n-1$ 枚の円盤を最少移動回数で場所 C に移動します。この移動回数は $a_{n-1}$ と書けます。

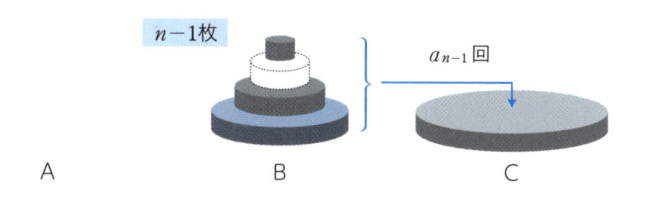

(i)(ii)(iii)より、漸化式　$a_n = a_{n-1} + 1 + a_{n-1} = 2a_{n-1} + 1$　を得ます。

● 漸化式から一般項を求める

漸化式 $a_n = 2a_{n-1} + 1$ は $a_{n+1} = 2a_n + 1$ と書けます。これは冒頭の漸化式①において、$p=2$、$q=1$ の場合です。これと、$a_1 = 1$ より、この漸化式の一般項は④より、$a_n = 2^n - 1$ となります。

参考までに、ハノイの塔の円盤が $n$ 枚のときの移動完了時間を掲載します。ただし、1 枚の円盤を移動するのに 1 秒かかるとしました。

| $n$ | 最少移動回数 | 時間（hour） | 日数（day） | 年（year） |
|---|---|---|---|---|
| 10 | 1023 | 0.2841667 | 0.0118403 | $3.24 \times 10^{-5}$ |
| 50 | $1.126 \times 10^{15}$ | $3.13 \times 10^{11}$ | $1.3 \times 10^{10}$ | 35702052 |
| 100 | $1.268 \times 10^{30}$ | $3.52 \times 10^{26}$ | $1.47 \times 10^{25}$ | $4.02 \times 10^{22}$ |

# §64

# 漸化式 $a_{n+2}+pa_{n+1}+qa_n=0$ の解法

> 漸化式　$a_{n+2}+pa_{n+1}+qa_n=0$ ……①、$a_1=a$、$a_2=b$ ……②
> を満たす数列 $\{a_n\}$ の一般項は
>
> (1) 　$\alpha \neq \beta$ のとき　$a_n=\dfrac{b-a\beta}{\alpha-\beta}\alpha^{n-1}-\dfrac{b-a\alpha}{\alpha-\beta}\beta^{n-1}$ ……③
>
> (2) 　$\alpha=\beta$ のとき　$a_n=a\alpha^{n-1}+(n-1)(b-a\alpha)\alpha^{n-2}$ ……④
>
> ここで、$\alpha$、$\beta$ は①の特性方程式　$x^2+px+q=0$ の解とする。

## 解説！ 漸化式の解法？

①は「手前の二つが分かれば、その次が分かる」しくみです。

$$a_{n+2}=-pa_{n+1}-qa_n$$

前節では 2 項間の関係でしたが、ここでは 3 項間の関係を扱うことになります。

## なぜ、そうなる？

$a_{n+2}+pa_{n+1}+qa_n=0$ ……①　の特性方程式 $x^2+px+q=0$ の解を $\alpha$、$\beta$ とすると、解と係数の関係 (§15) から、$\alpha+\beta=-p$、$\alpha\beta=q$、よって①は次のように変形できます。

$$a_{n+2}-(\alpha+\beta)a_{n+1}+\alpha\beta a_n=0 \quad ……⑤$$

⑤式を次の二通りに変形します。

$$\left.\begin{array}{l} a_{n+2}-\alpha a_{n+1}=\beta(a_{n+1}-\alpha a_n) \\ a_{n+2}-\beta a_{n+1}=\alpha(a_{n+1}-\beta a_n) \end{array}\right\} \quad ……⑥$$

⑥をおのおの繰り返し使うことにより

$$\left.\begin{array}{l} a_{n+1}-\alpha a_n=\beta^{n-1}(a_2-\alpha a_1)=\beta^{n-1}(b-a\alpha) \\ a_{n+1}-\beta a_n=\alpha^{n-1}(a_2-\beta a_1)=\alpha^{n-1}(b-a\beta) \end{array}\right\} \quad ……⑦$$

(1) $\alpha \neq \beta$ のとき

⑦の二つの式を辺々引くことにより
$$-\alpha a_n + \beta a_n = \beta^{n-1}(b-a\alpha) - \alpha^{n-1}(b-a\beta)$$

ゆえに、$a_n = \dfrac{b-a\beta}{\alpha-\beta}\alpha^{n-1} - \dfrac{b-a\alpha}{\alpha-\beta}\beta^{n-1}$

(2) $\alpha = \beta$ のとき

⑦の第一式より $a_{n+1} - \alpha a_n = \alpha^{n-1}(b-a\alpha)$

両辺を $\alpha^{n+1}$ で割ると $\dfrac{a_{n+1}}{\alpha^{n+1}} - \dfrac{a_n}{\alpha^n} = \dfrac{b}{\alpha^2} - \dfrac{a}{\alpha}$ (一定)

よって $\left\{\dfrac{a_n}{\alpha^n}\right\}$ は等差数列 $\therefore \dfrac{a_n}{\alpha^n} = \dfrac{a}{\alpha} + (n-1)\left(\dfrac{b}{\alpha^2} - \dfrac{a}{\alpha}\right)$

この式の両辺に $\alpha^n$ を掛ければ④を得ます。

なお、$a_{n+2} + p a_{n+1} + q a_n + r = 0$ と定数項 $r$ がある場合は、$a_n = b_n + k$ とおいて定数項がなくなるように $k$ を決めれば①に帰着します。

それでは、次に、階段の登り方を例に隣接3項間漸化式を使ってみることにしましょう。

〔例題〕階段を登るとき、一歩で登る段数は1段か2段とします。この条件で $n$ 段の階段を登りきるには何通りの登り方があるでしょうか。

[解] まず、$n$ 段の階段を登る登り方の総数を $a_n$ とします。

(1) $n=1, 2$ のとき

1段、2段の階段の登り方の総数

$a_1 = 1$、$a_2 = 2$ ……⑧

(2) $n \geq 3$ のとき

$n$ 段の階段を登る際の最後の一歩に着目すると、「最後に1段登る」か「最後に2段登る」かの二通りあり、必ず、そのいずれかです。

(イ) 最後に 1 段登るとき
それまでに $a_{n-1}$ 通りの登り方をしています（左下図）。
(ロ) 最後に 2 段登るとき
それまでに $a_{n-2}$ 通りの登り方をしています（右下図）。

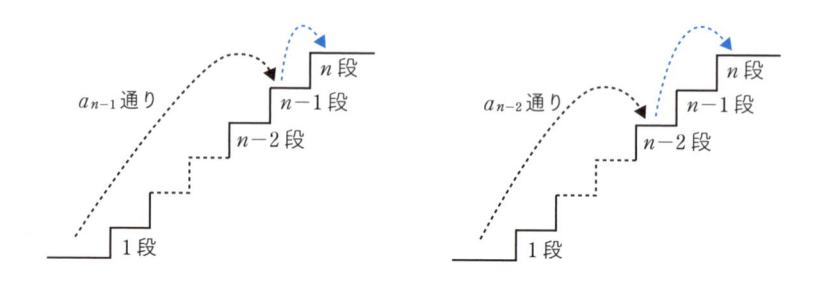

(イ)、(ロ)より　$a_n = a_{n-1} + a_{n-2}$　……⑨

●**漸化式をもとに一般項を求める**

⑨より　$a_n - a_{n-1} - a_{n-2} = 0$　($n \geq 3$)

これは　$a_{n+2} - a_{n+1} - a_n = 0$　($n \geq 1$)　と書き換えられます。従って、この漸化式を満たす一般項は冒頭の公式から、$p = -1$、$q = -1$、$a = 1$、$b = 2$ として次のようになります。

$$a_n = \frac{1}{\sqrt{5}} \left[ \frac{3+\sqrt{5}}{2} \left(\frac{1+\sqrt{5}}{2}\right)^{n-1} - \frac{3-\sqrt{5}}{2} \left(\frac{1-\sqrt{5}}{2}\right)^{n-1} \right]$$

### フィボナッチ数列と漸化式

有名な数列の一つに、

　　1、1、2、3、5、8、13、21、34、55、89、144、233、377、……

があります。見ているだけで目がチカチカします。漸化式で書いてみると、極めて単純な数列です。

$$a_{n+2} = a_{n+1} + a_n、a_1 = 1、a_2 = 1$$

この数列はイタリアの数学者レオナルド・フィボナッチ（12 世紀後半～13 世紀前半）にちなんで**フィボナッチ数列**と名付けられています。

おおよそ800年前に刊行された『算盤の書』にウサギの繁殖の例をもとに紹介された数列です。

　この数列は、いろいろな世界に出現し、実に神秘的です。例えば、フィボナッチ数列を辺の長さに持つ正方形を下図のように並べてみましょう。その各正方形の1辺を半径とし、1頂点を中心に円を描き、なめらかに結んでみます。すると、きれいな渦が現れます。これを**フィボナッチの渦**と呼びます。巻貝や花の文様など、自然界の様々なところで出会える渦模様です。

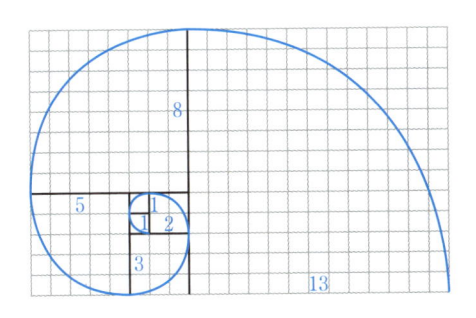

　また、この数列に隣接する2項間の比の値、つまり $\dfrac{a_n}{a_{n-1}}$ は、$n$ を限りなく大きくすると一定の値に収束します。つまり、

$$\lim_{n\to\infty}\dfrac{a_n}{a_{n-1}}=\dfrac{1+\sqrt{5}}{2}\fallingdotseq 1.618$$

です。この値は**黄金比**と呼ばれ、縦と横の比がこの比である長方形が一番美しい長方形とされています。また、正五角形の頂点を結ぶ星形の AB：BC も黄金比になっています。

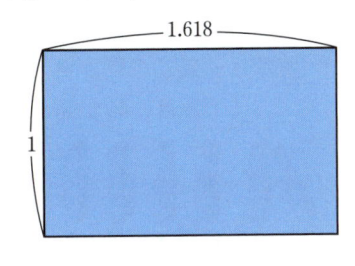

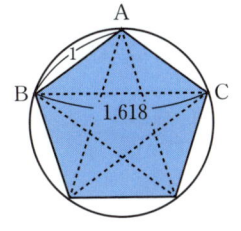

# §65 数学的帰納法

> 自然数 $n$ に関する命題 $P$ がすべての $n$ について成り立つことを証明するのに、次の2段階で証明する方法を数学的帰納法という。
> (I) 命題 $P$ は $n=1$ のときに成立する。
> (II) 命題 $P$ が $n=k$ ($k$ は $k\geq 1$ の自然数) のときに成立すると仮定すれば、$n=k+1$ のときにも命題 $P$ が成り立つ。

### 解説！ ドミノ倒しの数学的帰納法

この証明方法（**数学的帰納法**）の原理は「将棋倒し」や「ドミノ」にたとえることができます。まずは、(II)そして(I)の順で考えてみます。

(II) ある駒が倒れれば、必ず、次の駒が倒れる。
（$k$ がどんな値でも、$k$ 番目の駒が倒れれば $k+1$ 番目の駒が倒れる）

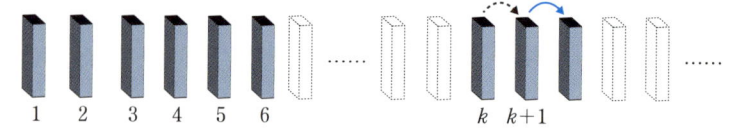

ある駒 $k$ と、その次の $k+1$ に目をつける

(I) 実際に、最初の駒が倒れる。
（1番目の駒が倒れた）

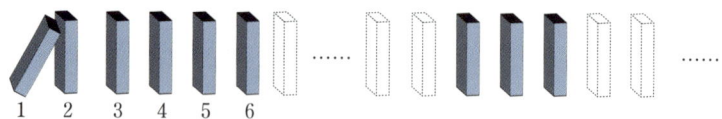

最初（スタート）に目をつける

この(I)、(II)によりすべての駒が倒れることになります。

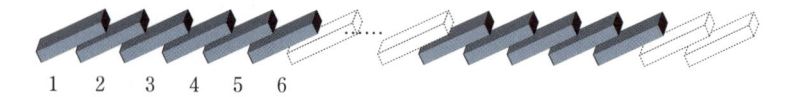

「駒が倒れる」ということを「命題 $P$ が成り立つ」と読み替えたのが数学的帰納法なのです。

● "帰納法" というけれど、ホント?

数学的帰納法は「**帰納法**」と名が付いていますが、驚くかも知れませんが、その実体は帰納法ではありません。というのは、(i)、(ii)で原理を決め、それを次々とあてはめてすべてが正しいことを調べて結論を出す推論法だからです。

なお、帰納法とは、「カラスを数羽調べたら黒かった。だから、すべてのカラスは黒い」とする推論法です。つまり、いくつかを確かめてそれをもとに「ある判断」が正しいとするのです。

これに対し、**演繹法**があります。これは「すべてのカラスは黒いので、これから次々と出会うどのカラスも黒い」とする推論法です。つまり、最初に結論がありきで、これをもとに、一つ一つの事柄が最初に立てた結論と同じだ、とするのが演繹法です。

なお、帰納的推論によって得られた予測を確かめるのに有効なことが多いので「数学的帰納法と名付けられた」という説もあります。

〔例題〕任意の自然数 $n$ に対し、次の等式が成り立つことを証明してください。

$$\frac{1}{1\cdot 2}+\frac{1}{3\cdot 4}+\cdots+\frac{1}{(2n-1)\cdot 2n}=\frac{1}{n+1}+\frac{1}{n+2}+\cdots+\frac{1}{n+n}$$

[解]　証明は次のようにします。

(I)　$\dfrac{1}{1\cdot 2}=\dfrac{1}{2}$、$\dfrac{1}{1+1}=\dfrac{1}{2}$

よって、$n=1$ のとき、与えられた命題は成り立つ。

(II)　$n=k$ のとき、与えられた命題は成り立つとする。つまり、

$$\frac{1}{1\cdot 2}+\frac{1}{3\cdot 4}+\cdots+\frac{1}{(2k-1)\cdot 2k}=\frac{1}{k+1}+\frac{1}{k+2}+\cdots+\frac{1}{k+k}$$

このとき、
$$\frac{1}{1\cdot 2}+\frac{1}{3\cdot 4}+\cdots+\frac{1}{(2k-1)\cdot 2k}+\frac{1}{\{2(k+1)-1\}\cdot 2(k+1)}$$

$$=\frac{1}{k+1}+\frac{1}{k+2}+\cdots+\frac{1}{k+k}+\frac{1}{\{2(k+1)-1\}\cdot 2(k+1)}$$

$$=\frac{1}{k+2}+\cdots+\frac{1}{k+k}+\left\{\frac{1}{k+1}+\frac{1}{\{2(k+1)-1\}\cdot 2(k+1)}\right\}$$

$$=\frac{1}{k+2}+\cdots+\frac{1}{k+k}+\left\{\frac{4k+3}{(2k+1)(2k+2)}\right\}$$

$$=\frac{1}{k+2}+\cdots+\frac{1}{k+k}+\left\{\frac{1}{2k+1}+\frac{1}{2k+2}\right\}$$

$$=\frac{1}{(k+1)+1}+\cdots+\frac{1}{(k+1)+k}+\frac{1}{(k+1)+(k+1)}$$

これは、$n=k+1$ のときにも与えられた命題が成り立つことを示している。

(I)、(II)より、与えられた命題はすべての自然数 $n$ に対して成り立つ。

---

### 📑 参考

**数学的帰納法のいろいろなパターン**

数学的帰納法は変形パターンがたくさんあります。以下に、いくつか紹介しておきます。

**変形パターン1**
(I) 命題 $P$ は $n=1$、$2$ のときに成立する。
(II) 命題 $P$ が $n=k$、$k+1$ ($k$ は $k\geqq 1$ の自然数)のときに成立すると仮定すれば、$n=k+2$ のときにも命題 $P$ が成り立つ。

(i)、(ii)より、命題 $P$ はすべての自然数 $n$ について成立する。

すると

**変形パターン 2**
(I) 命題 $P$ は $n=3$ のときに成立する。
(II) 命題 $P$ が $n=k$ ($k$ は $k \geq 1$ の自然数) のときに成立すると仮定すれば、$n=k+1$ のときにも命題 $P$ が成り立つ。

(I)、(II)より、命題 $P$ は 3 以上の自然数 $n$ について成立する。

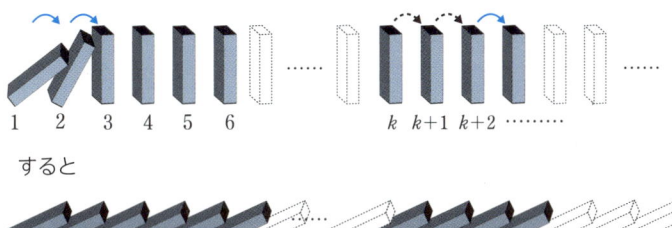

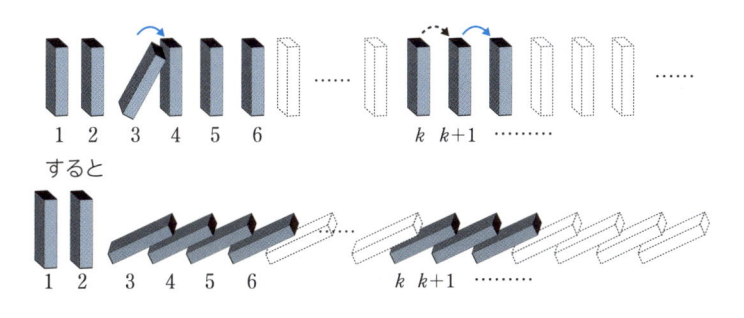

(I) 命題 $P$ は $n=1$ のときに成立する。
(II) 命題 $P$ が $n \leq k$ なるすべての自然数 $n$ に対して成り立つと仮定すれば $n=k+1$ のときにも命題 $P$ が成り立つ。ただし、$k$ は任意の自然数。

(I)、(II)より、命題 $P$ はすべての自然数 $n$ について成立する。
この最後の帰納法は**累積帰納法**と呼ばれています。

# §66 微分可能と微分係数

$\Delta x$ を限りなく 0 に近づけるとき、$\dfrac{f(a+\Delta x)-f(a)}{\Delta x}$ がある一定の値に収束すれば、関数 $f(x)$ は $x=a$ で**微分可能**であるという。また、この一定の値を関数 $f(x)$ の $x=a$ における**微分係数**といい、$f'(a)$ と書く。つまり、

$$f'(a)=\lim_{\Delta x \to 0}\dfrac{f(a+\Delta x)-f(a)}{\Delta x}$$

## 解説！ 微分係数？

関数 $f(x)$ は $x=a$ の近くで定義されているとします。このとき、
$\Delta y=f(a+\Delta x)-f(a)$ とすると、$\dfrac{\Delta y}{\Delta x}$、つまり、
$\dfrac{f(a+\Delta x)-f(a)}{\Delta x}$ は 2 点 A、B を通る直線 $l$ の傾きを表します。すると、$x=a$ で微分可能である、つまり、

$$\lim_{\Delta x \to 0}\dfrac{\Delta y}{\Delta x}=\lim_{\Delta x \to 0}\dfrac{f(a+\Delta x)-f(a)}{\Delta x} \quad \cdots\cdots ①$$

が収束する（一定の値に近づく）ということは、点 B を点 A に限りなく近づけたとき、直線 $l$ の傾きが一定の値に近づくことを意味しています。なお、$\Delta x$ は正でも負でもかまいません。右図は $\Delta x>0$ の場合です。

（注）$\lim\limits_{\Delta x \to 0}$ とは、$\Delta x$ を限りなく 0 に近づけることを意味します。

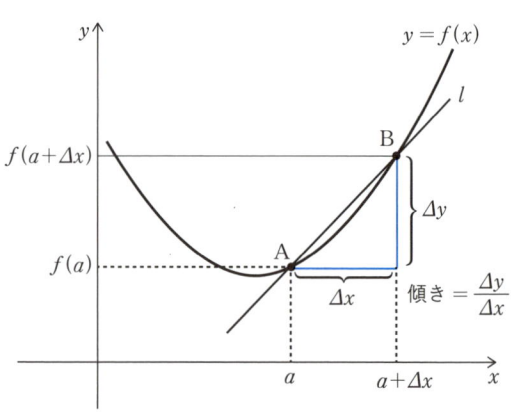

第 7 章 微分

## 微分可能と微分係数

### ●直線 $l$ の傾きが一定の値に近づくということは

点 B を点 A に限りなく近づけたとき、直線 $l$ の傾きが一定の値に近づくということは、結局、関数 $y=f(x)$ のグラフが**点 A の周辺において直線状態**と見なせる、ということです。直線状態になっているから直線 $l$ はふらつかず、その直線状態と一致するのです。

このことは、山野を跳び回る鳥と、地べたに這いつくばって生きている虫の立場で考えれば分かります。鳥にとってはくねくね曲がっている道路でも、**それがなめらかな曲線で切れ目がなければ、虫から見ると道路は直線にしか見えない**ということです。

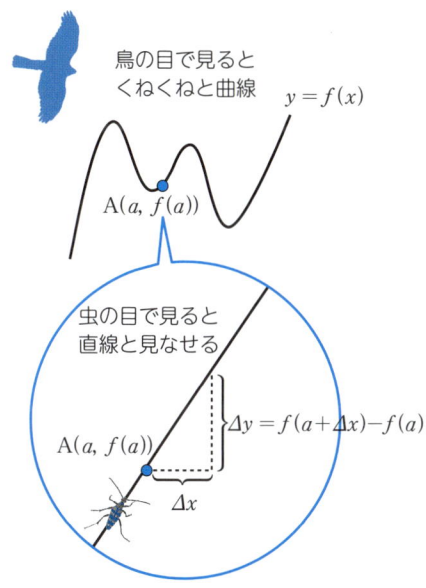

### ●微分不可能ということ

①が一定の値に収束しないとき、関数 $f(x)$ は $x=a$ で**微分不可能**であるといいます。このことは、この関数のグラフを $x=a$ でどんなに拡大しても、そこでは、直線状態にはならないということです。例えば、右のようなケースが考えられます。

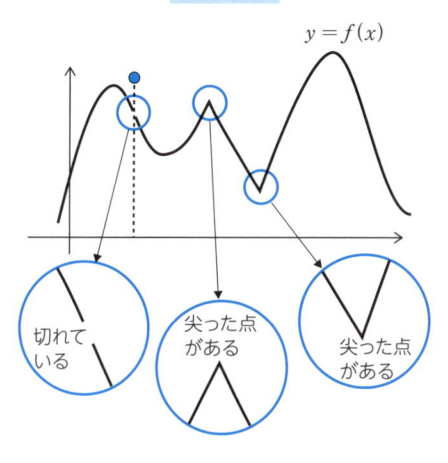

鳥の目で見るとくねくねと曲線
$y=f(x)$
A($a, f(a)$)

虫の目で見ると直線と見なせる
A($a, f(a)$)
$\Delta y = f(a+\Delta x) - f(a)$
$\Delta x$

微分可能

$y=f(x)$

切れている / 尖った点がある / 尖った点がある

虫の目（拡大）になっても、直線と見なせない

微分不可能

●$f(x)$が$x=a$で微分可能であれば$f(x)$は$x=a$で連続

　関数$f(x)$が$x=a$で連続であるとは、そのグラフが$x=a$で切れ目なくつながっているといえます。

　$f(x)$が$x=a$で微分可能であれば、定義から$\lim_{\Delta x \to 0}\dfrac{f(a+\Delta x)-f(a)}{\Delta x}$は収束します。このとき、分母が0に収束するので分子も0に収束しなければなりません。なぜなら、そうでなければ発散してしまうからです。

　したがって、$\lim_{\Delta x \to 0}(f(a+\Delta x)-f(a))=0$、つまり、$\lim_{\Delta x \to 0}f(a+\Delta x)=f(a)$
となり$f(a+\Delta x)$の値はいくらでも$f(a)$に近づくので下図のようにはなりません。そのため$f(x)$が$x=a$で微分可能であれば$f(x)$は$x=a$で連続となります。

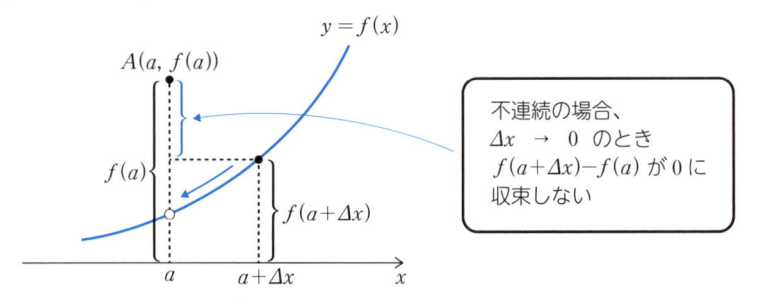

不連続の場合、
$\Delta x \to 0$ のとき
$f(a+\Delta x)-f(a)$ が0に収束しない

●接線の考えにつながる

　前々ページの①が一定の値に収束するときは、関数$f(x)$のグラフは$x=a$で直線状態になっていて、ABを通る直線$l$はこの直線状態に一致します。そこで、このときの直線$l$を関数$y=f(x)$のグラフの$x=a$における接線と考えます (§29, §73)。つまり、点$A(a, f(a))$を通り、傾きが$f'(a)$の直線を接線と考えます。

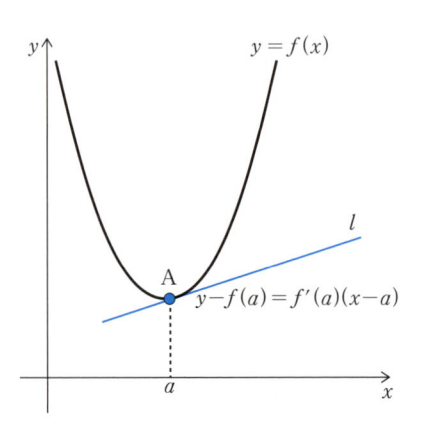

### ●速度の考え

$y$ 軸上を運動する動点 P の位置が時刻 $x$ の関数として $y=f(x)$ で表されるとき、$\dfrac{\Delta y}{\Delta x}$ を時刻 $a$ と $a+\Delta x$ の間の平均の速さ、$f'(a)$ を $x=a$ における**速度**と考えます。

## 使ってみよう、微分係数

(1) 関数 $f(x)=x^2$ の $x=1$ における微分係数 $f'(1)$ は

$$f'(1)=\lim_{\Delta x\to 0}\frac{f(1+\Delta x)-f(1)}{\Delta x}=\lim_{\Delta x\to 0}\frac{(1+\Delta x)^2-(1)^2}{\Delta x}=\lim_{\Delta x\to 0}(2+\Delta x)=2$$

(2) 関数 $y=f(x)=4.9x^2$ の $x=a$ における微分係数は

$$f'(a)=\lim_{\Delta x\to 0}\frac{f(a+\Delta x)-f(a)}{\Delta x}=\lim_{\Delta x\to 0}4.9\times\frac{(a+\Delta x)^2-(a)^2}{\Delta x}$$
$$=\lim_{\Delta x\to 0}4.9(2a+\Delta x)=9.8a$$

この関数 $f(x)$ は物を落としてから $x$ 秒後の落下距離 (m) を表したものです。したがって、$a$ 秒後の落下速度は $9.8a$(m/s) となります。

## 永年のライバル、ニュートンとライプニッツ

微分積分学の誕生は数学史上、画期的なことでした。これを機に数学だけでなく諸科学が大きく変貌することになったからです。17、18 世紀の同時代、微分積分学の構築に大きく貢献したのがニュートン ( 英：1642 〜 1727) とライプニッツ ( 独：1646 〜 1716) です。ニュートンは運動の観点から微分・積分を構築したといわれ、また、ライプニッツも独自に微分・積分を構築し、今日使われている微分・積分の記号の多くは彼によるものです。

第7章 微分　微分可能と微分係数

# §67 導関数と基本的な関数の導関数

関数 $f(x)$ の定義域内の任意の $x$ に微分係数 $f'(x)$ を対応させる関数を関数 $f(x)$ の**導関数**といい $f'(x)$、$y'$、$\dfrac{dy}{dx}$、$\dfrac{d}{dx}f(x)$ などと書く。

つまり、$f'(x) = \dfrac{dy}{dx} = \lim\limits_{\Delta x \to 0} \dfrac{\Delta y}{\Delta x} = \lim\limits_{\Delta x \to 0} \dfrac{f(x+\Delta x) - f(x)}{\Delta x}$ ……①

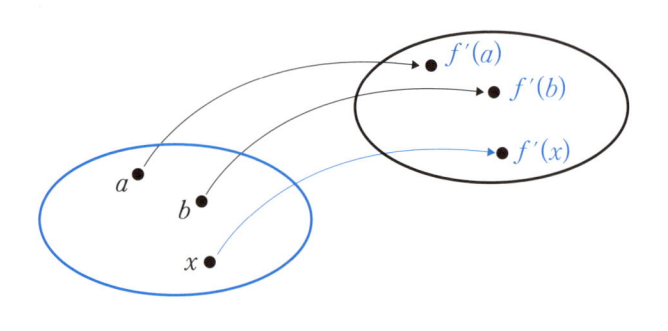

### 解説！ 導関数、微分するとは

関数 $f(x)$ に対して $\lim\limits_{\Delta x \to 0} \dfrac{\Delta y}{\Delta x} = \lim\limits_{\Delta x \to 0} \dfrac{f(a+\Delta x) - f(a)}{\Delta x}$ がある一定の値に収束すれば、その値を関数 $f(x)$ の $x=a$ における微分係数といい $f'(a)$ と書きました（§66）。すると、$a$ に対して $f'(a)$ を対応させる関数が考えられます。この関数を $f'(x)$ などと書き、$f(x)$ の**導関数**といいます。式で書けば上記①になります。なお、関数 $f(x)$ の導関数を求めることを、

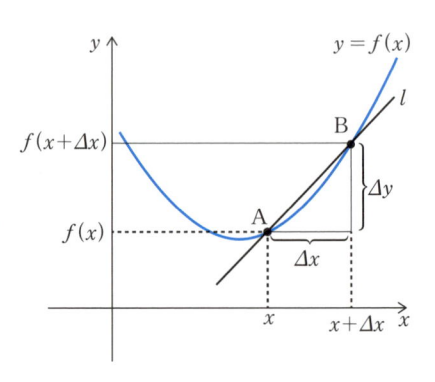

関数 $f(x)$ を**微分する**といいます。

●$\Delta x$、$\Delta y$、$dy$、$dx$ の関係

$\dfrac{\Delta y}{\Delta x}$ は「デルタ $x$ 分の、デルタ $y$」と読み、$\Delta y : \Delta x$ という比の値を意味します。これに対して、$\dfrac{dy}{dx}$ は「ディー $y$ ディー $x$」と読み、$\Delta x$ を限りなく 0 に近づけたときの「$\Delta y : \Delta x$」という比の値の極限値を表します。これを図示すると右図のようになります。

「$\dfrac{dy}{dx}$ はこれで一つの記号であり、分数の記号ではない」とされますが、十分に分数の意味合いも持っています。今後、$\dfrac{dy}{dx}$ を分数のように扱うことがありますが、その際はこの図を思い起こしてください。

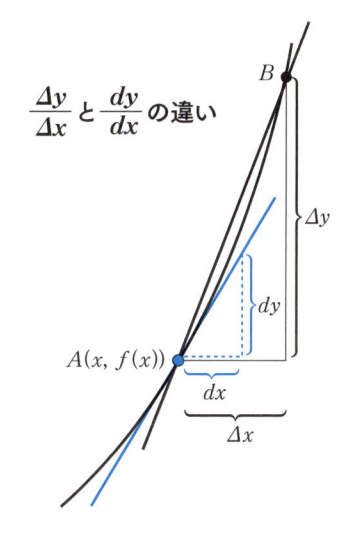

$\dfrac{\Delta y}{\Delta x}$ と $\dfrac{dy}{dx}$ の違い

(例)　$y = x^2$ より $\dfrac{dy}{dx} = 2x$ ……　これについては下記(1)参照

　　　ゆえに　$dy = 2x dx$

### 導関数を求めてみよう！

(1) 関数 $f(x) = x^2$ の導関数 $f'(x)$ は

$$f'(x) = \lim_{\Delta x \to 0} \frac{\Delta y}{\Delta x} = \lim_{\Delta x \to 0} \frac{f(x + \Delta x) - f(x)}{\Delta x}$$

$$= \lim_{\Delta x \to 0} \frac{(x + \Delta x)^2 - (x)^2}{\Delta x}$$

$$= \lim_{\Delta x \to 0} (2x + \Delta x) = 2x$$

(2) 関数 $f(x)=\sqrt{5^2-x^2}$ の導関数は

$$f'(x)=\lim_{\Delta x\to 0}\frac{\Delta y}{\Delta x}=\lim_{\Delta x\to 0}\frac{f(x+\Delta x)-f(x)}{\Delta x}$$

$$=\lim_{\Delta x\to 0}\frac{\sqrt{5^2-(x+\Delta x)^2}-\sqrt{5^2-x^2}}{\Delta x}$$

$$=\lim_{\Delta x\to 0}\frac{(\sqrt{5^2-(x+\Delta x)^2}-\sqrt{5^2-x^2})(\sqrt{5^2-(x+\Delta x)^2}+\sqrt{5^2-x^2})}{\Delta x(\sqrt{5^2-(x+\Delta x)^2}+\sqrt{5^2-x^2})}$$

$$=\lim_{\Delta x\to 0}\frac{-2x-\Delta x}{\sqrt{5^2-(x+\Delta x)^2}+\sqrt{5^2-x^2}}=\frac{-x}{\sqrt{5^2-x^2}}$$

(3) 関数 $f(x)=\cos x$ の導関数は

$$f'(x)=\lim_{\Delta x\to 0}\frac{\Delta y}{\Delta x}=\lim_{\Delta x\to 0}\frac{f(x+\Delta x)-f(x)}{\Delta x}$$

$$=\lim_{\Delta x\to 0}\frac{\cos(x+\Delta x)-\cos(x)}{\Delta x}$$

$$=\lim_{\Delta x\to 0}\frac{-2\sin\left(x+\frac{\Delta x}{2}\right)\sin\frac{\Delta x}{2}}{\Delta x}$$

三角関数の加法定理から得られる次の和積公式を利用
$$\cos A-\cos B=-2\sin\frac{A+B}{2}\sin\frac{A-B}{2}$$

$$=\lim_{\Delta x\to 0}-\sin\left(x+\frac{\Delta x}{2}\right)\frac{\sin\frac{\Delta x}{2}}{\frac{\Delta x}{2}}$$

次の極限を利用
$$\lim_{\theta\to 0}\frac{\sin\theta}{\theta}=1$$

$$=-\sin x$$

## 基本的な関数の導関数

　導関数を求める計算は上記の(1)〜(3)からも分かるように、極限計算が基本です。しかし、これは、一般に大変なことです。実際には、最も基本的な関数については極限計算でその導関数を求め、その他の関数については、合成関数の微分法 (§69) や逆関数の微分法 (§70) などを用いて導関数を求めることになります。

（基本的な関数の導関数）

| 関数 $f(x)$ | 導関数 $f'(x)$ |
|---|---|
| $c$ （$c$ は定数） | $0$ |
| $x^a$ （$a$ は実数） | $ax^{a-1}$ |
| $\sin x$ | $\cos x$ |
| $\cos x$ | $-\sin x$ |
| $\tan x$ | $\sec^2 x = \dfrac{1}{\cos^2 x}$ |
| $\cot x = \dfrac{1}{\tan x}$ | $-\mathrm{cosec}^2 x = \dfrac{-1}{\sin^2 x}$ |
| $e^x$ （$e$ はネイピアの数） | $e^x$ |
| $a^x$ | $a^x \log_e a$ |
| $\log_e x$、$\log_e |x|$ | $\dfrac{1}{x}$ |
| $\log_a x$ | $\dfrac{1}{x \log_e a}$ |

> **参考**
>
> **ネイピアの数 $e$**
>
> $\lim_{h \to 0}(1+h)^{\frac{1}{h}} = 2.71828\cdots$ をネイピアの数といい $e$ で表します。
>
> 微分、積分で使われる対数の多くは、この $e$ を底とする対数 $\log_e$ であり、**自然対数**と呼ばれています。このとき、底 $e$ は、通常、省略されます。また、この自然対数 $\log_e$ は ln と表されることもあります。なお、10 を底とする対数 $\log_{10}$ を**常用対数**といいます。

## §68 導関数の計算公式

> 二つの関数 $f(x)$、$g(x)$ がある区間で微分可能であれば、その区間で次の計算ができる。
>
> (1) $\{f(x) \pm g(x)\}' = f'(x) \pm g'(x)$ （複号同順）
>
> (2) $\{kf(x)\}' = kf'(x)$ 　ただし、$k$ は定数
>
> (3) $\{f(x)g(x)\}' = f'(x)g(x) + f(x)g'(x)$
>
> (4) $\left\{\dfrac{f(x)}{g(x)}\right\}' = \dfrac{f'(x)g(x) - f(x)g'(x)}{\{g(x)\}^2}$
>
> 　　　　　　　とくに　　$\left\{\dfrac{1}{g(x)}\right\}' = \dfrac{-g'(x)}{\{g(x)\}^2}$

### 解説！ 導関数の公式

上記の**導関数の公式**によって、四則計算で作られた関数については、その導関数が容易に求められることになります。これは凄いことです。例えば、上記の(1)、(2)より次の計算が可能になります。

$$\begin{aligned}(3x^4 + 2x^3 - 5x^2 + 7x + 1)' &= (3x^4)' + (2x^3)' - (5x^2)' + (7x)' + (1)' \\ &= 3(x^4)' + 2(x^3)' - 5(x^2)' + 7(x)' + (1)' \\ &= 12x^3 + 6x^2 - 10x + 7\end{aligned}$$

●簡素化して覚えておこう

(1)〜(4)は導関数を求める際、よく使われますが、$f(x)$ や $g(x)$ の記号を使っているため、複雑に感じます。そこで、公式を覚えるには $f(x)$ や $g(x)$ を使わず、次のように簡素化して覚えるといいでしょう。

$(u \pm v)' = u' \pm v'$ 　　$(ku)' = ku'$

$(uv)' = u'v + uv'$ 　$\left(\dfrac{u}{v}\right)' = \dfrac{u'v - uv'}{v^2}$ 　$\left(\dfrac{1}{v}\right)' = \dfrac{-v'}{v^2}$

> **なぜ、そうなる？**

導関数の定義 $f'(x)=\lim_{\Delta x\to 0}\dfrac{f(x+\Delta x)-f(x)}{\Delta x}$ に基づいて証明するのですが、ここでは、自明とは思えない(3)、(4)について証明してみましょう。

(3)　$F(x)=f(x)g(x)$ とします。

$$F'(x)=\lim_{\Delta x\to 0}\frac{F(x+\Delta x)-F(x)}{\Delta x}=\lim_{\Delta x\to 0}\frac{f(x+\Delta x)g(x+\Delta x)-f(x)g(x)}{\Delta x}$$

$$=\lim_{\Delta x\to 0}\frac{f(x+\Delta x)g(x+\Delta x)-f(x)g(x+\Delta x)+f(x)g(x+\Delta x)-f(x)g(x)}{\Delta x}$$

$$=\lim_{\Delta x\to 0}\frac{\{f(x+\Delta x)-f(x)\}g(x+\Delta x)+\{g(x+\Delta x)-g(x)\}f(x)}{\Delta x}$$

$$=\lim_{\Delta x\to 0}\left\{\frac{f(x+\Delta x)-f(x)}{\Delta x}g(x+\Delta x)+\frac{g(x+\Delta x)-g(x)}{\Delta x}f(x)\right\}$$

$$=f'(x)g(x)+f(x)g'(x)$$

2行目の式（分子）において、もともとなかった $f(x)g(x+\Delta x)$ を足し引きするテクニックを使っています。これについては、2ページ後の「坊さんとロバの話」を参照してください。

(4)　まずは、特殊な場合を証明します。そのために、$F(x)=\dfrac{1}{g(x)}$ とします。すると、

$$F'(x)=\lim_{\Delta x\to 0}\frac{F(x+\Delta x)-F(x)}{\Delta x}=\lim_{\Delta x\to 0}\frac{\dfrac{1}{g(x+\Delta x)}-\dfrac{1}{g(x)}}{\Delta x}$$

$$=\lim_{\Delta x\to 0}\frac{g(x)-g(x+\Delta x)}{\Delta x g(x+\Delta x)g(x)}$$

$$=\lim_{\Delta x\to 0}-\frac{g(x+\Delta x)-g(x)}{\Delta x}\times\frac{1}{g(x+\Delta x)g(x)}=\frac{-g'(x)}{\{g(x)\}^2}$$

ここで、商 $\dfrac{f(x)}{g(x)}$ を二つの関数 $f(x)$ と $\dfrac{1}{g(x)}$ の積、つまり、

$$\dfrac{f(x)}{g(x)} = f(x) \times \dfrac{1}{g(x)}$$

と考えると(3)より次のことがいえます。

$$\left\{\dfrac{f(x)}{g(x)}\right\}' = \left\{f(x) \times \dfrac{1}{g(x)}\right\}' = f'(x)\dfrac{1}{g(x)} + f(x)\left[\dfrac{-g'(x)}{\{g(x)\}^2}\right]$$

$$= \dfrac{f'(x)g(x) - f(x)g'(x)}{\{g(x)\}^2}$$

### 導関数の公式を使ってみよう！

(1) $(x^2 - 5x + 3)(3x + 2)$ の導関数を導く。  ……$(uv)' = u'v + uv'$ を利用

$$\{(x^2 - 5x + 3)(3x + 2)\}' = (x^2 - 5x + 3)'(3x + 2) + (x^2 - 5x + 3)(3x + 2)'$$
$$= (2x - 5)(3x + 2) + (x^2 - 5x + 3) \times 3$$
$$= 9x^2 - 26x - 1$$

(2) $\sin x \cos x$ の導関数を導く。    ……$(uv)' = u'v + uv'$ を利用

$$(\sin x \cos x)' = (\sin x)' \cos x + \sin x (\cos x)' = \cos^2 x - \sin^2 x$$

(3) $\dfrac{3x + 2}{x^2 + 1}$ の導関数を導く。   ……$\left(\dfrac{u}{v}\right)' = \dfrac{u'v - uv'}{v^2}$ を利用

$$\left\{\dfrac{3x + 2}{x^2 + 1}\right\}' = \dfrac{(3x + 2)'(x^2 + 1) - (3x + 2)(x^2 + 1)'}{(x^2 + 1)^2}$$

$$= \dfrac{3(x^2 + 1) - (3x + 2) \times 2x}{(x^2 + 1)^2}$$

$$= \dfrac{-3x^2 - 4x + 3}{(x^2 + 1)^2}$$

## 参考

### 坊さんとロバの話

201ページの(3)で示したように、「ないもの」を「ある」と見なして処理するとうまくいく逸話として「坊さんとロバ」の話があります。

17頭のロバ(貴重な財産です)を飼っているお父さんが3人の子供に次の遺書を残して亡くなりました。

長男　……17頭のロバの $\dfrac{1}{2}$ を与える

次男　……17頭のロバの $\dfrac{1}{3}$ を与える

三男　……17頭のロバの $\dfrac{1}{9}$ を与える

すると、長男は8.5頭、次男は5.6666……頭、三男は1.888……頭となります。ロバを殺してしまっては元も子もないので、小数点以下の部分をどのようにするかで3人はもめていました。

このとき、1頭のロバに乗ったお坊さんが現れ、3人にこういいました。「諍いはやめなさい。私のロバをあなたたちにあげるから18頭にして分け合えばよいでしょう」と。すると、不思議、不思議。

長男　……18頭のロバの $\dfrac{1}{2}$ だから9頭（＞8.5頭）

次男　……18頭のロバの $\dfrac{1}{3}$ だから6頭（＞5.666……頭）

三男　……18頭のロバの $\dfrac{1}{9}$ だから2頭（＞1.888……頭）

3人とも、分け与えられるロバの数は遺言より増え、しかも、端数がないので大満足でした。ところで、このとき3人に分け与えられたロバの総数は9＋6＋2＝17です。18－17＝1ですから、坊さんは残り1頭のロバに乗って去っていったそうです。

# §69 合成関数の微分法

> $y=f(u)$ が $u$ について微分可能、$u=g(x)$ が $x$ について微分可能であれば、合成関数 $y=f(g(x))$ は $x$ について微分可能で、
>
> $$\frac{dy}{dx}=\frac{dy}{du}\cdot\frac{du}{dx}$$ となる。

## 合成関数とは

まず初めに、**合成関数**とはどんな関数なのかを確認しておきましょう。例として、次の二つの関数があるとします。

$$y=f(u)=u^2 \quad \cdots\cdots ①$$
$$u=g(x)=5x+3 \quad \cdots\cdots ②$$

このとき、②によって、$x$ の値が決まれば $u$ の値が決まり、$u$ の値が決まると、①によって $y$ の値が決まります。例えば、$x=1$ のとき、②によって $u=8$ となり、これと①から $y=64$ となります。つまり、①と②の二つの式から、$x$ が決まれば $y$ が決まります。

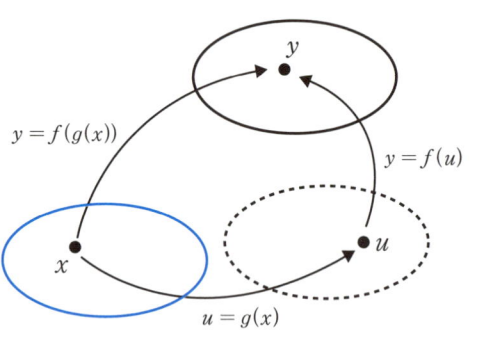

では、$x$ の値が決まったとき、一挙に $y$ の値を決めることはできないのでしょうか。数学では「等しいものは置き換えてもよい」ので次のようになります。

$$y=f(u)=u^2=(g(x))^2=(5x+3)^2 \quad \cdots\cdots ③$$

③は、①と②を合成して得られた関数なので**合成関数**といいます。もっと、一般的に書けば、$y=f(g(x))$ となります。

## ●合成関数の導関数はもとの関数の導関数の積でいい

ところで、③の関数、つまり、$y=(5x+3)^2$ を $x$ で微分するには、いったん展開し、項別に微分します。つまり、$y=(5x+3)^2=25x^2+30x+9$ より、

$$\frac{dy}{dx}=(25x^2+30x+9)'=50x+30=10(5x+3) \quad \cdots\cdots ④$$

しかし、この合成関数の微分法を使うと簡単になります。というのは、$y$ を $u$ で微分したものに、$u$ を $x$ で微分したものを掛ければよいというのです。試しに、計算してみましょう。

$$\frac{dy}{dx}=\frac{dy}{du}\frac{du}{dx}=2u\times 5=10(5x+3) \quad \cdots\cdots ⑤$$

④と⑤は同じです。断然、⑤の方が簡単ですね！

## なぜ、そうなる？

どうしてこんなに簡単になるのでしょうか。合成関数の場合、次の分数式が成立するからです。

$$\frac{\Delta y}{\Delta x}=\frac{\Delta y}{\Delta u}\frac{\Delta u}{\Delta x} \quad \cdots\cdots ⑥$$

このことを図で説明しましょう。二つの関数、

$y=f(u)$ ……⑦
$u=g(x)$ ……⑧

を 3 次元空間に図示すると右のようになります。

$x$ が決まると、図の青い矢印を辿って $y$ が決まることになります。また、$x$ が $\Delta x$ だけ変化すると、$u$ も $y$ もそれぞれ $\Delta u$、$\Delta y$ だけ変化しますが、$\Delta x$、$\Delta u$、$\Delta y$ は先の⑥の関係を満たします。微分可能なのでそれぞれの関数は連続

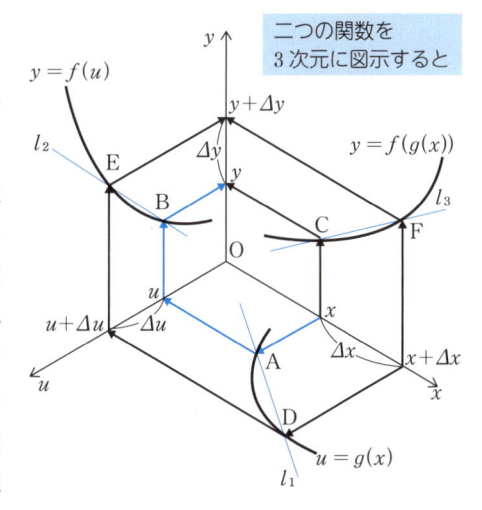

第7章 微分　合成関数の微分法

となり、$\Delta x$ が限りなく 0 に近づくとき、$\Delta u$ も限りなく 0 に近づき、⑨が成立することになります。

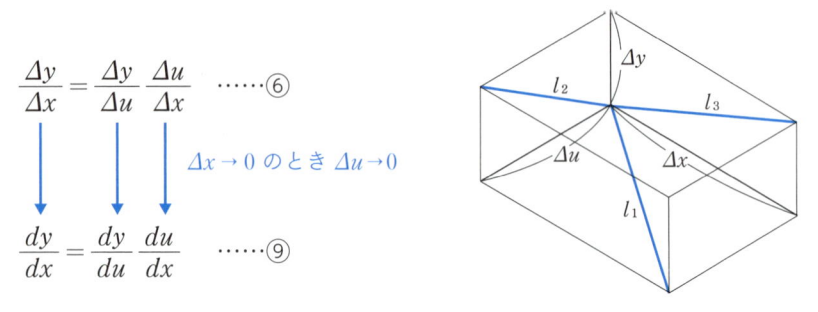

$$\frac{\Delta y}{\Delta x} = \frac{\Delta y}{\Delta u} \frac{\Delta u}{\Delta x} \quad \cdots\cdots ⑥$$

$\Delta x \to 0$ のとき $\Delta u \to 0$

$$\frac{dy}{dx} = \frac{dy}{du} \frac{du}{dx} \quad \cdots\cdots ⑨$$

$l_3$ の傾き $= l_2$ の傾き $\times l_1$ の傾き

● 式で証明すると

これを図ではなく、式で証明するのは少し難しいのですが、大まかにいうと、次のようになります。

$y = F(x) = f(g(x))$ とすると、

$$\frac{dy}{dx} = F'(x) = \lim_{\Delta x \to 0} \frac{F(x+\Delta x) - F(x)}{\Delta x}$$ ── 導関数の定義

$$= \lim_{\Delta x \to 0} \frac{f(g(x+\Delta x)) - f(g(x))}{\Delta x}$$

$\Delta u = g(x+\Delta x) - g(x)$ とおく

$$= \lim_{\Delta x \to 0} \frac{f(g(x)+\Delta u) - f(u)}{\Delta x}$$

$$= \lim_{\Delta x \to 0} \frac{f(g(x)+\Delta u) - f(g(x))}{\Delta u} \frac{\Delta u}{\Delta x}$$

$u = g(x)$ が連続だから $\Delta x \to 0$ のとき $\Delta u \to 0$

$$= \lim_{\Delta x \to 0} \frac{f(u+\Delta u) - f(u)}{\Delta u} \times \frac{g(x+\Delta x) - g(x)}{\Delta x}$$

$$= \frac{dy}{du} \frac{du}{dx}$$

この合成関数の微分法を見ると、微分 $\dfrac{dy}{dx}$ は、あたかも、分数としての性質を持っていることが分かります。

$$\dfrac{dy}{dx} = \dfrac{dy}{du}\dfrac{du}{dx}$$

〔例題〕次の三つの関数の導関数を求めてください。
(1) $y=(ax+b)^n$　(2) $y=\sqrt{1-x^2}$　(3) $y=\sin^3(5x+3)$

[解]

(1) $y=(ax+b)^n$ で　$y=u^n$、$u=ax+b$　と見なすと、

$$\dfrac{dy}{dx}=\dfrac{dy}{du}\dfrac{du}{dx}=nu^{n-1}\times a=an(ax+b)^{n-1}$$

(2) $y=\sqrt{1-x^2}$ で、$y=\sqrt{u}=u^{\frac{1}{2}}$、$u=1-x^2$　と見なすと、

$$\dfrac{dy}{dx}=\dfrac{dy}{du}\dfrac{du}{dx}=\dfrac{1}{2}u^{-\frac{1}{2}}\times(-2x)=\dfrac{-x}{\sqrt{1-x^2}}$$

(3) $y=\sin^3(5x+3)$ で、$y=u^3$、$u=\sin v$、$v=5x+3$　と見なすと、

$$\dfrac{dy}{dx}=\dfrac{dy}{du}\dfrac{du}{dv}\dfrac{dv}{dx}$$
$$=3u^2\times\cos v\times 5$$
$$=15\sin^2(5x+3)\cos(5x+3)$$

# §70 逆関数の微分法

> 関数 $y=f(x)$ が微分可能で $f'(x)>0$（または、$f'(x)<0$）であるとする。このとき、逆関数 $x=g(y)$ は微分可能な関数で次の関係が成立する。
>
> $$\frac{dx}{dy} = \frac{1}{\frac{dy}{dx}}$$
>
> （注）$\dfrac{dy}{dx} = \dfrac{1}{\frac{dx}{dy}}$ として使うこともあります。

### 解説！ 逆関数とは

逆関数（§57）について確認しておくために、次の簡単な関数を例にします。

$$y = 3x+2 \quad \cdots\cdots ①$$

この関数の意味は、「3倍して2を足せ」ということです。では、3倍して2を足したものを「もとに戻す」にはどうしたらいいでしょうか。そのためには、①を $x$ について解いた次の式を見れば分かります。

$$x = \frac{y-2}{3} \quad \cdots\cdots ②$$

そうです。「2を引いて3で割れ」ば、もとに戻ります。そこで①の関数に対して②の関数を**逆関数**といいます。実際に導関数を求めてみましょう。①から $\dfrac{dy}{dx} = 3$、また、②から $\dfrac{dx}{dy} = \dfrac{1}{3}$ となり、したがって、次の式が成り立ちます。

$$\frac{dx}{dy} = \frac{1}{\frac{dy}{dx}}$$

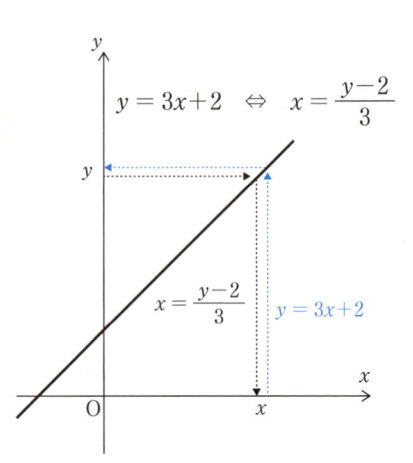

●逆関数を一般に表現すると

関数 $y=f(x)$ があるとき、これを $x$ について解いた式を $x=g(y)$ とします。このとき、$y=f(x)$ と $x=g(y)$ はお互いに逆関数であるといいます。グラフは全く同じですが、関数としては見る向きが逆になります。

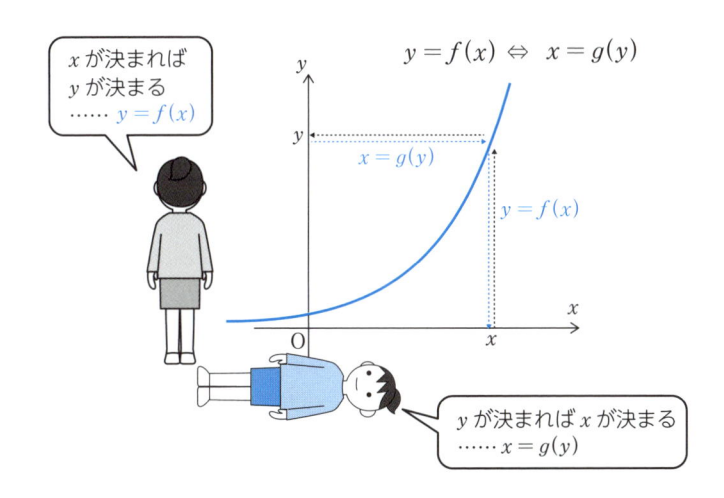

$x$ が決まれば $y$ が決まる
…… $y=f(x)$

$y=f(x) \Leftrightarrow x=g(y)$

$x=g(y)$

$y=f(x)$

$y$ が決まれば $x$ が決まる
…… $x=g(y)$

なお、関数 $y=f(x)$ の逆関数 $x=g(y)$ を表現するのに $f$ を活かして $x=f^{-1}(y)$ と書くことがあります。

関数では原因となる方を独立変数、結果となる方を従属変数といいました。通常は、独立変数を $x$ で、従属変数を $y$ と表すので、$y=f(x)$ の逆関数 $x=g(y)$ について、$x$ と $y$ を交換して $y=g(x)$ と書き換えることがあります（§57）。このとき、逆関数同士のグラフは直線 $y=x$ に関して対称になります。なお、微分で扱う逆関数は $x$ と $y$ を交換していないので、その点については注意してください。

### なぜ、そうなる？

関数 $f(x)$ が微分可能で $f'(x)>0$（または、$f'(x)<0$）なので、関数 $f(x)$ は連続で単調増加（または、単調減少）な関数です。したがって、$y=f(x)$ の逆関数 $x=g(y)$ が存在します。

ここで、関数 $y=f(x)$ における $x$ の増分 $\Delta x$ に対する $y$ の増分を $\Delta y$ とすると、$\Delta x$ と $\Delta y$ は次の関係を満たします。

$$\frac{\Delta y}{\Delta x} \cdot \frac{\Delta x}{\Delta y} = 1 \quad \cdots\cdots ③$$

この式を変形すると、

$$\frac{\Delta x}{\Delta y} = \frac{1}{\frac{\Delta y}{\Delta x}} \quad \cdots\cdots ④$$

また、「$\Delta y \to 0$ のとき、$\Delta x \to 0$」となります(右図)。よって④より、

$$\lim_{\Delta y \to 0} \frac{\Delta x}{\Delta y} = \lim_{\Delta x \to 0} \frac{1}{\frac{\Delta y}{\Delta x}} \quad \text{ゆえに、} \quad \frac{dx}{dy} = \frac{1}{\frac{dy}{dx}}$$

### "逆関数の微分法" を使ってみよう!

$\frac{d}{dx}(\log_e x) = \frac{1}{x}$ を使って $y = a^x (a>0)$ の導関数を求めてみましょう。

$y = a^x$ の両辺の自然対数をとると、$\log_e y = x \log_e a$ となり、ここで両辺を $y$ で微分すると、$\frac{1}{y} = \frac{dx}{dy} \log_e a$ となります。

ゆえに $\frac{dx}{dy} = \frac{1}{y \log_e a}$

逆関数の微分法より $\frac{dy}{dx} = \frac{1}{\frac{dx}{dy}} = y \log_e a = a^x \log_e a$

> 参考

## 第2次導関数と微分可能

関数 $f(x)$ が微分可能ならば、その導関数 $f'(x)$ も $x$ の関数です。このとき、もし、$f'(x)$ が微分可能ならば、その導関数 $\{f'(x)\}' = f''(x)$ が考えられます。これを $f(x)$ の**第2次導関数**といいます。このとき、関数 $f(x)$ は**2回微分可能**といい、$f''(x)$ の他に $\dfrac{d^2y}{dx^2}$、$\dfrac{d^2}{dx^2}f(x)$ などと書きます。同様にして第3次、第4次、……の導関数を考えることもでき、第2次以上の導関数を**高次導関数**といいます。

ここで注意したいのは、「もとの関数が微分可能でも、その導関数は微分可能とは限らない」ということです。例をあげておきましょう。

$$f(x) = \begin{cases} x^2 & (x \geq 0) \\ -x^2 & (x < 0) \end{cases}$$

この関数は実数全体でなめらかで微分可能であり、その導関数は次のようになります。

$$f'(x) = \begin{cases} 2x & (x \geq 0) \\ -2x & (x < 0) \end{cases}$$

つまり、$f'(x) = 2|x|$ です。この関数 $f'(x)$ はグラフ（青）から分かるように $x=0$ で尖っていて微分することはできません。

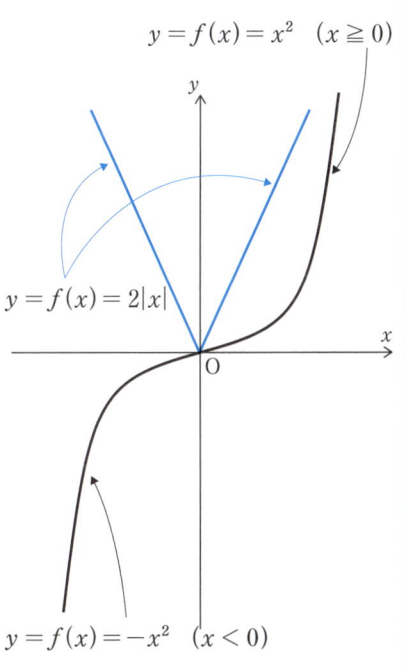

# §71 陰関数の微分法

> 陰関数 $f(x, y) = 0$ が与えられたとき、$y$ を $x$ の関数と見なして、合成関数の微分法を用いて $\dfrac{dy}{dx}$ を求めることができる。

### 解説！ 陰関数、陽関数とは？

変数 $x$ と $y$ を含む関係 $f(x, y) = 0$ があれば、変数 $x$ に対して変数 $y$ の値が定まるため、$y$ を $x$ の関数と見なすことができます。したがって、このような形で与えられる関数を**陰関数**といい、これに対して、$y = f(x)$ の形になっている関数を**陽関数**といいます。例えば、

(1) $y - x^2 = 0$：これは $y = x^2$ と同じです。

(2) $x^2 + y^2 - 1 = 0$：これは変形すると $y^2 = 1 - x^2$ より $y = \pm\sqrt{1-x^2}$
したがって、二つの関数
$y = \sqrt{1-x^2}$ と $y = -\sqrt{1-x^2}$

をあわせ持ったものと考えられます（下図）。

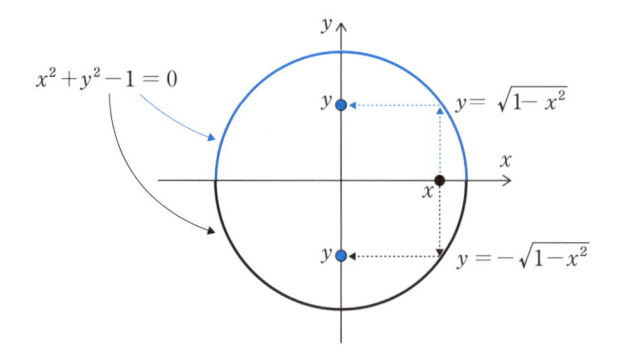

### ● $y$ は $x$ の関数と見なして合成関数の微分法を使う

陰関数 $x^2 + y^2 - 1 = 0$ ……① から $\dfrac{dy}{dx}$ を求めてみましょう。①の両辺を $x$ で微分します。ただし、$y$ は $x$ の関数と見なします（上図）。

$$\frac{d}{dx}x^2 + \frac{d}{dx}y^2 - \frac{d}{dx}1 = 0 \quad \text{より} \quad 2x + \frac{d}{dy}y^2 \frac{dy}{dx} - 0 = 0$$

ゆえに、$2x + 2y\dfrac{dy}{dx} = 0$　よって、$y \neq 0$ であれば　$\dfrac{dy}{dx} = -\dfrac{x}{y}$

（注）　なお、厳密には、陰関数 $f(x, y) = 0$ がどのような条件を満たせば、$x$ のある変域において連続で微分可能な関数 $y = g(x)$ が存在するかについて注意する必要があります。

### 陰関数を使ってみよう！

(1)　$ax^2 + 2hxy + by^2 + 2px + 2qy + c = 0$ ……① から $\dfrac{dy}{dx}$ を求めてみます。

そのために、$y$ は $x$ の関数と見なし、①の両辺を $x$ で微分します。

$$ax^2 + 2hxy + by^2 + 2px + 2qy + c = 0$$

　　　　　積の微分法　　　合成関数の微分法

$$2ax + 2h(y + xy') + 2byy' + 2p + 2qy' = 0$$

これから、$y' = -\dfrac{ax + hy + p}{hx + by + q}$

(2)　$y = \sqrt{9 - x^2}$　……① から陰関数の微分法を用いて $\dfrac{dy}{dx}$ を求めてみます。

①の両辺を2乗すると　$y^2 = 9 - x^2$　……②

②の両辺を $x$ で微分すると、$2y\dfrac{dy}{dx} = -2x$　ゆえに　$\dfrac{dy}{dx} = -\dfrac{x}{y}$

なお、①において、$y = \sqrt{u}$、$u = 9 - x^2$ とすると、次のようになります。

$$\frac{dy}{dx} = \frac{dy}{du}\frac{du}{dx} = \frac{1}{2\sqrt{u}}(-2x) = -\frac{x}{\sqrt{u}} = -\frac{x}{y}$$

# §72 媒介変数表示の微分法

$$x=f(t)、y=g(t)のとき、\frac{dy}{dx}=\frac{\frac{dy}{dt}}{\frac{dx}{dt}} \quad \cdots\cdots ①$$

## 解説！ 第3の変数を媒介にしてxとyの関係が決まる

$t$ に関する関数 $x=3t+2$、$y=t^2$ があるとき、例えば $t$ が2と決まれば $x$ は8、$y$ は4と決まります。$t$ を仲立ち（媒介）にして $x$ と $y$ の関係が決まります。

● **逆関数を持てばxとyに関数関係が**

一般に、二つの関数 $x=g(t)$、$y=f(t)$ があるとき、$t$ が決まれば $x$ と $y$ がそれぞれ決まります。したがって、$t$ を媒介にして $x$ と $y$ の関係が定まることになります（図1）。そこで、この変数 $t$ を**媒介変数**といいます。ここでもし、$x=g(t)$ が逆関数 $t=g^{-1}(x)$ を持てば、

$y=f(t)$、$t=g^{-1}(x)$ より、
　　$y=f(g^{-1}(x))$

となり、$y$ は $x$ の関数となります（図2）。このとき、$\dfrac{dy}{dx}$ は①で求められるというのが媒介変数表示の微分法なのです。

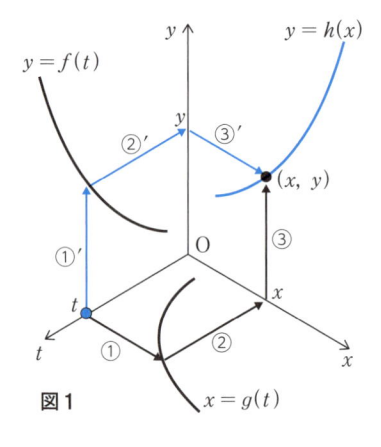

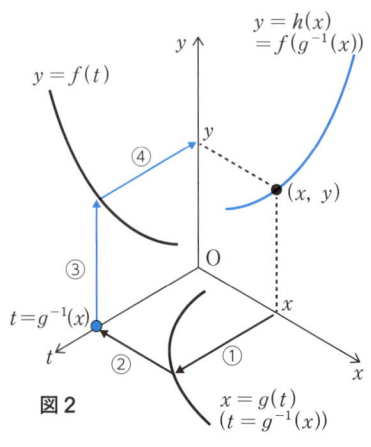

図1

図2

214

## なぜ、そうなる？

合成関数の微分法より $\dfrac{dy}{dx} = \dfrac{dy}{dt}\dfrac{dt}{dx}$ ……② となります。

また、逆関数の微分法より、$\dfrac{dt}{dx} = \dfrac{1}{\dfrac{dx}{dt}}$ ……③ となります。

この②と③から①が得られます。なお、①の計算には、厳密には「$x = g(t)$、$y = f(t)$ が $t$ で微分可能で、$x = g(t)$ が逆関数 $t = g^{-1}(x)$ を持ち、$t = g^{-1}(x)$ が $x$ で微分可能であり、さらに、$\dfrac{dx}{dt} \neq 0$」という条件がつきます。

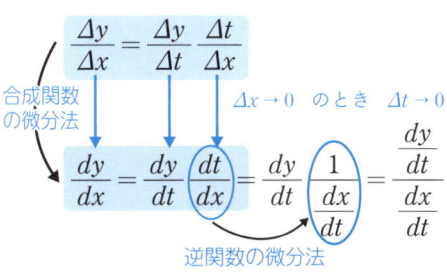

$$\dfrac{\Delta y}{\Delta x} = \dfrac{\Delta y}{\Delta t}\dfrac{\Delta t}{\Delta x}$$

合成関数の微分法　　　　$\Delta x \to 0$ のとき $\Delta t \to 0$

$$\dfrac{dy}{dx} = \dfrac{dy}{dt}\dfrac{dt}{dx} = \dfrac{dy}{dt}\dfrac{1}{\dfrac{dx}{dt}} = \dfrac{\dfrac{dy}{dt}}{\dfrac{dx}{dt}}$$

逆関数の微分法

## 媒介変数を使ってみよう！

$$x = r\cos t、y = r\sin t \quad (0 \leq t \leq 2\pi)$$

とすると、次のように微分できます。

$$\dfrac{dy}{dx} = \dfrac{\dfrac{dy}{dt}}{\dfrac{dx}{dt}} = \dfrac{r\cos t}{-r\sin t} = -\dfrac{x}{y}$$

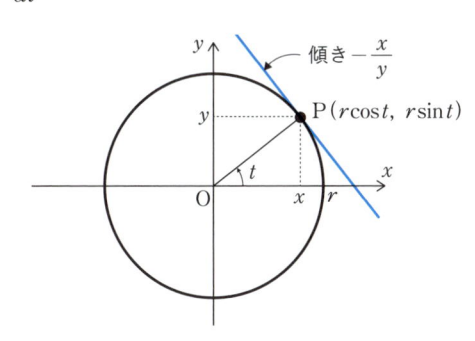

傾き $-\dfrac{x}{y}$

$\mathrm{P}(r\cos t, r\sin t)$

# §73
# 接線・法線の公式

微分可能な関数 $y=f(x)$ のグラフ上の点 $(a, b)$ における

接線の方程式は　　$y-b=f'(a)(x-a)$ ……①

法線の方程式は　　$y-b=-\dfrac{1}{f'(a)}(x-a)$ ……②

ただし、②においては $f'(a)\neq 0$

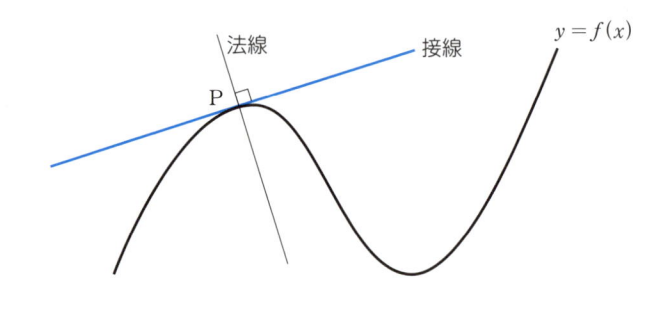

### 解説!　接線の解釈も曖昧なまま?

接線とか法線という言葉は数学ではよく使われますが、案外、「接する直線が接線だ!」と曖昧なことをいう人もいます。これでは説明にはなっていません。少し復習をしておきましょう。

曲線上の点Pと、その近くで次第にPに近づく曲線上の無限の点列 $Q_1$、$Q_2$、$Q_3$、……があるとします。このとき、直線 $PQ_1$、$PQ_2$、$PQ_3$、……が次第にある一定の直線 $l$ に近づくならば、この直線 $l$ を、この曲線上の点Pにおける**接線**とい

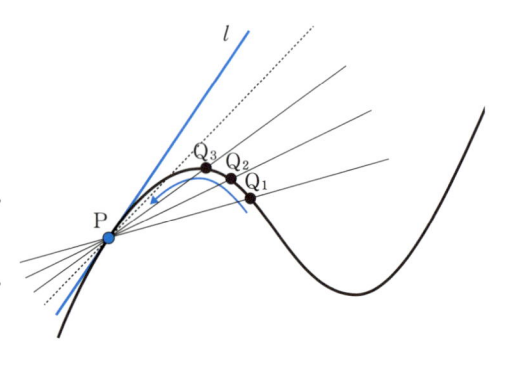

い、点 P をその**接点**といいます。このように、接線の定義そのものは微分可能とは別です。しかし、関数 $y=f(x)$ が $x=a$ で微分可能であれば、微分係数 $f'(a)$ を傾きとし $(a, b)$ を通る直線は、この接線の定義に合致します。なお、曲線上の一点 P を通り、P におけるこの曲線の接線に垂直な直線を、この曲線の点 P における**法線**といいます。

〔例題〕関数 $y=3x^2$ のグラフ上の点 P(1, 3) における接線、法線の方程式を求めてください。

[解] $y'=6x$ より、接線の傾きは $6×1=6$

∴ 接線の方程式 $y-3=6(x-1)$

次に、法線の傾きを $m$ とすると、法線と接線は直交するので、$6m=-1$ （注参照）

ゆえに $m=-\dfrac{1}{6}$

∴ 法線の方程式

$$y-3=-\dfrac{1}{6}(x-1)$$

（注） 軸に平行でない二つの直線が直交するとき、$m_1 m_2 = -1$ が成立します。ただし、各々の直線の傾きを、$m_1$, $m_2$ とします。

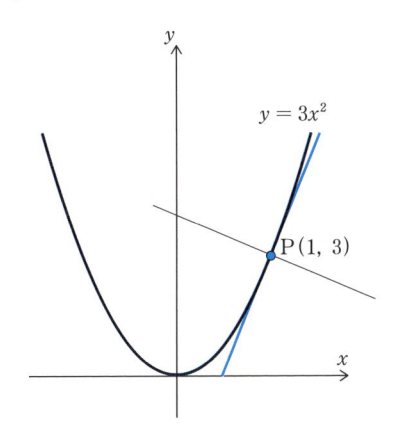

### "接線" を運動と結びつけたデカルト

接線については古代ギリシャから考えられていました。しかし、これは静的な扱いで、点の運動とは結び付いていませんでした。この節で紹介した接線の定義のように、運動する点をもとに接線を考察したのはデカルトやフェルマーが最初であり、彼らによって解析幾何学的手法が考え出されてからのことです。

# §74

# 関数の増減と凹凸に関する定理

(1) 関数の増加・減少
 (i) 区間 $I$ で $f'(x) > 0$ ならば、その区間で $f(x)$ は単調増加
 (ii) 区間 $I$ で $f'(x) < 0$ ならば、その区間で $f(x)$ は単調減少
(2) 関数の凹凸
 (i) 区間 $I$ で $f''(x) > 0$ ならば、その区間で $f(x)$ は下に凸
 (ii) 区間 $I$ で $f''(x) < 0$ ならば、その区間で $f(x)$ は上に凸

## 解説！ 関数の増加・減少と凹凸について

関数の増加、減少や凹凸とはどういうことなのかを確認しましょう。

関数 $y = f(x)$ が増加するとは、「$x$ が増えれば $y$ も増える」ことで、グラフは右上がり、減少するとは「$x$ が増えれば $y$ は減る」ということでグラフは右下がりということです。

ここで、増える、減るといっても感覚的なので、数学では不等式を使って関数の増加、減少を次のように定義します。

関数 $f(x)$ が区間 $I$ で単調増加とは、その区間の任意の点 $x_1$、$x_2$ において、

　　「$x_1 < x_2 \Rightarrow f(x_1) < f(x_2)$」

が成立することです。

関数 $f(x)$ が区間 $I$ で単調減少とは、その区間の任意の点 $x_1$、$x_2$ において、

　　「$x_1 < x_2 \Rightarrow f(x_1) > f(x_2)$」

が成立することです。

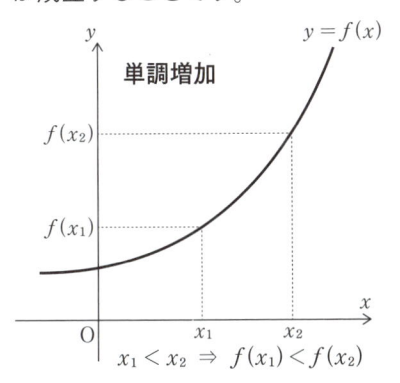

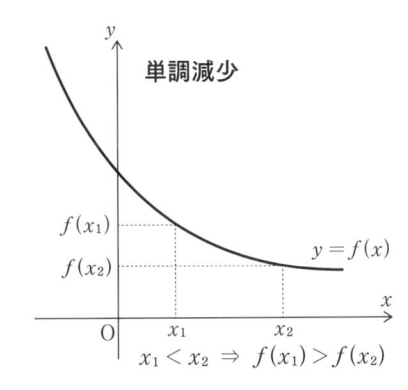

**単調増加** $y = f(x)$
$x_1 < x_2 \Rightarrow f(x_1) < f(x_2)$

**単調減少** $y = f(x)$
$x_1 < x_2 \Rightarrow f(x_1) > f(x_2)$

● 関数の凹凸

関数 $y = f(x)$ の凹凸とはなんでしょうか。これは、簡単にいえば、関数 $y = f(x)$ のグラフがある区間で下に出っ張っていればその区間で**下に凸**、上に出っ張っていれば**上に凸**ということです。もちろん、下に凸とは「上に凹」、上に凸とは「下に凹」といい換えることも可能ですが、この表現はあまり使いません。

関数の増加・減少のときと同様に、下に出っ張るとか上に出っ張るという表現はあまりにも感覚的です。そこで、これも不等式を使って関数の凹凸を次のように定義します。

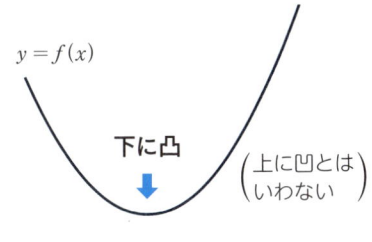

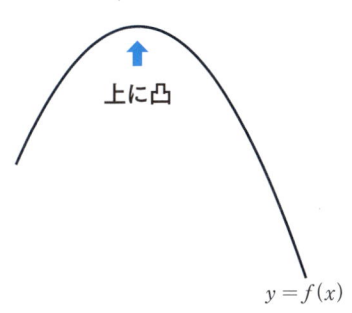

**下に凸** ↓ $y = f(x)$ （上に凹とはいわない）

**上に凸** ↑ $y = f(x)$

区間 $I$ 上で $x_1 < x < x_2$ を満たす任意の $x_1$、$x$、$x_2$ に対して

$$\frac{f(x) - f(x_1)}{x - x_1} < \frac{f(x_2) - f(x)}{x_2 - x} \quad \cdots\cdots ①$$

が常に成り立つとき、関数 $f(x)$ は区間 $I$ で**下に凸**であるといいます。また、①の不等号が逆のとき関数 $f(x)$ は区間 $I$ で**上に凸**といいます。

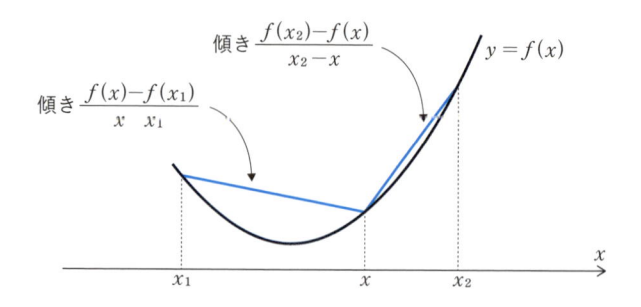

傾き $\dfrac{f(x)-f(x_1)}{x-x_1}$

傾き $\dfrac{f(x_2)-f(x)}{x_2-x}$

$y=f(x)$

$x_1$    $x$    $x_2$

## なぜ、そうなる？

本来なら、式を使って証明すべきですが、ここでは、直観的に説明しましょう。

(1)の関数の増加・減少と $f'(x)$ の符号については、右図のように接線の傾きから理解できます。

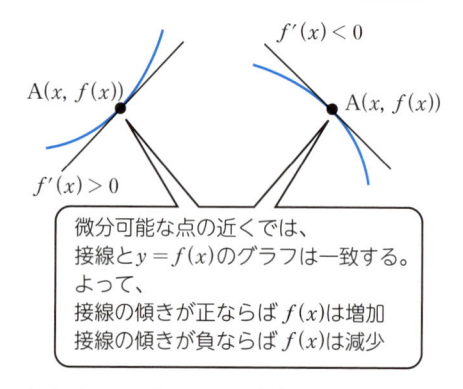

$f'(x)>0$    $f'(x)<0$

$A(x, f(x))$

微分可能な点の近くでは、接線と $y=f(x)$ のグラフは一致する。
よって、
接線の傾きが正ならば $f(x)$ は増加
接線の傾きが負ならば $f(x)$ は減少

(2)の関数の凹凸については下図のように、接線の傾きが増えていくか、減っていくかで理解できます。つまり、$f''(x)>0$ の区間では(1)より接線の傾き $f'(x)$ が増加しているので「グラフは下に凸の状態」と考えられます。また、$f''(x)<0$ の区間では(1)より接線の傾き $f'(x)$ が減少しているので、「グラフは上に凸の状態」と考えられます。

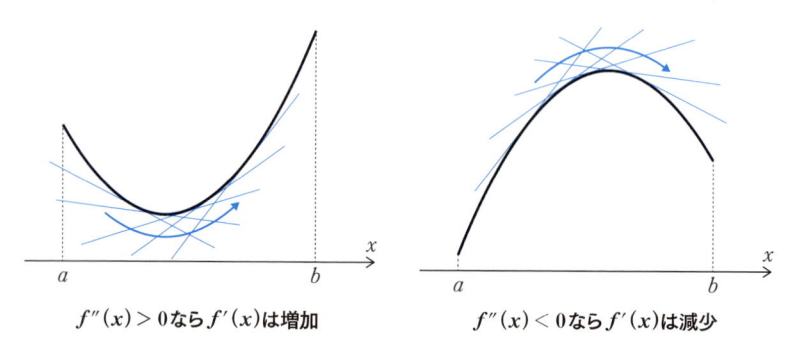

$f''(x)>0$ なら $f'(x)$ は増加      $f''(x)<0$ なら $f'(x)$ は減少

## 74 関数の増減と凹凸に関する定理

〔例題〕関数 $y=f(x)=x^3-6x^2+9x$ の増加・減少、凹凸を調べ、グラフを描いてください。

[解] まず、$f'(x)$ と $f''(x)$ を求め、それらの符号を調べて関数の増加・減少と凹凸を調べるための表を作成します。この表を**増減表**といいます。

$y=f(x)=x^3-6x^2+9x$ より
$y'=f'(x)=3x^2-12x+9=3(x-1)(x-3)$
$y''=f''(x)=6x-12=6(x-2)$

| $x$ | $\cdots$ | 1 | $\cdots$ | 2 | $\cdots$ | 3 | $\cdots$ |
|---|---|---|---|---|---|---|---|
| $y'$ | + | 0 | − | − | − | 0 | + |
| $y''$ | − | − | − | 0 | + | + | + |
| $y$ | ↗ | 4 | ↘ | 2 | ↘ | 0 | ↗ |

ここで、記号 ↗ は増加で下に凸であること、↘ は減少で上に凸であることを意味します。他も同様です。なお、点 P(2, 2) のように凹凸がその点の左側と右側で、上に凸から下に凸（または、この逆）に変化する点を**変曲点**といいます。

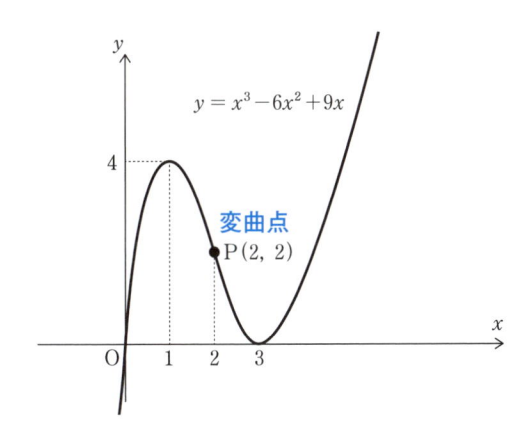

# §75 近似公式

> (1) $f(a+h) ≒ f(a)+hf'(a)$  $(h≒0)$
> (2) $f(x) ≒ f(0)+xf'(0)$   $(x≒0)$

## 解説！ 便利な近似公式にあてはめる

いきなり、「$\sqrt{3.992}$ はどんな値でしょうか？」といわれても、答えに窮します。こんなときに便利なのが、**近似公式**を利用することです。

最初に、$y=f(x)=\sqrt{x}$ という関数を考えます。聞かれたのは $\sqrt{3.992}$ でした。3.992 は 4 に近い数であり、$\sqrt{4}=2$ です。そこで、上記の近似公式(1)で、$a=4$、$h=-0.008$ と見なします。すると、

$$\sqrt{3.992}=\sqrt{4-0.008} ≒ \sqrt{4}+(-0.008)\frac{1}{2\sqrt{4}}=2-0.002=1.998$$

（注） $f'(x)=(\sqrt{x})'=(x^{\frac{1}{2}})'=\frac{1}{2}x^{-\frac{1}{2}}=\frac{1}{2\sqrt{x}}$

## なぜ、そうなる？

(1)の近似公式の意味をグラフで見ると右図のようになります。ここで、「$h$ が 0 に近ければ、誤差は小さい」ことが分かります。

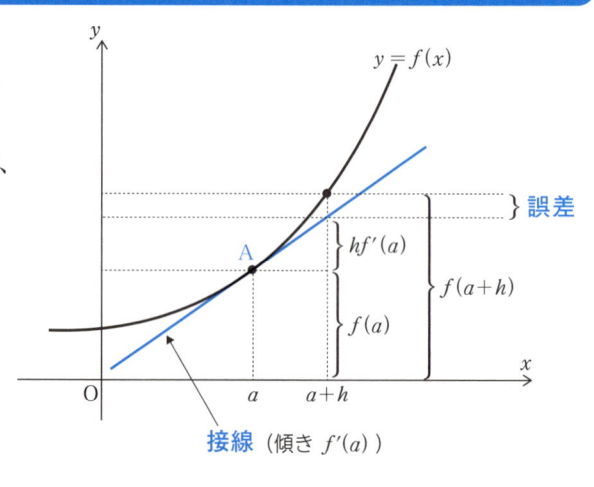

(2)の近似公式の意味をグラフで見ると、右図のようになります。この(2)は(1)において、$a=0$、$h=x$とした場合です。

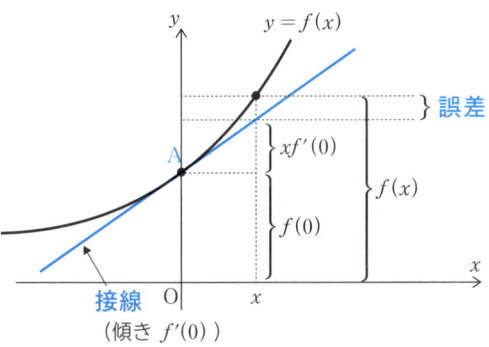

〔例題〕次の近似値を求めてください。ただし、$\theta \fallingdotseq 0$、$h \fallingdotseq 0$ とする。
(i) $\sqrt[3]{1.006}$   (ii) $\sin\theta$ （$\theta$は弧度法表示）   (iii) $(a+h)^\alpha$

[解] (i) (1)の近似公式を使って、

$$\sqrt[3]{1.006} = \sqrt[3]{1+0.006} \fallingdotseq \sqrt[3]{1} + (0.006)\frac{1}{3\sqrt[3]{1^2}} = 1+0.002 = 1.002$$

(注) $f(x)=\sqrt[3]{x}$ のとき、$f'(x)=(\sqrt[3]{x})'=(x^{\frac{1}{3}})'=\frac{1}{3}x^{-\frac{2}{3}}=\frac{1}{3\sqrt[3]{x^2}}$

(ii) 「$\sin\theta$ を近似するって？」と思ったかも知れませんが、(2)の近似公式より、$\sin\theta \fallingdotseq \sin 0 + \theta\cos 0 = 0 + \theta = \theta$ で「$\theta$」となります。なお、$f(\theta)=\sin\theta$ のとき、$f'(\theta)=\cos\theta$ となります（§67）。

(iii) $f(x)=x^\alpha$ のとき $f'(x)=\alpha x^{\alpha-1}$ なので、$(a+h)^\alpha \fallingdotseq a^\alpha + h\alpha a^{\alpha-1}$

### 参考

**2次の近似公式**

冒頭の近似式は第1次導関数を利用したので **1次の近似公式** といい、次の第2次導関数を利用した式を **2次の近似公式** といいます。

(1) $f(a+h) \fallingdotseq f(a) + hf'(a) + \frac{1}{2}h^2 f''(a)$  $(h \fallingdotseq 0)$

(2) $f(x) \fallingdotseq f(0) + xf'(0) + \frac{1}{2}x^2 f''(0)$  $(x \fallingdotseq 0)$

# §76

# マクローリンの定理

> 関数 $f(x)$ が $x=0$ の近くで $n$ 回微分可能とする。このとき、$x=0$ の十分近くにある任意の $x$ について次の式が成立する。
>
> $$f(x)=f(0)+f'(0)x+\frac{f''(0)}{2!}x^2+\cdots\cdots+\frac{f^{(n-1)}(0)}{(n-1)!}x^{n-1}+\frac{f^{(n)}(\theta x)}{n!}x^n$$
>
> ただし、$0<\theta<1$

### 解説！ マクローリンの定理

難しい表現をしていますが、言っている内容は簡単です。例として、$f(x)=(1+x)^m$ を採用すると、この関数の導関数は次のようになります。

$f'(x)=m(1+x)^{m-1}$
$f''(x)=m(m-1)(1+x)^{m-2}$
$f'''(x)=m(m-1)(m-2)(1+x)^{m-3}$
　……
$f^{(n-1)}(x)=m(m-1)(m-2)\cdots(m-n+2)(1+x)^{m-n+1}$
$f^{(n)}(x)=m(m-1)(m-2)\cdots(m-n+1)(1+x)^{m-n}$

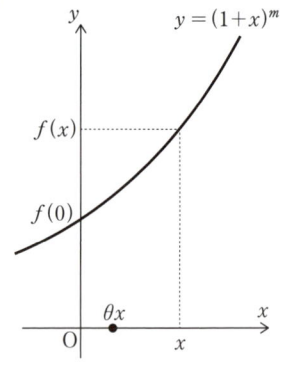

したがって、

$$(1+x)^m=f(0)+f'(0)x+\frac{f''(0)}{2!}x^2+\cdots+\frac{f^{(n-1)}(0)}{(n-1)!}x^{n-1}+\frac{f^{(n)}(\theta x)}{n!}x^n$$

$$=1+mx+\frac{m(m-1)}{2!}x^2+\frac{m(m-1)(m-2)}{3!}x^3+\cdots$$

$$+\frac{m(m-1)\cdots(m-n+2)}{(n-1)!}x^{n-1}$$

$$+\frac{m(m-1)\cdots(m-n+1)(1+\theta x)^{m-n}}{n!}x^n$$

●**近似公式として使える**

　この定理の右辺を関数 $f(x)$ の**マクローリン展開** (Maclaurin) といいます。各項の分母を見ると**階乗**（！の記号）の計算があり、分母はどんどん大きな値になっていくので、適当な項から先は 0 に近い値になります。したがって、途中まで採用すれば関数 $f(x)$ の近似式を得ることができます。§75 の 1 次近似式、2 次近似式はこの例です。

### なぜ、近似できる？

　マクローリンの定理は、次の**テイラーの定理**の特殊な場合です。

**テイラー (Taylor) の定理**

　関数 $f(x)$ が区間 $[a, b]$ で $n$ 回微分可能とするとき、

$$f(b) = f(a) + f'(a)(b-a)$$
$$+ \frac{f''(a)}{2!}(b-a)^2 + \cdots + \frac{f^{(n-1)}(a)}{(n-1)!}(b-a)^{n-1} + R_n$$

ただし、$R_n = \dfrac{f^{(n)}(c)}{n!}(b-a)^n \quad a < c < b$

　テイラーの定理も難しい数式になっていますが、例えば $n=2$ の場合を式と図で示せばその内容は理解できます。

$$f(b) = f(a) + f'(a)(b-a) + \frac{f''(c)}{2!}(b-a)^2 \quad \text{ただし、} a < c < b$$

　つまり、$f(b)$ を $x=a$ における、もとの関数や導関数の値で表現するとき、表現しきれない部分（誤差）は $a$ と $b$ の間の数 $c$ を利用して

$$\frac{f''(c)}{2!}(b-a)^2$$

と書けるということです。

　この定理の $a$ に 0、$b$ に $x$ を代入したものが先のマクローリンの定理となります。なお、テイラーの定理

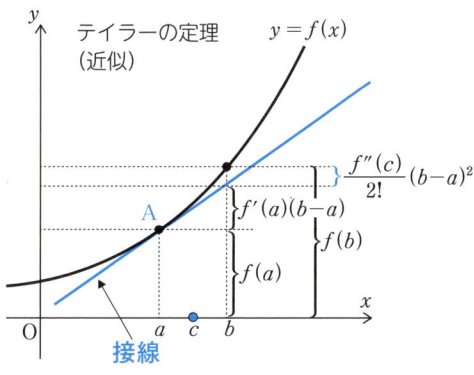

はイギリスの数学者テイラー(1685～1731)が1715年に『増分法』の中で論じたとされています。

なお、マクローリンの定理はマクローリン(1698～1746)の著書に掲載されていたので、この名を冠されていますが、この定理も実際にはテイラーが導いたものです。

### マクローリンの定理を使ってみよう！

マクローリンの定理によって、次の近似式を得ます。導き方は〔解説！ マクローリンの定理〕で紹介した$(1+x)^m$の場合と同じです。

(1) $e^x = 1 + x + \dfrac{x^2}{2!} + \dfrac{x^3}{3!} + \dfrac{x^4}{4!} + \cdots\cdots + \dfrac{x^n}{n!} + \cdots\cdots$

(2) $\log(1+x) = x - \dfrac{x^2}{2} + \dfrac{x^3}{3} - \dfrac{x^4}{4} + \dfrac{x^5}{5} + \cdots\cdots$

(3) $(1+x)^m = 1 + mx + \dfrac{m(m-1)}{2!}x^2 + \dfrac{m(m-1)(m-2)}{3!}x^3 + \cdots\cdots$

(4) $\sin x = x - \dfrac{x^3}{3!} + \dfrac{x^5}{5!} - \dfrac{x^7}{7!} + \cdots\cdots$

(5) $\cos x = 1 - \dfrac{x^2}{2!} + \dfrac{x^4}{4!} - \dfrac{x^6}{6!} + \cdots\cdots$

なお、(1)の$x$に$i\theta$($i$は虚数単位)を代入すると、

$$e^{i\theta} = \left(1 - \dfrac{\theta^2}{2!} + \dfrac{\theta^4}{4!} - \dfrac{\theta^6}{6!} + \cdots\cdots\right) + i\left(\theta - \dfrac{\theta^3}{3!} + \dfrac{\theta^5}{5!} - \dfrac{\theta^7}{7!} + \cdots\cdots\right)$$

$$= \cos\theta + i\sin\theta$$

となり、**オイラーの公式**(§34)を得ることができます。

### 参考

**近似の度合いをグラフで見てみよう**

(1) $\sin x = x - \dfrac{x^3}{3!} + \dfrac{x^5}{5!} - \dfrac{x^7}{7!} + \cdots\cdots$

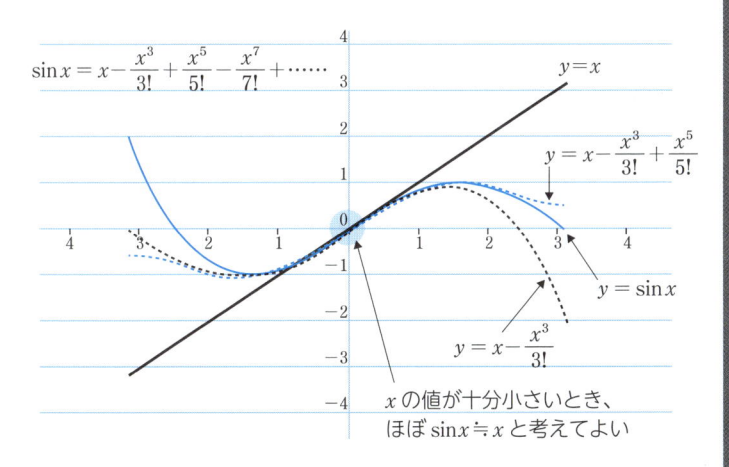

グラフ中の式:
- $y = x$
- $y = x - \dfrac{x^3}{3!} + \dfrac{x^5}{5!}$
- $y = x - \dfrac{x^3}{3!}$
- $y = \sin x$

$x$ の値が十分小さいとき、ほぼ $\sin x \fallingdotseq x$ と考えてよい

(2) $e^x = 1 + x + \dfrac{x^2}{2!} + \dfrac{x^3}{3!} + \dfrac{x^4}{4!} + \cdots\cdots + \dfrac{x^n}{n!} + \cdots\cdots$

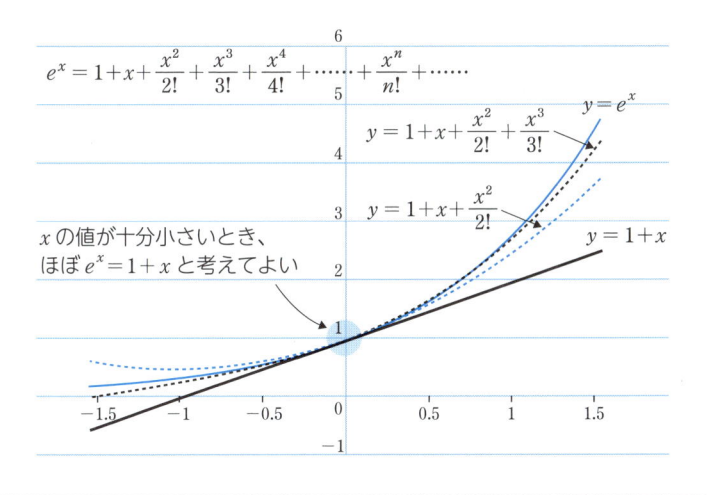

グラフ中の式:
- $y = e^x$
- $y = 1 + x + \dfrac{x^2}{2!} + \dfrac{x^3}{3!}$
- $y = 1 + x + \dfrac{x^2}{2!}$
- $y = 1 + x$

$x$ の値が十分小さいとき、ほぼ $e^x = 1 + x$ と考えてよい

第7章 微分
76 マクローリンの定理

# §77 ニュートン・ラフソン法

点 $A(a, f(a))$ における $y=f(x)$ の接線と $x$ 軸との交点の $x$ 座標 $a_1$ を求めると $a_1$ は $a$ よりも $f(x)=0$ の解 $\alpha$ に近づく。したがって、このことを繰り返せば方程式 $f(x)=0$ の解 $\alpha$ の近似値を求めることができる。この方法をニュートン・ラフソン法という。

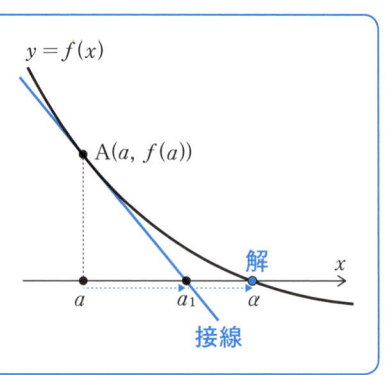

## 解説！ ニュートン・ラフソン法

区間 $(a, b)$ には方程式 $f(x)=0$ の実数解がただ一つしかないことが分かっているものとします。点 $(a, f(a))$ における $y=f(x)$ の接線と $x$ 軸との交点の $x$ 座標 $a_1 = a - \dfrac{f(a)}{f'(a)}$ を求め、次に点 $(a_1, f(a_1))$ における $y=f(x)$ の接線と $x$ 軸との交点の $x$ 座標 $a_2 = a_1 - \dfrac{f(a_1)}{f'(a_1)}$ を求め……、以下同様に、$a_3$、$a_4$、$a_5$、$a_6$、……を求め、適当な $a_n$ をもって $f(x)=0$ の区間 $(a, b)$ における解の近似値と見なすのが**ニュートン・ラフソン法**です。この方法は収束が速いので便利です。

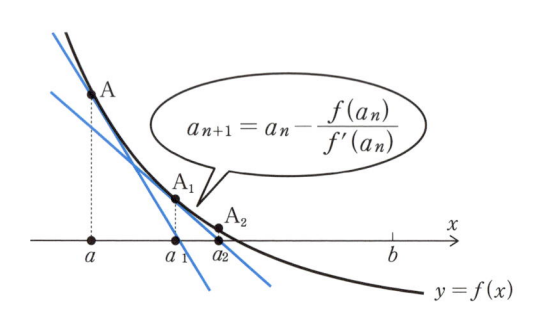

$$a_{n+1} = a_n - \dfrac{f(a_n)}{f'(a_n)}$$

● 厳密には条件が必要

ニュートン・ラフソン法の原理からすると、$a_1$、$a_2$、$a_3$、$a_4$、……は場合によっては、下図のように「解からドンドン遠ざかっていくことがあるのではないか」と、疑問が生じるかも知れません。

もちろん、そのようにならないための条件が必要です。ニュートン・ラフソン法によって得られた $a_1$、$a_2$、$a_3$、$a_4$、……が解に近づいていくためには、次の条件を満たす必要があります。

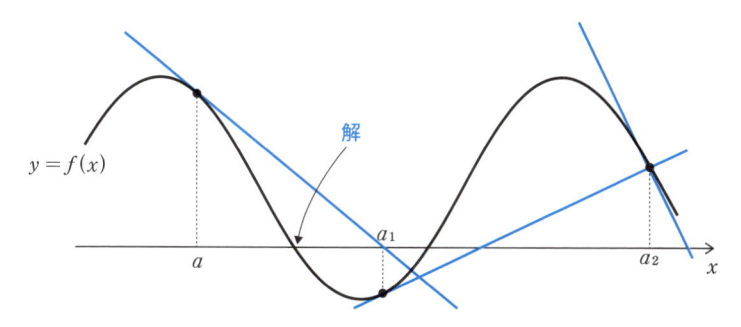

**解に近づくための条件**

$f(x)=0$ の一つの解 $\alpha$ が $a$ と $b$ の間にあって、この区間において常に $f''(x)$ が $f(a)$ と同符号であるならば $a_1 = a - \dfrac{f(a)}{f'(a)}$ は $a$ よりも $\alpha$ のよい近似値である。もし、この条件が満たされなければ、上図のように $a_1$、$a_2$、$a_3$、$a_4$、……はドンドン解から遠ざかってしまいます。

（注）$f''(x)$ と $f(a)$ が同符号ということは、$f(a)>0$ なら $f''(x)>0$ でグラフは下に凸、$f(a)<0$ なら $f''(x)<0$ でグラフは上に凸ということです。

### なぜそうなる？

ここでは、$x$ 座標が $a$ である $y=f(x)$ 上の点 A における接線と $x$ 軸との交点の $x$ 座標を $a_1$ とすれば、$a_1$ は $a_1 = a - \dfrac{f(a)}{f'(a)}$ となります。それを調べてみましょう。

$y=f(x)$ 上の点 $\mathrm{A}(a, f(a))$ における接線 $l$ の方程式は次のようになります。

$$y - f(a) = f'(a)(x - a)$$

$y = 0$ として $x$ を求めると、

$$x = a - \frac{f(a)}{f'(a)}$$

この $x$ が $a_1$ に相当します。

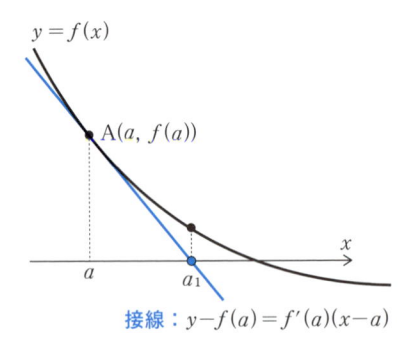

接線：$y - f(a) = f'(a)(x - a)$

> 〔例題〕**ニュートン法**
> $x^2 - 5x + 6 = 0$ の解をニュートン・ラフソン法で求めてください。

［解］$a_n$ から $a_{n+1}$ を求める式は $f'(x) = 2x - 5$ より

$$a_{n+1} = a_n - \frac{a_n^2 - 5a_n + 6}{2a_n - 5} \quad となります。$$

この式を利用してスタート $a_0$ が 0 の場合（下の左表）と 5 の場合（下の右表）の二つを計算してみました。どちらの場合も 6 回ぐらいで「$x = 2$、$x = 3$」という正しい解に辿り着いています。

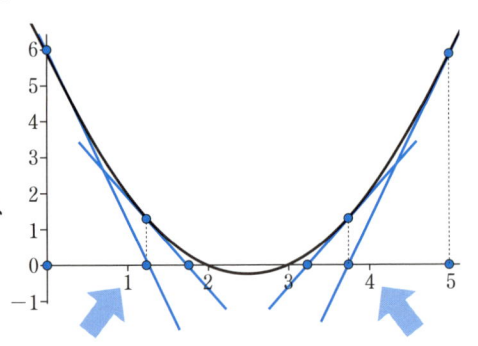

| | |
|---|---|
| $a_0$ | 0.000000000 |
| $a_1$ | 1.200000000 |
| $a_2$ | 1.753846154 |
| $a_3$ | 1.959397304 |
| $a_4$ | 1.998475240 |
| $a_5$ | 1.999997682 |
| $a_6$ | 2.000000000 |

| | |
|---|---|
| $a_0$ | 5.000000000 |
| $a_1$ | 3.800000000 |
| $a_2$ | 3.246153846 |
| $a_3$ | 3.040602696 |
| $a_4$ | 3.001524760 |
| $a_5$ | 3.000002318 |
| $a_6$ | 3.000000000 |

## 参考

### 2分法で近似値を得る

連続な関数 $y=f(x)$ があり、$a<b$ に対して $f(a)f(b)<0$ であるとすると、$x_1=\dfrac{a+b}{2}$ に対し、次のことが成立します。

(イ) $f(a)f(x_1)<0$ ならば 区間 $(a, x_1)$ に解がある。
(ロ) $f(x_1)f(b)<0$ ならば 区間 $(x_1, b)$ に解がある。
(ハ) $f(x_1)=0$ ならば $x_1$ が解である。

(イ)または(ロ)のとき、区間 $(a, x_1)$ または区間 $(x_1, b)$ の中点をとって同様に調べていき、解の存在範囲を狭めていけば解の近似値を得ることができます。この方法を **2分法** といいます。

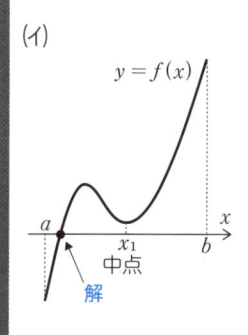

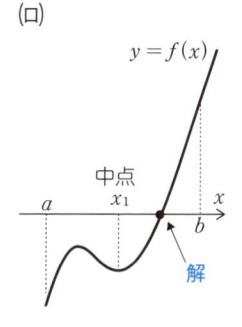

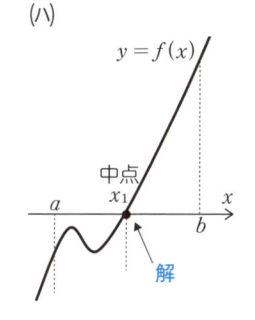

なお、2分法の原理は右の「**中間値の定理**」に基づきます。

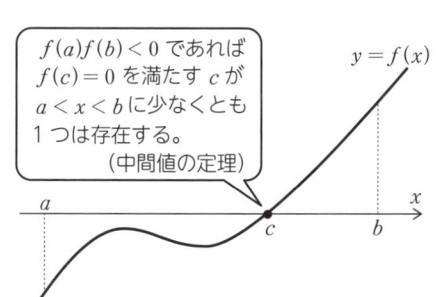

$f(a)f(b)<0$ であれば $f(c)=0$ を満たす $c$ が $a<x<b$ に少なくとも1つは存在する。
（中間値の定理）

# §78 数直線上の速度・加速度

$x$軸上を運動する点Pの位置が時刻$t$の関数として$x=f(t)$で表されているとき、

(1) 時刻$t$における動点Pの速度$v$は　　$v=\dfrac{dx}{dt}=f'(t)$　　である。

(2) 時刻$t$における動点Pの加速度$a$は　　$a=\dfrac{d^2x}{dt^2}=f''(t)$　　である。

## 解説！ 速度と加速度

変数$t$の増分$\Delta t$に対応する関数$x=f(t)$の増分を$\Delta x$とするとき、$\dfrac{\Delta x}{\Delta t}$を**平均変化率**といい、$\lim\limits_{\Delta t \to 0}\dfrac{\Delta x}{\Delta t}$が存在すれば、その値を$x$の$t$における（瞬間）**変化率**といいます。とくに、運動の場合、この変化率が**速度**（velocity）、速度の変化率が**加速度**（accelerated velocity）と呼ばれます。

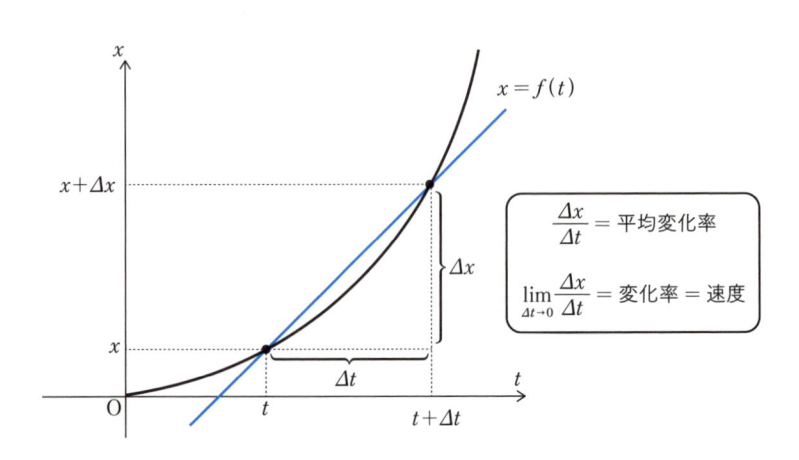

## 使ってみれば分かる！

(i) 物を落としてから $t$ 秒後の落下距離は、測定の結果、$x=\dfrac{1}{2}gt^2$ (m) であることが分かっています。ただし、$g$ は重力加速度で定数です。この物体の $t$ 秒後の速度 $v$ と加速度 $a$ を求めてみましょう。

(1)の公式より、 $v=\dfrac{dx}{dt}=\dfrac{1}{2}\times 2gt=gt$ (m/s)

(2)の公式より、 $a=\dfrac{d^2x}{dt^2}=\dfrac{d}{dt}\left(\dfrac{dx}{dt}\right)=\dfrac{d}{dt}(gt)=g$ (m/s$^2$)

(ii) 原点を中心とし、半径 $r$ の円の周上を等速で回転する動点を $x$ 軸上に射影した点 P の座標は、$x=r\cos(\omega t+k)$ と書けます。この動点 P の速度 $v$ と加速度 $a$ を求めてみましょう。

(1)の公式より、 $v=\dfrac{dx}{dt}=-r\omega\sin(\omega t+k)$

(2)の公式より、 $a=\dfrac{d^2x}{dt^2}=\dfrac{d}{dt}\left(\dfrac{dx}{dt}\right)=\dfrac{d}{dt}(-r\omega\sin(\omega t+k))$

$\qquad\qquad\qquad =-r\omega^2\cos(\omega t+k)$

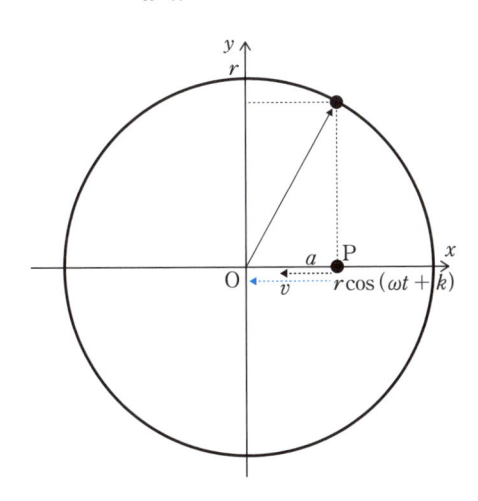

$\qquad\qquad\qquad =-\omega^2 x$

# §79 平面上の速度・加速度

平面上を運動する点 P の座標 $(x, y)$ が時刻 $t$ の関数として、$x = f(t)$、$y = g(t)$ と表されているとき、

(1) 時刻 $t$ における動点 P の速度 $\vec{v}$ は

$$\vec{v} = \left(\frac{dx}{dt}, \frac{dy}{dt}\right) = (f'(t), g'(t))$$

速さ $|\vec{v}|$ は　$|\vec{v}| = \sqrt{\left(\frac{dx}{dt}\right)^2 + \left(\frac{dy}{dt}\right)^2}$ である。

(2) 時刻 $t$ における動点 P の加速度 $\vec{a}$ は

$$\vec{a} = \left(\frac{d^2x}{dt^2}, \frac{d^2y}{dt^2}\right) = (f''(t), g''(t))$$

加速度の大きさ $|\vec{a}|$ は $|\vec{a}| = \sqrt{\left(\frac{d^2x}{dt^2}\right)^2 + \left(\frac{d^2y}{dt^2}\right)^2}$ である。

## 解説！ 速度と加速度のベクトル

時刻 $t$ および $t+\Delta t$ のときの平面上の動点 P の位置をそれぞれ

$$P(x, y)、Q(x+\Delta x, y+\Delta y)$$

とすると、$\dfrac{\Delta x}{\Delta t}$、$\dfrac{\Delta y}{\Delta t}$ を成分とするベクトルが平均速度のベクトルです。

$\Delta t \to 0$ のときの $\dfrac{\Delta x}{\Delta t}$、$\dfrac{\Delta y}{\Delta t}$ の極限 $v_x = \dfrac{dx}{dt}$、$v_y = \dfrac{dy}{dt}$ を成分とするベクトルが時刻 $t$ における動点 $P(x, y)$ の **速度ベクトル** $\vec{v}$ になります。また、この $v_x$、$v_y$ をそれぞれ速度ベクトル $\vec{v}$ の $x$ 成分、$y$ 成分といいます。速度の大きさを $|\vec{v}|$、方向角を $\theta$ とすると、

$$v_x = |\vec{v}|\cos\theta = \frac{dx}{dt}、v_y = |\vec{v}|\sin\theta = \frac{dy}{dt}$$ となります。よって、

$$\tan\theta = \frac{v_y}{v_x} = \frac{\dfrac{dy}{dt}}{\dfrac{dx}{dt}} = \frac{dy}{dx}$$

これから、速度ベクトルは点Pの描く曲線の接線上のベクトルであることが分かります。

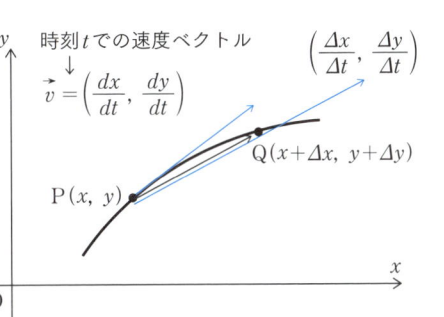

### 使ってみれば分かる！

時刻$t$における動点Pの位置が$x = r\cos t$、$y = r\sin t$であるとき、この動点は原点を中心とし、半径が$r$である等速円運動をします。この点Pの速度ベクトル$\vec{v}$と加速度ベクトル$\vec{a}$を求めてみましょう。

$\dfrac{dx}{dt} = -r\sin t$、$\dfrac{dy}{dt} = r\cos t$ より

$\vec{v} = (-r\sin t,\ r\cos t)$

$|\vec{v}| = \sqrt{(-r\sin t)^2 + (r\cos t)^2} = r$

$\dfrac{d^2 x}{dt^2} = -r\cos t$、$\dfrac{d^2 y}{dt^2} = -r\sin t$ より

$\vec{a} = (-r\cos t,\ -r\sin t) = -\overrightarrow{OP}$

$|\vec{a}| = \sqrt{(-r\cos t)^2 + (-r\sin t)^2} = r$

また、$\overrightarrow{OP}$と$\vec{v}$の内積を計算すると、
$\overrightarrow{OP} \cdot \vec{v} = (r\cos t)(-r\sin t) + (r\sin t)(r\cos t) = 0$
より、$\overrightarrow{OP} \perp \vec{v}$ となります。

# §80

# 偏微分

> 2変数関数 $z=f(x, y)$ は $y$ を一定としたとき、$x$ の関数となる。
> このとき $\displaystyle\lim_{\Delta x \to 0} \frac{f(x+\Delta x, y)-f(x, y)}{\Delta x}$ を $f(x, y)$ の**偏導関数**といい、
> $\dfrac{\partial z}{\partial x}$、$\dfrac{\partial}{\partial x}f(x, y)$、$f_x$、$f_x(x, y)$ などの記号で書く。すなわち、
> 
> $$\frac{\partial z}{\partial x} = \lim_{\Delta x \to 0} \frac{f(x+\Delta x, y)-f(x, y)}{\Delta x} \qquad (\partial x \text{はラウンド} x \text{と読む})$$
> 
> 同様に、
> 
> $$\frac{\partial z}{\partial y} = \lim_{\Delta y \to 0} \frac{f(x, y+\Delta y)-f(x, y)}{\Delta y}$$

## 解説！ 3次元で活躍する偏微分とは

　これまでは $y=f(x)$、つまりグラフでは「平面」をもとに微分で扱ってきましたが、関数 $z=f(x, y)$ のグラフは右のように3次元のグラフになります。

　上記の1行目に「$y$ を一定としたとき」とありますが、その意味は、このグラフを3次元のままではなく、$xz$ 平面に平行な「平面」で切ったときの切り口のグラフに限定して関数 $z=f(x, y)$ を考える、ということです。このとき、

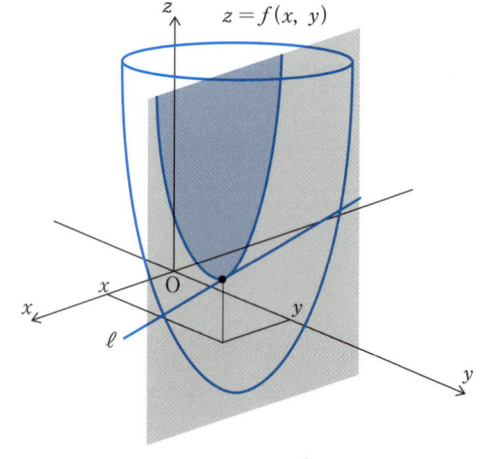

$\ell$ は、この平面上で $\dfrac{\partial z}{\partial x}$ を
傾き（偏導関数という）とする接線

$z = f(x, y)$ のグラフは平面上の曲線となり、この曲線上の点 $(x, y)$ における接線の傾きが**偏導関数** $\dfrac{\partial z}{\partial x}$ の値となります。

● 極大、極小のめやす

偏導関数は関数 $z = f(x, y)$ の軸方向の増減を示すものです。したがって、一つの用途に関数 $z = f(x, y)$ の極大、極小に関する情報を取得できることがあります。

極大は部分的に最大、極小は部分的に最小ということですが、微分可能な関数では、そこで偏導関数の値が 0 になります。

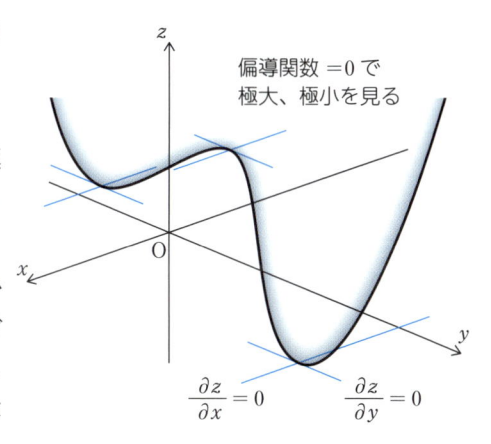

つまり、$\dfrac{\partial z}{\partial x} = \dfrac{\partial z}{\partial y} = 0$ が必要条件になります。

〔例題〕関数 $z = x^2 + y^2 - 2x - 4y + 8$ の最小値を、偏微分を使って求めてください。

[解] この関数は $x$、$y$ の 2 次関数で 2 乗の係数がともに正だから下に凸な放物面です。よって、偏導関数 =0 のところで最小になります。

$$\dfrac{\partial z}{\partial x} = 2x - 2 = 0 \quad より \quad x = 1$$

$$\dfrac{\partial z}{\partial y} = 2y - 4 = 0 \quad より \quad y = 2$$

よって、$x = 1$、$y = 2$ で最小値 3 をとります。

# §81 区分求積法

> 図形の面積や体積などを求めるのに、まず、これをいくつかに分割し、個々の面積や体積を求めやすい図形のそれで近似して和を求める。その後、分割をさらに細かくしたときの極限値をもって、もとの図形の面積や体積を計算する方法を**区分求積法**という。

### 解説！ 区分求積法

**区分求積法**の考え方は素朴なものです。求めにくいモノは、分割し、求めやすいモノで近似して計算していこうという考え方です。

●池の面積を方眼紙で

このような考え方は、例えば地図上の池の面積を求める際にも使っています。右図のように、地図上の池の上に方眼紙を載せて、池の内側にある正方形（面積が求められる）の総和を $s_1$ とし、内側と境界線を含む正方形の面積の総和を $S_1$ とします。

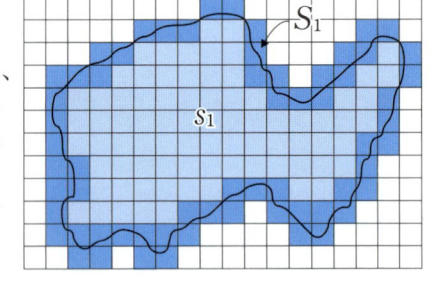

池の面積を $X$ とすれば、
$$s_1 < X < S_1$$
となります。

次に、さらに目の細かい方眼紙を載せたときの内側の正方形の面積の総和を $s_2$ とし、内側と境界線を含む正方形の面積の総和を $S_2$ とします。すると次の不等式が成立します。

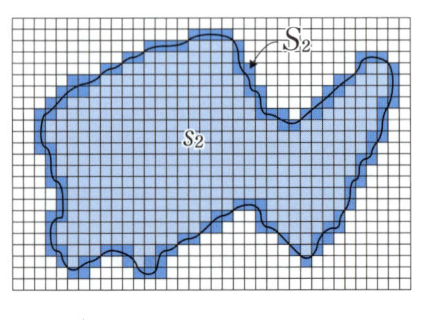

$$s_1 < s_2 < X < S_2 < S_1$$

このようにして、どんどん目の細かい方眼紙を用いて処理していき、$X$ が一定の値に収まることが見えたとき、この値を「池の面積」としたわけです。

〔例題〕半径 $r$ の円の面積は $\pi r^2$ ですが、これを区分求積法でどう求めるかを考えてください。

[解] この問題を解くために、①円の中心角を等分割し、円を細かな扇形に分割します。次に、②その扇形を右図のように上下互い違いに配置して帯状に並べます。

この分割をドンドン細かくしていくと、こうしてできる図形は横が円周の半分、つまり $\pi r$ で、縦が半径 $r$ の長方形に近づいていくことが分かります。よって、半径 $r$ の円の面積は $\pi r^2$ であることが分かります。

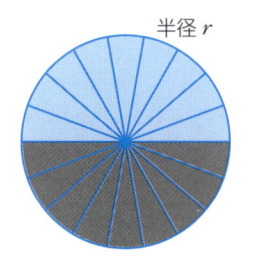

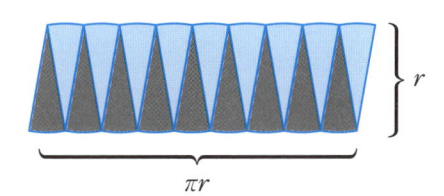

### ケプラーの樽の求積法

区分求積法は積分法の起源となった考え方で、その考えは紀元前のアルキメデス（取り尽くし法）や 16 〜 17 世紀のケプラー（ビール樽の求積法）も採用しています。

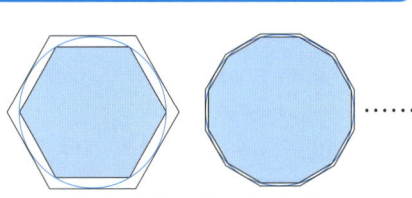

アルキメデスは取り尽くし法で円の面積を計算した

# §82

# 積分法

　関数 $f(x)$ が区間 $a \leq x \leq b$ で定義されているものとする（図1）。ここで、この区間を $n$ 等分し、各区間の境界点に $x_0$、$x_1$、$x_2$、……、$x_n$ と名前を付けて（図2）、次の和を考える。

$$\sum_{i=1}^{n} f(x_i) \Delta x \quad \cdots\cdots ① \qquad ただし、\Delta x = \frac{b-a}{n}$$

　この分割を限りなく細かくしたとき、つまり、$n \to \infty$ にしたとき、①が一定の値に近づけば、関数 $f(x)$ は区間 $a \leq x \leq b$ で**積分可能**であるといい、その一定の値を記号 $\int_a^b f(x)dx$ で表す。すなわち、

$$\int_a^b f(x)dx = \lim_{n \to \infty} \sum_{i=1}^{n} f(x_i) \Delta x \quad \cdots\cdots ②$$

図1

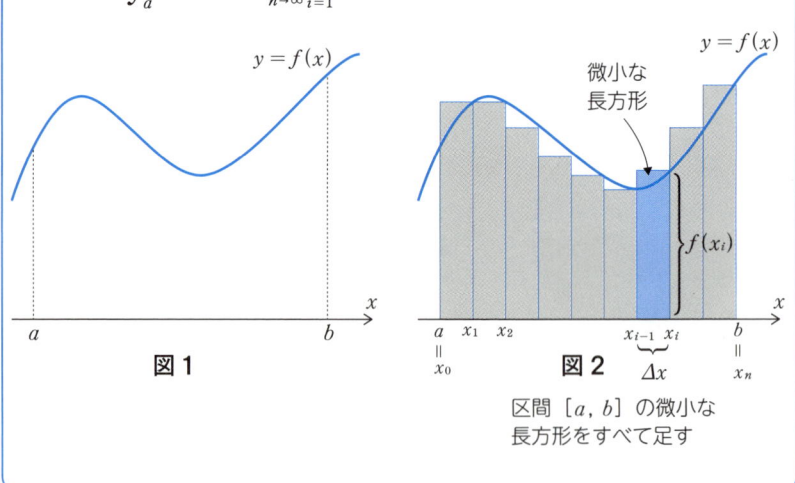

図2　区間 $[a, b]$ の微小な長方形をすべて足す

（注1）　区間 $a \leq x \leq b$ を**閉区間**といい、記号 $[a, b]$ で表します。また、区間 $a < x < b$ を**開区間**といい $(a, b)$ で表します。

（注2）　記号 $\Sigma$ は和を表す記号で、$\sum_{i=1}^{n} f(x_i) \Delta x = f(x_1) \Delta x + f(x_2) \Delta x + \cdots + f(x_n) \Delta x$

（注3）　本節で定義された積分は**リーマン積分**と呼ばれ、関数が連続であることが前提になっています。連続でない場合に拡張した積分法に**ルベーグ積分**があります。

### 解説！ 積分とは？

$\int_a^b f(x)dx$ を「関数 $f(x)$ の $a$ から $b$ までの**定積分**」といいます。

定積分は $\int_a^b f(x)dx = \lim_{n\to\infty}\sum_{i=1}^{n} f(x_i)\Delta x$ の形でも分かるとおり、$f(x_i)$ と $\Delta x$ を掛けたもの、つまり**微小な長方形の面積を無限に足していったとき、その和が限りなく近づく値**のことです。なお、$f(x)$ のことを被積分関数といいます。

● なぜ、記号 $\int_a^b f(x)dx$ が使われたのか

$n$ 分割したときの個々の長方形の面積 $f(x_i)\Delta x$ は、分割を細かくしていくと幅が $0$ に近い微小な長方形になります。この長方形を $f(x)dx$ と表現します。定積分は閉区間 $[a, b]$ にある、これら無数の微小な長方形をすべて足していくので、$S$（和の意味を持つ sum の頭文字）を利用し、この $S$ を縦方向に伸ばして $\int_a^b$ と書いたのです。この原理が分かると、いろいろな現象を簡単に積分に置き換えることができます。

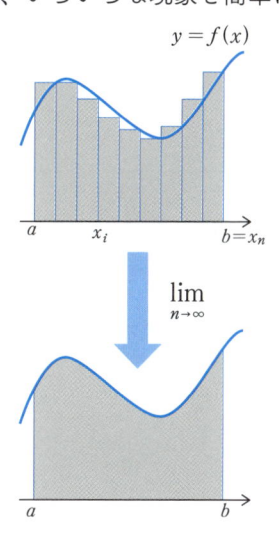

微小な長方形の面積

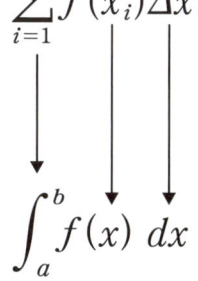

$$\sum_{i=1}^{n} f(x_i)\Delta x$$

$$\int_a^b f(x)\, dx$$

幅が $0$ に近い微小な長方形の面積を無数に足す

（注） 積分とは**分**けた長方形を**積**んでいくことです。

●積分の定義から導かれる定積分の性質

$\int_a^b f(x)dx$ は次のように定義されました。

$$\int_a^b f(x)dx = \lim_{n\to\infty}\sum_{i=1}^n f(x_i)\Delta x = \lim_{n\to\infty}(f(x_1)\Delta x + f(x_2)\Delta x + \cdots + f(x_n)\Delta x)$$

このことから分かるように、定積分は $f(x_i)\Delta x$ を無限に足す計算なのです。このように無限に足す計算のことを**無限級数**と呼びます。定積分の定義と無限級数の性質から、定積分には次の性質があることが証明できます。

定理1　関数 $f(x)$ が閉区間 $[a, b]$ で連続（グラフが切れ目なくつながっている）ならば、$f(x)$ は区間 $[a, b]$ で積分可能である。

定理2　連続関数 $f(x)$、$g(x)$ に対して次のことが成立する。

(1) $\int_a^b kf(x)dx = k\int_a^b f(x)dx$　　ただし、$k$ は定数

(2) $\int_a^b \{f(x) \pm g(x)\}dx = \int_a^b f(x)dx \pm \int_a^b g(x)dx$

(3) $\int_a^b f(x)dx = \int_a^c f(x)dx + \int_c^b f(x)dx$

　　　　　　（$a$、$b$、$c$ の大小は無関係）

(4) $[a, b]$ で $f(x) \geq 0$　ならば　$\int_a^b f(x)dx \geq 0$

(5) $[a, b]$ で $f(x) \geq g(x)$　ならば　$\int_a^b f(x)dx \geq \int_a^b g(x)dx$

（注）$f(x) \geq 0$ のとき、$\int_a^b f(x)dx$ は区間 $[a, b]$ で関数 $y = f(x)$ のグラフと $x$ 軸、それに、2直線 $x = a$、$x = b$ によって囲まれた図形の面積の定義につながります（§90）。

〔例題〕次の定積分を計算してください。

(1) $\int_0^1 x^2 \, dx$  (2) $\int_0^2 x^3 \, dx$

[解]

(1) $\int_0^1 x^2 \, dx = \lim_{n \to \infty} \sum_{i=1}^{n} \left(\frac{i}{n}\right)^2 \frac{1}{n}$

$= \lim_{n \to \infty} \frac{1^2 + 2^2 + 3^2 + \cdots n^2}{n^3}$

$= \lim_{n \to \infty} \frac{n(n+1)(2n+1)}{6n^3}$

$= \lim_{n \to \infty} \frac{1}{6}\left(1 + \frac{1}{n}\right)\left(2 + \frac{1}{n}\right)$

$= \frac{1}{6}(1+0)(2+0) = \frac{1}{3}$

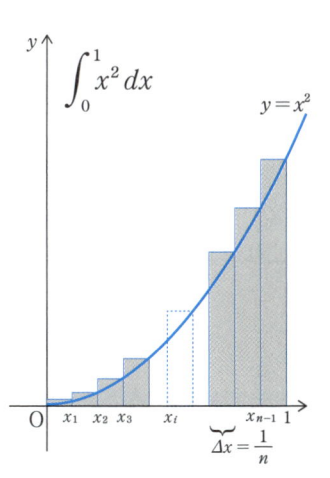

（注） $1^2 + 2^2 + 3^2 + \cdots + n^2 = \dfrac{n(n+1)(2n+1)}{6}$  （§62）

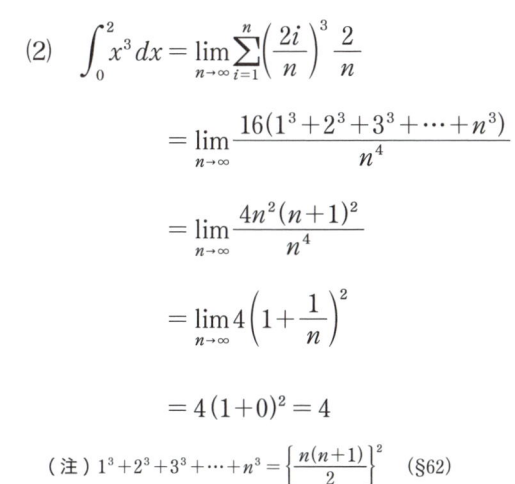

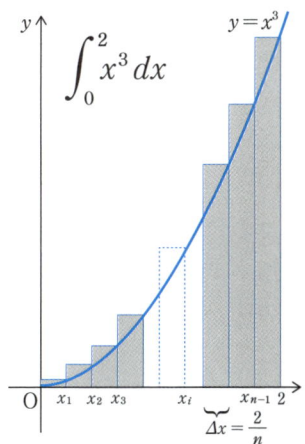

(2) $\int_0^2 x^3 \, dx = \lim_{n \to \infty} \sum_{i=1}^{n} \left(\frac{2i}{n}\right)^3 \frac{2}{n}$

$= \lim_{n \to \infty} \frac{16(1^3 + 2^3 + 3^3 + \cdots + n^3)}{n^4}$

$= \lim_{n \to \infty} \frac{4n^2(n+1)^2}{n^4}$

$= \lim_{n \to \infty} 4\left(1 + \frac{1}{n}\right)^2$

$= 4(1+0)^2 = 4$

（注） $1^3 + 2^3 + 3^3 + \cdots + n^3 = \left\{\dfrac{n(n+1)}{2}\right\}^2$  （§62）

# §83 微分積分学の基本定理

$f(x)$ が連続関数であるとき、 $\dfrac{d}{dx}\displaystyle\int_a^x f(t)dt = f(x)$

## 解説！ 微積の基本定理

　微分と積分は独立にその理論が構築されました。本書では、微分を最初に紹介しましたが、実は積分の方が古く、その歴史は古代ギリシャのアルキメデスの**取り尽くし法**にまで遡ることができます。

　これに対し、微分の始まりは18世紀のニュートンやフェルマー、ライプニッツの時代です。互いに異なる発展を遂げてきた積分と微分でしたが、これらは本節の「**微分積分学の基本定理**」で結びつくのです。

## なぜ、そうなる？

　微分積分学の基本定理は、次の「積分における平均値の定理」を用いて証明することができます。

●積分における平均値の定理

　関数 $f(x)$ が閉区間 $[a, b]$ で連続ならば、$(a, b)$ 上に点 $c$ が少なくとも一つ存在して次の等式が成立する。

$$\int_a^b f(x)dx = f(c)(b-a) \quad \cdots\cdots ②$$

　この定理の成立は**無限級数**の考えを用いて証明されますが、ここでは右の図から、②の意味を直観的に理解してみましょう。

　右図において、$\displaystyle\int_a^b f(x)dx$ は関数 $y=f(x)$ のグラフと $x$ 軸、それに2

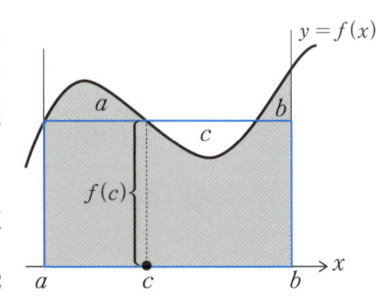

直線 $x=a$ と $x=b$ に囲まれた図形の面積（図のグレー部分）です（§90）。これは区間 $(a, b)$ 上の適当な $c$ をもとに、$f(c)$ を高さとする図の青い長方形の面積と同じにすることができるというのが②の直観的な意味です。

### なぜかを証明してみる

前ページの「微分積分学の基本定理」の公式を証明してみましょう。まず、$\int_a^x f(t)dt$ は $x$ の関数なので、これを $F(x)$ とおきます。つまり

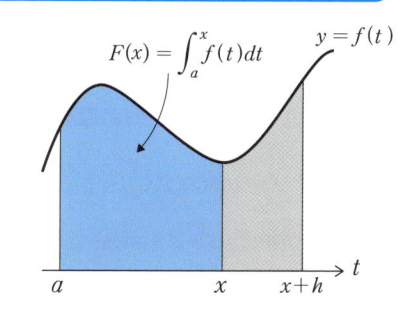

$$F(x) = \int_a^x f(t)dt$$

すると、定積分の性質から（§82、242 ページ）、

$$F(x+h) = \int_a^{x+h} f(t)dt = \int_a^x f(t)dt + \int_x^{x+h} f(t)dt$$
$$= F(x) + \int_x^{x+h} f(t)dt$$

これと、積分の平均値の定理より

$$F(x+h) - F(x) = \int_x^{x+h} f(t)dt = hf(x+\theta h) \quad (0 < \theta < 1)$$

ゆえに、$F'(x) = \lim_{h \to 0} \dfrac{F(x+h) - F(x)}{h} = \lim_{h \to 0} f(x+\theta h) = f(x)$

よって、$\dfrac{d}{dx}\int_a^x f(t)dt = f(x)$

### 使ってみればわかる！

(1) $\dfrac{d}{dx}\int_1^x t^2 dt = x^2$　　　(2) $\dfrac{d}{dx}\int_0^x \sin t\, dt = \sin x$

# §84 不定積分とその公式

(1) $F(x)$ が $f(x)$ の一つの原始関数であれば、$F(x)+C$ もまた $f(x)$ の原始関数である。ただし、$C$ は定数。

(2) 関数 $f(x)$ の原始関数の全体を記号 $\int f(x)dx$ で表し、これを**不定積分**という。

$F(x)$ を $f(x)$ の一つの原始関数とすれば

$$\int f(x)dx = F(x)+C \quad (C \text{ は定数}) \quad \text{と書ける。}$$

(注) 記号 $\int$ はインテグラルと読み、不定積分を求めることを「**積分する**」といいます。

## 解説！ 不定積分の $C$ ？

前節で紹介したように $\dfrac{d}{dx}\displaystyle\int_a^x f(t)dt = f(x)$ です。つまり、$\displaystyle\int_a^x f(t)dt$ を $x$ で微分すると $f(x)$ になります。このように微分して $f(x)$ になる関数 $F(x)$ を $f(x)$ の**原始関数**といいます。下図はすべて $f(x)$ の原始関数で、無数にあります。その違いは「定数 $(C)$」だけです。

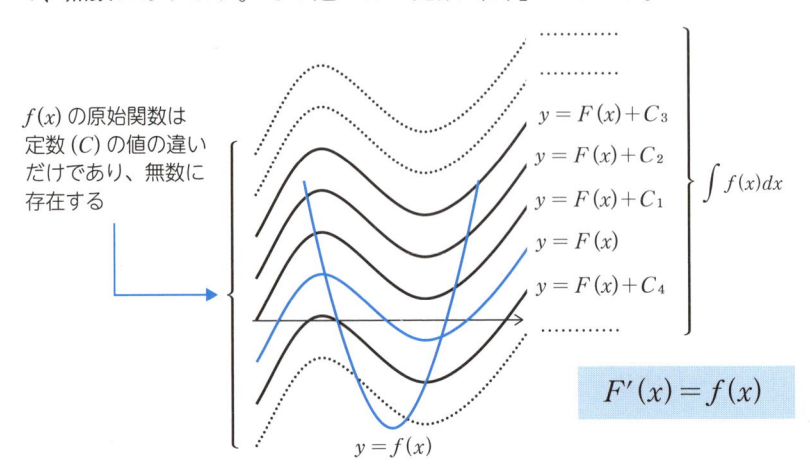

$f(x)$ の原始関数は定数 $(C)$ の値の違いだけであり、無数に存在する

$y = F(x)+C_3$
$y = F(x)+C_2$
$y = F(x)+C_1$
$y = F(x)$
$y = F(x)+C_4$

$\int f(x)dx$

$F'(x) = f(x)$

$y = f(x)$

● **積分には線形性がある**

積分には線形性があります。つまり、

(1) $\displaystyle\int kf(x)dx = k\int f(x)dx$　　（$k$ は定数）

(2) $\displaystyle\int \{f(x) \pm g(x)\}dx = \int f(x)dx \pm \int g(x)dx$　　（複号同順）

（注）対応の規則 $f$ が次の二つの性質を持っているとき $f$ は **線形性** があるといいます。つまり、
(1) $x$ に $f(x)$ が対応しているときには、$ax$ に $af(x)$ が対応している。
　　$f(ax) = af(x)$
(2) $x$ に $f(x)$、$y$ に $f(y)$ が対応しているときには、$x+y$ に $f(x)+f(y)$ が対応している。
　　$f(x+y) = f(x)+f(y)$

## 基本的な関数の不定積分

以下に、基本的な関数の不定積分を紹介します。

(1) $\displaystyle\int k\,dx = kx + C$　　(2) $\displaystyle\int x^\alpha dx = \frac{x^{\alpha+1}}{\alpha+1} + C$　　$(\alpha \neq -1)$

(3) $\displaystyle\int \frac{1}{x}dx = \log|x| + C$　　(4) $\displaystyle\int \sin x\,dx = -\cos x + C$

(5) $\displaystyle\int \cos x\,dx = \sin x + C$　　(6) $\displaystyle\int e^x dx = e^x + C$　（$e$ はネイピアの数）

(7) $\displaystyle\int a^x dx = \frac{a^x}{\log a} + C$　　(8) $\displaystyle\int \log x\,dx = x(\log x - 1) + C$

(9) $\displaystyle\int \log_a x\,dx = \frac{x(\log x - 1)}{\log a} + C$

上記が正しいかどうかは、右辺を微分したものが左辺の被積分関数（つまり、$\int$ と $dx$ との間に記された関数）になっているかどうかを確かめればよいのです。

# §85 部分積分法（不定積分）

積の関数を積分するとき、下記の式を利用して不定積分を求める方法を**部分積分法**という。

$$\int f'(x)g(x)dx = f(x)g(x) - \int f(x)g'(x)dx \quad \cdots\cdots ①$$

### 解説！ 部分積分法とは

微分法の一つに、二つの関数を掛け合わせたものを微分するのに便利な「**積の微分法**」（§68）があります。これを積分に利用したのが、上記の**部分積分法**です。例えば、次のように使います。

$$\int (\cos x)x dx = \int (\sin x)' x dx = (\sin x)x - \int (\sin x)x' dx$$
$$= (\sin x)x - \int \sin x dx = x\sin x + \cos x + C$$

ここでは、①において $f'(x) = \cos x$、$g(x) = x$ と見なしています。

ただ、①を使えば必ず $f'(x)g(x)$ の不定積分が求めやすくなるとは限りません。この場合、$f'(x) = x$、$g(x) = \cos x$ として①を使うと、

$$\int x\cos x dx = \int \left(\frac{x^2}{2}\right)' \cos x dx = \frac{x^2}{2}\cos x + \int \left(\frac{x^2}{2}\right)\sin x dx$$

となり、かえって積分計算が大変になります。よく見極めて①を使わなくてはなりません。

## 積の微分法が部分積分法の土台

二つの関数 $f(x)$ と $g(x)$ を掛けた $f(x)g(x)$ を微分する際に使えるのが「積の微分法」。これを利用して部分積分法の公式を導いてみます。まず、積の微分法で、

$$\{f(x)g(x)\}' = f'(x)g(x) + f(x)g'(x)$$

となり、上式の両辺を $x$ で積分すると

$$f(x)g(x) = \int \{f'(x)g(x) + f(x)g'(x)\}dx$$
$$= \int f'(x)g(x)dx + \int f(x)g'(x)dx$$

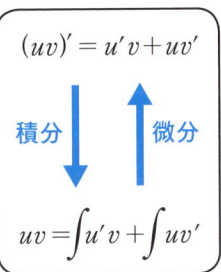

$$(uv)' = u'v + uv'$$
積分 ↓ ↑ 微分
$$uv = \int u'v + \int uv'$$

移項すると $\quad \int f'(x)g(x)dx = f(x)g(x) - \int f(x)g'(x) \quad \cdots\cdots ①$

①は一見複雑で、読み上げるのも大変です。そこで、①の本質を単純な記号で表現した次の式で覚えておくといいでしょう。

$$\int u'v = uv - \int uv', \quad \int uv' = uv - \int u'v$$

〔例題〕部分積分法を使って、次の問題を解いてください。

(1) $\int \log x \, dx$ (2) $\int xe^x \, dx$

［解］

(1) $\int \log x \, dx = \int x' \log x \, dx = x \log x - \int x(\log x)' dx = x \log x - \int x \frac{1}{x} dx$
$= x \log x - \int dx = x \log x - x + C$

(2)
$\int xe^x dx = \int x(e^x)' dx = xe^x - \int x' e^x dx = xe^x - \int e^x dx = xe^x - e^x + C$

## §86

# 置換積分法（不定積分）

積分の計算において積分変数を他の変数に置き換えて計算する方法を**置換積分法**という。

イメージで示すと次の二つのパターンがある。

(1) 複雑な式を一文字で置き換える

$$\int f(g(x))g'(x)dx = \int f(t)dt$$

$g(x)=t$ と置換（このとき、$g'(x)dx=dt$）

(2) 積分変数 $x$ を他の式で置き換える

$$\int f(x)dx = \int f(g(t))g'(t)dt$$

$x=g(t)$ と置換（このとき、$dx=g'(t)dt$）

### 解説！　置換積分法

関数 $f(x)$ が与えられたとき、その不定積分は $\int_0^x f(x)dt$ と書けます（§83）が、これを $\int$ を使わないで書くのは一般には困難です。しかし、ここで紹介する置換積分法や前節で紹介した部分積分法などを利用すると、$\int$ を使わないで表現できる範囲が広がります。

#### ●複雑な式を1文字で置換

複雑な式よりも簡単な式の方が処理しやすいのは当然です。そこで、複雑な式を1文字で置き換えてしまうのが(1)の発想です。

$\int x(x^2-1)^3 dx$ は $\int x(x^2-1)^3 dx = \int \frac{1}{2}(x^2-1)^3 2x dx$ と変形できます。

そこで、$x^2-1$ を $t$ で置換してみます。つまり、$t=x^2-1$

すると $\dfrac{dt}{dx}=2x$ より $dt=2xdx$ となります。

ゆえに、$\displaystyle\int x(x^2-1)^3 dx = \int \dfrac{1}{2}(x^2-1)^3 2xdx = \int \dfrac{1}{2}t^3 dt = \dfrac{1}{8}t^4+C$

この $t$ に $x^2-1$ を代入すれば $\displaystyle\int x(x^2-1)^3 dx = \dfrac{1}{8}(x^2-1)^4+C$

つまり、$\displaystyle\int x(x^2-1)^3 dx$ の計算が変数を置換することによって $\displaystyle\int \dfrac{1}{2}t^3 dt$ の計算で済んだわけです。

●積分変数 $x$ を他の式で置換

　積分変数 $x$ を、わざわざ複雑な式で置き換えるのはためらわれますが、そのことで、結果的に計算しやすい世界に移行できればそれなりに意味があります。これが(2)の発想です。具体例で見てみましょう。

$\displaystyle\int \dfrac{1}{\sqrt{a^2-x^2}} dx$　　$(a>0)$ を求めてみましょう。

関数　$\dfrac{1}{\sqrt{a^2-x^2}}$ の定義域は　$-a<x<a$　です。

そこで、$x=a\sin t$ $\left(-\dfrac{\pi}{2}<t<\dfrac{\pi}{2}\right)$ と置換すれば　$dx=a\cos t dt$

ゆえに、

$$\int \dfrac{1}{\sqrt{a^2-x^2}} dx = \int \dfrac{1}{\sqrt{a^2(1-\sin^2 t)}} a\cos dt$$

$$= \int \dfrac{a\cos t}{a\cos t} dt = \int dt = t+C = \sin^{-1}\dfrac{x}{a}+C$$

(注)　$t=\sin^{-1}\dfrac{x}{a}$ $(-a<x<a)$ は　$x=a\sin t$ $\left(-\dfrac{\pi}{2}<t<\dfrac{\pi}{2}\right)$ の逆関数（§57）です。

つまり、$\int \dfrac{1}{\sqrt{a^2-x^2}}dx$ の計算が変数を置換することによって $\int dt$ の計算で済んだわけです。

## なぜ成り立つのか？

(1)について、

$\int f(t)dt = F(t)+C$ とします。関数 $y=F(g(x))$ を二つの関数 $y=F(t)$ と $t=g(x)$ が合成されたものと見ると、合成関数の微分法より

$$\dfrac{dy}{dx}=\dfrac{d}{dx}F(g(x))=\dfrac{d}{dt}F(t)\ \dfrac{dt}{dx}=f(t)g'(x)=f(g(x))g'(x)$$

ゆえに、 $\int f(g(x))g'(x)dx = F(g(x))+C = F(t)+C = \int f(t)dt$

（注）右辺の $\int f(t)dt$ を計算した結果に $t=g(x)$ を代入すれば $\int f(g(x))g'(x)dx$ が $x$ を用いて求められます。

(2)について、

(1)の $x$ と $t$ の役割を交換して考えると $\int f(x)dx = \int f(g(t))g'(t)dt$

（注）この右辺を計算した結果に $x=g(t)$ の逆関数 $t=g^{-1}(x)$ を代入すれば $\int f(x)dx$ が $g^{-1}(x)$ を用いて求められます。

〔例題〕置換積分法を用いて、次の不定積分を求めてください。

(1) $\int \sin^2 x\cos x\,dx$  (2) $\int \cos\left(\dfrac{1}{4}x+2\right)dx$  (3) $\int \dfrac{1}{a^2+x^2}dx$

［解］

(1) $\int \sin^2 x \cos x\,dx$ で、$t=\sin x$ とすると、$\dfrac{dt}{dx}=\cos x$ より $dt=\cos x\,dx$

∴ $\int \sin^2 x\cos x\,dx = \int t^2 dt = \dfrac{t^3}{3}+C = \dfrac{1}{3}\sin^3 x+C$

(2) $\int \cos\left(\dfrac{1}{4}x+2\right)dx$ で、$t=\dfrac{1}{4}x+2$ とすると、$\dfrac{dt}{dx}=\dfrac{1}{4}$ より $4dt=dx$

$$\therefore \int \cos\left(\dfrac{1}{4}x+2\right)dx = \int (\cos t)4dt = 4\int \cos t\,dt$$
$$= 4\sin t + C$$
$$= 4\sin\left(\dfrac{1}{4}x+2\right) + C$$

(3) $\int \dfrac{1}{a^2+x^2}dx$ において、$x=a\tan\theta\left(-\dfrac{\pi}{2}<\theta<\dfrac{\pi}{2}\right)$ とすると、$\dfrac{dx}{d\theta}=a\sec^2\theta$ より $dx=a\sec^2\theta\,d\theta$

$$\therefore \int \dfrac{1}{a^2+x^2}dx = \int \dfrac{1}{a^2+a^2\tan^2\theta}a\sec^2\theta\,d\theta$$
$$= \int \dfrac{1}{a^2\sec^2\theta}a\sec^2\theta\,d\theta$$
$$= \dfrac{1}{a}\int d\theta = \dfrac{1}{a}\theta + C$$
$$= \dfrac{1}{a}\tan^{-1}\dfrac{x}{a} + C$$

(注) $\theta=\tan^{-1}\dfrac{x}{a}$ は $x=a\tan\theta\left(-\dfrac{\pi}{2}<\theta<\dfrac{\pi}{2}\right)$ の逆関数 (§57) です。

# §87 不定積分を用いた定積分の計算法

$$\int_a^b f(x)dx = \left[F(x)\right]_a^b = F(b) - F(a) \quad \text{ただし、} F'(x) = f(x)$$

## 解説！ 不定積分からの定積分

定積分は次のように無限の和（無限級数）として定義されました。

$$\int_a^b f(x)dx = \lim_{n \to \infty} \sum_{i=1}^n f(x_i) \Delta x$$
$$= \lim_{n \to \infty} (f(x_1)\Delta x + f(x_2)\Delta x + \cdots + f(x_n)\Delta x)$$

この計算は実際にはかなり大変です。ところが、微分積分学の基本定理によって、定積分は微分と結びつくことになりました。その結果、定積分の計算は上記の定理のように、被積分関数の原始関数が求められれば、その関数に定積分の上端 $b$ の値を代入したものから下端の値 $a$ を代入したものを引くだけで求められることになります。

（注） 高校の教科書では上記を定積分の定義として扱っています。

### ●積分の計算がラクになる

この定理を使うと、定積分の計算は被積分関数 $f(x)$ の原始関数 $F(x)$ が求められれば、$F(b) - F(a)$ を計算するだけで済んでしまい、すごくラクになります。

例えば、前節で紹介した定積分の下記の計算を見てみましょう。

$$\int_0^1 x^2 dx = \lim_{n \to \infty} \sum_{i=1}^n \left(\frac{i}{n}\right)^2 \frac{1}{n} = \lim_{n \to \infty} \frac{1^2 + 2^2 + 3^2 + \cdots + n^2}{n^3}$$
$$= \lim_{n \to \infty} \frac{n(n+1)(2n+1)}{6n^3} = \lim_{n \to \infty} \frac{1}{6}\left(1 + \frac{1}{n}\right)\left(2 + \frac{1}{n}\right)$$
$$= \frac{1}{6}(1+0)(2+0) = \frac{1}{3}$$

これはかなり大変です。しかし、この計算は $f(x)=x^2$ の不定積分が $F(x)=\dfrac{1}{3}x^3$ であることを利用すれば、

$$\int_0^1 x^2\,dx = \left[\dfrac{1}{3}x^3\right]_0^1 = \dfrac{1}{3}-0 = \dfrac{1}{3}$$

となり、驚くほどラクな計算になります。

### なぜ、そうなるのか？

微分積分学の基本定理より、$\displaystyle\int_a^x f(t)dt$ は $f(x)$ の原始関数です。

したがって、$F'(x)=f(x)$ より、$\displaystyle\int_a^x f(t)dt = F(x)+C$ と書けます。

下端と上端が等しければ定積分は $0$ だから、

$$\int_a^a f(t)dt = F(a)+C = 0 \quad \text{よって、} \quad C = -F(a)$$

$$\therefore \quad \int_a^x f(t)dt = F(x)-F(a)$$

$x$ に $b$ を代入して積分変数を $t$ から $x$ に書き換えると次の式を得ます。

$$\int_a^b f(x)dx = F(b)-F(a) \quad (\text{この右辺を}\,[F(x)]_a^b\,\text{と書きます})$$

### 使ってみよう！ ベンリ定積分計算法

(1) $\displaystyle\int_a^b x^n\,dx = \left[\dfrac{1}{n+1}x^{n+1}\right]_a^b = \dfrac{1}{n+1}(b^{n+1}-a^{n+1})$

(2) $\displaystyle\int_0^\pi \sin x\,dx = [-\cos x]_0^\pi = 1-(-1) = 2$

(3) $\displaystyle\int_0^1 \sqrt{x}\,dx = \left[\dfrac{2}{3}x^{\frac{3}{2}}\right]_0^1 = \dfrac{2}{3}(1-0) = \dfrac{2}{3}$

第8章 積分　不定積分を用いた定積分の計算法

# §88 部分積分法（定積分）

> 閉区間 $[a, b]$ において $f(x)$、$g(x)$ が微分可能で、かつ、$f'(x)$、$g'(x)$ が連続であるとき、
> $$\int_a^b f'(x)g(x)dx = [f(x)g(x)]_a^b - \int_a^b f(x)g'(x)dx \quad \cdots\cdots ①$$
> $$\int_a^b f(x)g'(x)dx = [f(x)g(x)]_a^b - \int_a^b f'(x)g(x)dx \quad \cdots\cdots ②$$

### 解説！ 部分積分法

不定積分における部分積分法（§85）の定積分版が上記の①、②です。例えば、次のように使います。

$$\int_0^\pi x\sin x\,dx = \int_0^\pi x(-\cos x)'dx = [-x\cos x]_0^\pi - \int_0^\pi x'(-\cos x)dx$$

$$= [-x\cos x]_0^\pi + \int_0^\pi \cos x\,dx = \pi + [\sin x]_0^\pi = \pi + 0 = \pi$$

ここでは、②において $f(x)=x$、$g(x)=-\cos x$ と見なしました。

### なぜ、そうなる？

$\{f(x)g(x)\}' = f'(x)g(x) + f(x)g'(x)$ より $f'(x)g(x) + f(x)g'(x)$ の不定積分は $f(x)g(x)$ である。よって、不定積分を用いた定積分の計算法（§87）より、

$$\int_a^b \{f'(x)g(x) + f(x)g'(x)\}dx = [f(x)g(x)]_a^b$$

定積分の性質（§82）より、

$$\int_a^b \{f'(x)g(x) + f(x)g'(x)\}dx = \int_a^b f'(x)g(x)dx + \int_a^b f(x)g'(x)dx$$

ゆえに $\int_a^b f'(x)g(x)dx + \int_a^b f(x)g'(x)dx = \Big[f(x)g(x)\Big]_a^b$

上記の式を移項すると、①、②を得ます。

## 使ってみれば分かる！

部分積分法（定積分）を使う典型的な問題に挑戦してみましょう。

(1) $\int_1^e \log x\, dx = \Big[x\log x\Big]_1^e - \int_1^e dx = e - \Big[x\Big]_1^e = 1$

(2) $\int_\alpha^\beta (x-\alpha)(x-\beta)dx = \left[\dfrac{(x-\alpha)^2}{2}(x-\beta)\right]_\alpha^\beta - \int_\alpha^\beta \dfrac{(x-\alpha)^2}{2}dx$

$= 0 - \left[\dfrac{(x-\alpha)^3}{6}\right]_\alpha^\beta = -\dfrac{(\beta-\alpha)^3}{6}$

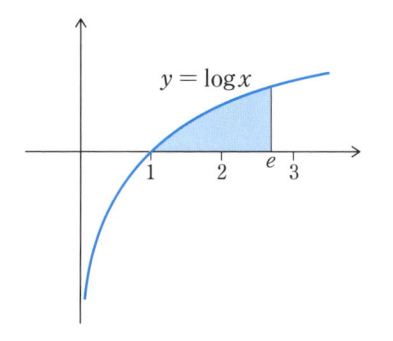

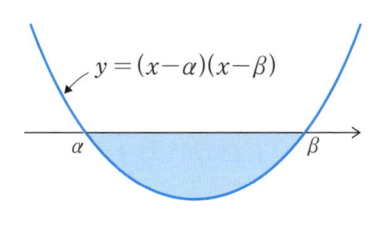

(注) $\int (ax+b)^n dx = \dfrac{(ax+b)^{n+1}}{a(n+1)} + C \cdots\cdots$ (§69)

# §89 置換積分法（定積分）

　積分の計算において積分変数を他の変数に置き換えて計算する方法を置換積分法という。
　イメージで示すと次の二つのパターンがある。

(1) 複雑な式を一文字で置き換える

$$\int_a^b f(g(x))g'(x)dx = \int_\alpha^\beta f(t)dt$$

　　$g(x)=t$ と置換 （このとき、$g'(x)dx=dt$）

| $x$ | $a$ | $\to$ | $b$ |
|---|---|---|---|
| $t$ | $\alpha$ | $\to$ | $\beta$ |

(2) 積分変数 $x$ を他の式で置き換える

$$\int_a^b f(x)dx = \int_\alpha^\beta f(g(t))g'(t)dt$$

　　$x=g(t)$ と置換 （このとき、$dx=g'(t)dt$）

| $x$ | $a$ | $\to$ | $b$ |
|---|---|---|---|
| $t$ | $\alpha$ | $\to$ | $\beta$ |

### 解説！ 置換積分法

　関数 $f(x)$ が与えられたとき、その定積分を求めるのは一般には困難です。つまり、求められないことが多いのです。しかし、ここで紹介する置換積分法、あるいは前節で紹介した部分積分法などを利用すると求められる定積分の範囲が広がります。

●置換したことで「積分区間」が変わる！

積分変数 $x$ を他の変数 $t$ を用いて、$t=g(x)$ とか $x=g(t)$ と置換したとき、積分変数 $x$ のとる値の範囲が、新たな積分変数 $t$ の範囲に引き継がれることに注意しなければいけません。具体例で見てみましょう。

(1)の例

$$\int_1^2 x(x^2-1)^3 \, dx = \int_0^3 t^3 \frac{1}{2} dt = \left[\frac{t^4}{8}\right]_0^3 = \frac{81}{8}$$

$t=x^2-1$ と置換（このとき、$dt=2xdx$）

| $x$ | 1 | → | 2 |
|---|---|---|---|
| $t$ | 0 | → | 3 |

(2)の例

$$\int_0^r \sqrt{r^2-x^2} \, dx = \int_0^{\frac{\pi}{2}} \sqrt{r^2-r^2\sin^2\theta} \, r\cos\theta d\theta = r^2 \int_0^{\frac{\pi}{2}} \cos^2\theta d\theta$$

$x=r\sin\theta$ と置換（このとき、$dx=r\cos\theta d\theta$）

| $x$ | 0 | → | $r$ |
|---|---|---|---|
| $\theta$ | 0 | → | $\frac{\pi}{2}$ |

$$= r^2 \int_0^{\frac{\pi}{2}} \frac{1+\cos 2\theta}{2} d\theta = \frac{r^2}{2}\left[\theta+\frac{\sin 2\theta}{2}\right]_0^{\frac{\pi}{2}} = \frac{\pi r^2}{4}$$

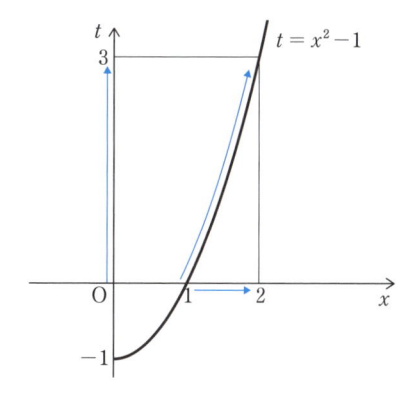

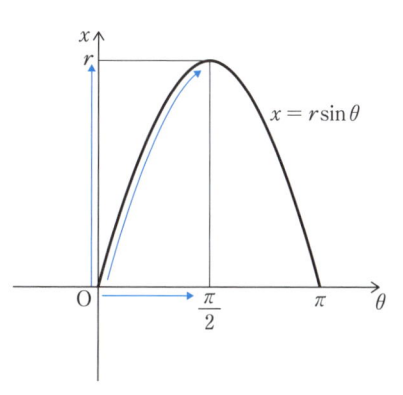

### なぜ成り立つのか？

置換積分法（定積分）の公式(1)について考えてみましょう。

$\int f(t)dx = F(t) + C$ とします。二つの関数 $y = F(t)$ と $t = g(x)$ が合成された関数 $y = F(g(x))$ を合成関数の微分法で微分すると、

$$\frac{dy}{dx} = \frac{d}{dx}F(g(x)) = \frac{d}{dt}F(t)\frac{dt}{dx} = f(t)g'(x) = f(g(x))g'(x)$$

よって、$F(g(x))$ は $f(g(x))g'(x)$ の不定積分です。ゆえに、このことと、$\alpha = g(a)$、$\beta = g(b)$ より、

$$\int_a^b f(g(x))g'(x)dx = \Big[F(g(x))\Big]_a^b$$
$$= F(g(b)) - F(g(a)) = F(\beta) - F(\alpha)$$
$$= \int_\alpha^\beta f(t)dt$$

同様に、置換積分法（定積分）の公式(2)について見てみましょう。

(1)の $\int_a^b f(g(x))g'(x)dx = \int_\alpha^\beta f(t)dt$ において、積分変数 $x$ と $t$ を交換し、$\alpha$ と $a$、$\beta$ と $b$ を交換すれば、(2)を得ます。

本書では(1)と(2)に分けて置換積分を説明しましたが、本質的な違いはありません。二つの変数の関係を「どちらを主役にして表現するか」の違いです。

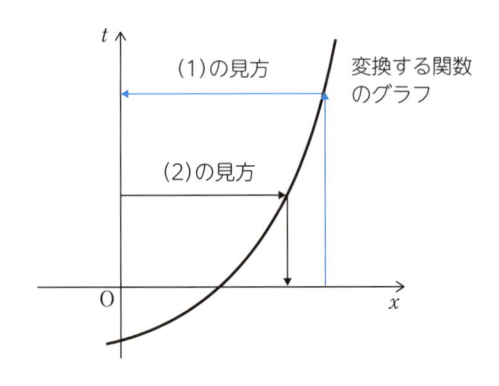

### 導いてみよう！ 置換積分法

置換積分法を用いて、次の公式を導きましょう。

(1) 関数 $f(x)$ が偶関数ならば、$\displaystyle\int_{-a}^{a} f(x)dx = 2\int_{0}^{a} f(x)dx$

(2) 関数 $f(x)$ が奇関数ならば、$\displaystyle\int_{-a}^{a} f(x)dx = 0$

ここで、**偶関数**とは $f(-x)=f(x)$ を満たす関数で、そのグラフは $y$ 軸対称になっています。また、**奇関数**とは $f(-x)=-f(x)$ を満たす関数で、そのグラフは原点対称になっています。

それでは(1)、(2)を導いてみましょう。

定積分の性質より、積分区間を分けると、

$$\int_{-a}^{a} f(x)dx = \int_{-a}^{0} f(x)dx + \int_{0}^{a} f(x)dx$$

右辺の第 1 項の定積分で $x=-t$ と置換すれば $dx=-dt$ より

$$\int_{-a}^{0} f(x)dx = \int_{a}^{0} -f(-t)dt = \int_{0}^{a} f(-t)dt = \int_{0}^{a} f(-x)dx$$

ゆえに　$\displaystyle\int_{-a}^{a} f(x)dx = \int_{-a}^{0} f(x)dx + \int_{0}^{a} f(x)dx = \int_{0}^{a} \{f(-x)+f(x)\}dx$

ここで、$f(x)$ が偶関数ならば $f(-x)=f(x)$ なので、

$$\int_{-a}^{a} f(x)dx = \int_{0}^{a} \{f(-x)+f(x)\}dx = 2\int_{0}^{a} f(x)dx$$

また、もし $f(x)$ が奇関数ならば $f(-x)=-f(x)$ なので、

$$\int_{-a}^{a} f(x)dx = \int_{0}^{a} \{f(-x)+f(x)\}dx = 2\int_{0}^{a} 0dx = 0$$

となります。

置換積分法（定積分）の(1)、(2)の公式を知っていると、積分計算がかなりラクになることがあります。

# §90 定積分と面積の公式

連続な関数 $y=f(x)$ $(\geqq 0)$ と $x$ 軸、それに、2 直線 $x=a$、$x=b$ によって囲まれた図形の面積 $S$ は次の式で与えられる。

$$S = \int_a^b f(x)dx$$

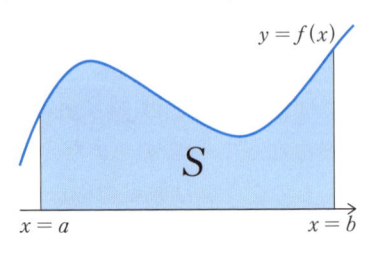

## 解説！ 積分による面積公式

長方形の面積は「縦 × 横」です。

一般に、関数 $y=f(x)$ $(\geqq 0)$ と $x$ 軸、それに、2 直線 $x=a$、$x=b$ によって囲まれた図形の面積とは何でしょうか。それには、まず、図のように区間を $n$ 等分してできる $n$ 個の長方形の面積の和を求めます。

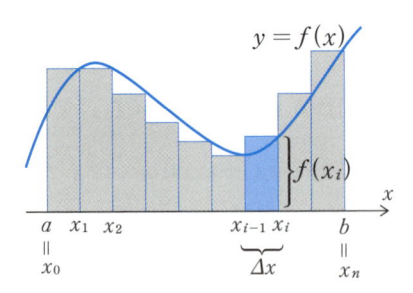

$$\sum_{i=1}^{n} f(x_i)\Delta x = f(x_1)\Delta x + f(x_2)\Delta x + \cdots + f(x_n)\Delta x \quad \cdots\cdots ①$$

ここで、分割を限りなく細かく、つまり、$n$ を限りなく大きくしたときに①がある一定の値に近づけば、その値を「面積」と決めることにします。つまり、このようにして一般に曲線によって囲まれた図形の面積を定義するのです。

● 面積の定義は定積分そのもの

定積分 $\int_a^b f(x)dx$ は下記の式で定義されています。

$$\int_a^b f(x)dx = \lim_{n\to\infty}\sum_{i=1}^n f(x_i)\Delta x$$
$$= \lim_{n\to\infty}(f(x_1)\Delta x + f(x_2)\Delta x + \cdots + f(x_n)\Delta x) \quad \cdots\cdots ②$$

これは、まさしく①の極限値そのものです。つまり、関数値が0以上であれば、$\int_a^b f(x)dx$ の値をもって、$y=f(x)$ と $x$ 軸、それに、2直線 $x=a$、$x=b$ によって囲まれた図形の面積と定義するのです。

● 微積の基本定理をグラフで

「微分積分学の基本定理（§83）」

$$\frac{d}{dx}\int_a^x f(t)dt = f(x)$$

は被積分関数が0以上の値をとる場合、面積を微分すると被積分関数になることを示しています。

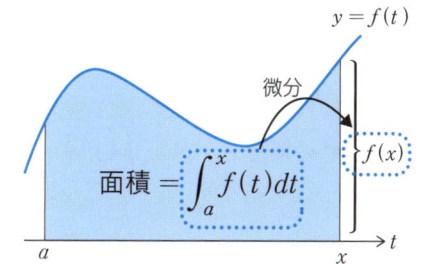

● 関数 $y=f(x)$ のグラフが $x$ 軸の下にある場合の面積 $S$

$y=f(x)$ を $x$ 軸に関して対称移動すれば、そのグラフは $x$ 軸より上にあるので、次の公式を得ます。

$$S = \int_a^b -f(x)dx = -\int_a^b f(x)dx$$

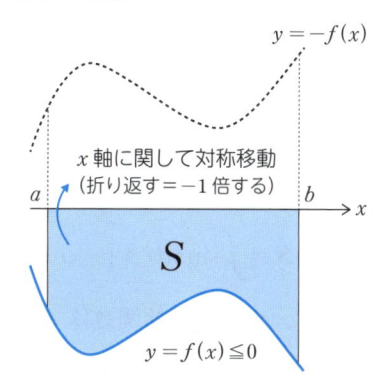

### ●二つの関数のグラフに囲まれた面積 $S$

左下図の場合、面積 $S$ は $y=f(x)$ のグラフで囲まれた図形の面積から、$y=g(x)$ のグラフで囲まれた面積を引けば求められます。

$$S = \int_a^b f(x)dx - \int_a^b g(x)dx = \int_a^b \{f(x)-g(x)\}dx$$

また、右下図の場合、$f(x)$ と $g(x)$ の両方に適当な正の数を足せばグラフはともに $x$ 軸より上に位置するので左下図の場合に帰着します。

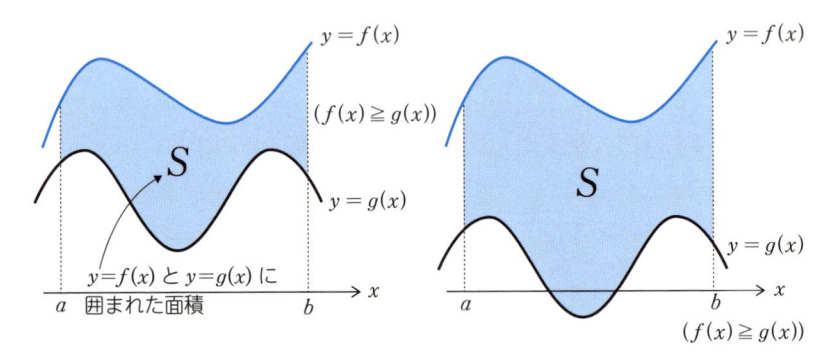

いずれの場合も $\quad S = \int_a^b \{f(x)-g(x)\}dx \quad$ となります。

### 使ってみれば分かる！

面積そのものは前ページ②の公式で表されますが、実際の計算は無限の和ではなく、次の計算で求められます（§87）。

$$\int_a^b f(x)dx = \left[F(x)\right]_a^b = F(b)-F(a) \quad \text{ただし、} F'(x)=f(x)$$

(1) $0 \leq x \leq \pi$ において $y=\sin x$ のグラフと $x$ 軸によって囲まれた図形の面積 $S$ を求めると次のようになります。

$$S = \int_0^\pi \sin x\, dx = \left[-\cos x\right]_0^\pi = -\cos \pi - (-\cos 0) = 1+1 = 2$$

ここで、$\sin x$ の原始関数は $-\cos x$ であることを使いました。

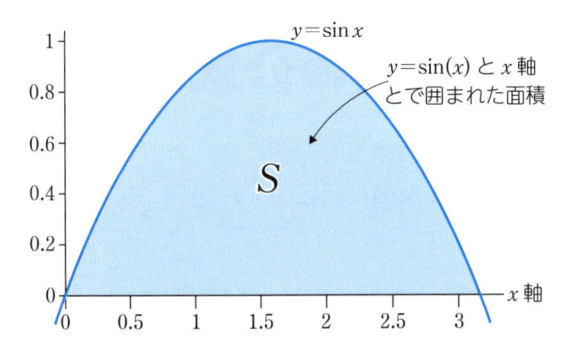

(2) $-1 \leq x \leq 1$ において $y = x^2 - 1$ のグラフと $x$ 軸によって囲まれた図形の面積 $S$ を求めると次のようになります。

$-1 \leq x \leq 1$ において、
$y = x^2 - 1 \leq 0$ なので、
$$S = \int_{-1}^{1} -y\,dx = \int_{-1}^{1}(-x^2 + 1)dx$$
$$= 2\int_{0}^{1}(-x^2 + 1)dx = 2\left[-\frac{x^3}{3} + x\right]_{0}^{1} = \frac{4}{3}$$

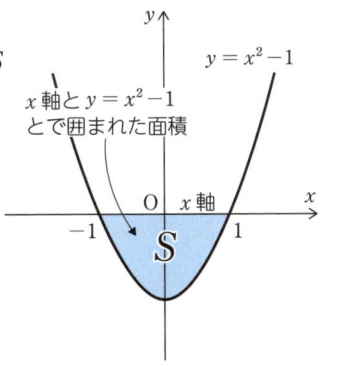

(3) $-\frac{3}{4}\pi \leq x \leq \frac{1}{4}\pi$ において、2曲線 $y = \sin x$、$y = \cos x$ で囲まれた右図の面積 $S$ を求めると次のようになります。

$$S = \int_{-\frac{3\pi}{4}}^{\frac{\pi}{4}}(\cos x - \sin x)dx$$
$$= \left[\sin x + \cos x\right]_{-\frac{3\pi}{4}}^{\frac{\pi}{4}} = 2\sqrt{2}$$

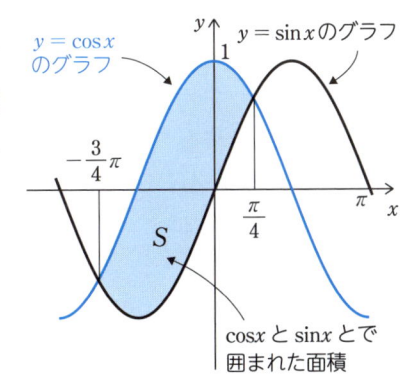

# §91 定積分と体積の公式

立体を $x$ 軸に対して垂直な平面で切ったときの断面積を $S(x)$ とし、立体が存在する範囲を閉区間 $[a, b]$ とするとき、この立体の体積 $V$ は次の定積分で求められる。

$$V = \int_a^b S(x)dx$$

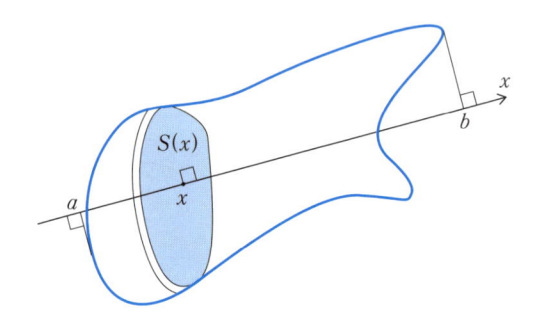

### 解説！ 体積とは薄い板を無限に足したもの

直方体の体積は「縦×横×高さ」です。それでは、一般に立体の体積とは何でしょうか。

そこで、立体が存在する区間を $n$ 等分し、立体を厚さ $\Delta x$ の $n$ 枚の板に分割し、各板を断面積 $S(x_i)$、厚さ $\Delta x$ の立体とし、これを加えたものを考えます。つまり、

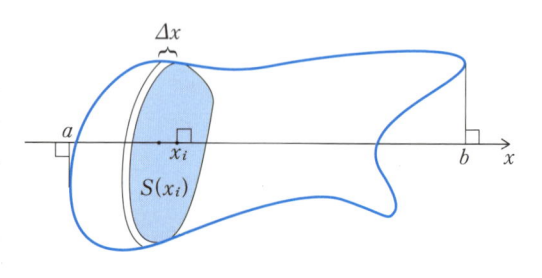

$$\sum_{i=1}^{n} S(x_i)\Delta x = S(x_1)\Delta x + S(x_2)\Delta x + \cdots + S(x_n)\Delta x \quad \cdots\cdots ①$$

その後、分割を限りなく細かくしたとき、つまり、$n$ を限りなく大きくしたときに①が一定の値に近づけば、その値を「**体積 $V$**」と考えます。このようにして立体の体積を考えると、定積分の定義から、

$$V = \lim_{n\to\infty}\{S(x_1)\Delta x + S(x_2)\Delta x + \cdots + S(x_n)\Delta x\} = \lim_{n\to\infty}\sum_{i=1}^{n} S(x_i)\Delta x = \int_a^b S(x)dx$$

となります。

● 回転体の体積は簡単

立体、なかでも**回転体**の場合、**回転軸**に垂直に切った切り口は「円」になるので断面積が簡単に求められます。したがって、関数 $y=f(x)$ のグラフを $x$ 軸を中心に回転してできる立体の体積は次の式で求めることができます。ただし関数のグラフは閉区間 $[a, b]$ で考えることにします。

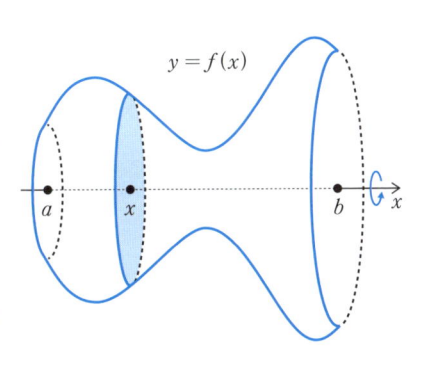

$$V = \int_a^b \pi y^2 dx = \int_a^b \pi\{f(x)\}^2 dx$$

〔例題〕右図の円錐の体積を求めてください。

[解] 回転体の体積として求めます。

$$V = \int_0^a \pi y^2 dx = \int_0^a \pi m^2 x^2 dx$$

$$= \pi m^2 \int_0^a x^2 dx = \pi m^2 \left[\frac{1}{3}x^3\right]_0^a$$

$$= \frac{\pi m^2 a^3}{3} \quad \cdots\cdots 円柱の体積の \frac{1}{3}$$

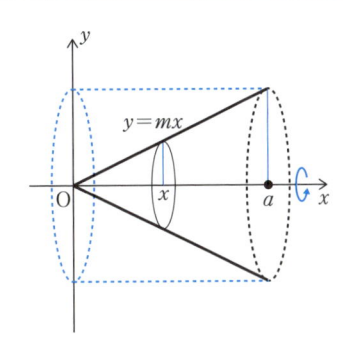

第8章 積分　91 定積分と体積の公式

# §92 定積分と曲線の長さの公式

$y=f(x)$ のグラフの閉区間 $[a, b]$ 部分の曲線の長さ $L$ は次の式で求められる。

$$L = \int_a^b \sqrt{1+\{f'(x)\}^2}\, dx$$

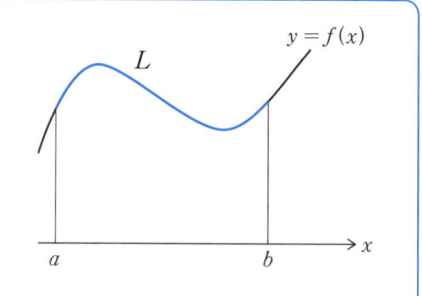

## 解説！ 曲線の長さの公式

　小学生の頃、地図上の曲がった道路の長さを求めるのに、道路の上に紐を曲げて重ね、その後、ピンと伸ばしてその部分の紐の長さを定規ではかったものです。しかし、曲がるということは伸びたり縮んだりしたからで、そんなものをピンと伸ばして大丈夫なのかと不安が残ります。それでは、いったい曲線の長さとは何なのでしょうか。

●曲線の長さは細切れにして各部分を線分で置き換える

　曲線の長さといわれても、よく分かりません。そこで、曲線の長さというものを次のように定義します。

　2点 P、Q を結ぶ曲線 $C$ を $n$ 分割し、右図のように各分点に
　$P_0$、$P_1$、$P_2$、$P_3$、…$P_i$、…、$P_n$
と名前を付けます。ここで、

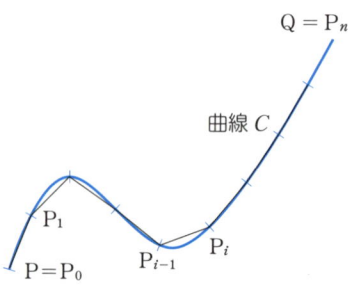

$$\lim_{n\to\infty}\sum_{i=1}^{n}\overline{P_{i-1}P_i} = \lim_{n\to\infty}(\overline{P_0P_1}+\overline{P_1P_2}+\cdots+\overline{P_{i-1}P_i}+\cdots+\overline{P_{n-1}P_n})$$

を考えます。各線分の長さが 0 に近づくように、分割を細かくしたとき、この折れ線の無限の和が一定の値 $l$ に限りなく近づいていくならば、こ

の $l$ を曲線 $C$ の「**長さ**」ということにします。まさに定積分の世界です。

### なぜ曲線の長さを求められるのか？

$y=f(x)$ のグラフの $[a, b]$ 部分の長さを求めるには、まず、区間を $n$ 等分して $n$ 個の折れ線に分けます。すると、左から $i$ 番目の折れ線の長さは次のように書けます。

$$\overline{P_{i-1}P_i}$$
$$=\sqrt{\Delta x^2+\Delta y_i^2}$$
$$=\sqrt{1+\left(\frac{\Delta y_i}{\Delta x}\right)^2}\Delta x$$

したがって、$n$ 個の折れ線の長さの和は次のように書けます。

$$\overline{P_0P_1}+\overline{P_1P_2}+\cdots+\overline{P_{i-1}P_i}+\cdots+\overline{P_{n-1}P_n}=\sum_{i=1}^{n}\sqrt{1+\left(\frac{\Delta y_i}{\Delta x}\right)^2}\Delta x$$

ここで、$n$ を限りなく大きくしていくと $\Delta x$ は限りなく $0$ に近づくので $\frac{\Delta y_i}{\Delta x}$ は導関数 $f'(x)$ の値に近づきます。したがって定積分の定義より

$$\lim_{n\to\infty}\sum_{i=1}^{n}\sqrt{1+\left(\frac{\Delta y_i}{\Delta x}\right)^2}\Delta x=\int_a^b\sqrt{1+\{f'(x)\}^2}\,dx$$

となります。

### 使ってみれば分かる！

曲線の長さの公式には被積分関数に根号がついているので、積分計算は簡単ではありません。そこで、ここでは、比較的計算が簡単な半径 $r$ の円の円周の長さを求めてみることにしましょう。

原点を中心とした半径 $r$ の円の半円が下図のように $y=\sqrt{r^2-x^2}$ と書けることより、円の円周 $L$ は次の計算で求められます。

$$\frac{L}{4}=\int_0^r\sqrt{1+(y')^2}\,dx=\int_0^r\sqrt{1+\left(\frac{-x}{\sqrt{r^2-x^2}}\right)^2}\,dx$$

$$=\int_0^r\frac{r}{\sqrt{r^2-x^2}}\,dx=\int_0^{\frac{\pi}{2}}\frac{r}{r\cos\theta}r\cos\theta\,d\theta$$

$x=r\sin\theta$ と置換

$$=\int_0^{\frac{\pi}{2}}r\,d\theta=\bigl[r\theta\bigr]_0^{\frac{\pi}{2}}=\frac{\pi r}{2}$$

よって、$L=2\pi r$

(注) $y=\sqrt{r^2-x^2}$ において、
$t=r^2-x^2$ と置換すると、$y=\sqrt{t}=t^{\frac{1}{2}}$
よって、$\dfrac{dy}{dx}=\dfrac{dy}{dt}\dfrac{dt}{dx}=\dfrac{1}{2}t^{-\frac{1}{2}}(-2x)=\dfrac{-x}{\sqrt{r^2-x^2}}$

参考までに、放物線 $y=mx^2$ の $[a, b]$ 部分の長さ $L$ を求めると、次のようになります。放物線は身近な存在ですが、その計算はかなり大変です。

$$L=\int_a^b\sqrt{1+(y')^2}\,dx=\int_a^b\sqrt{1+4m^2x^2}\,dx$$

$$=\frac{1}{4}\left[2x\sqrt{4m^2x^2+1}+\frac{1}{m}\log(\sqrt{4m^2x^2+1}+2mx)\right]_a^b$$

$$=\frac{1}{4}\left\{2b\sqrt{(2mb)^2+1}-2a\sqrt{(2ma)^2+1}+\frac{1}{m}\log\frac{\sqrt{(2mb)^2+1}+2mb}{\sqrt{(2ma)^2+1}+2ma}\right\}$$

## 参考

**回転体の表面積**

$y = f(x)$ $(a \leqq x \leqq b)$ のグラフを $x$ 軸の周りに回転してできる回転体の表面積は

$$S = 2\pi \int_a^b |y| \sqrt{1+(y')^2}\, dx$$

となります。

この公式は、回転体を回転軸に垂直な平面で輪切りにしてできる微小な板の側面の面積を下図のように円錐台の側面積で置き換えて積分計算したものです。

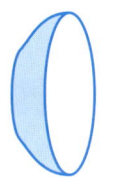

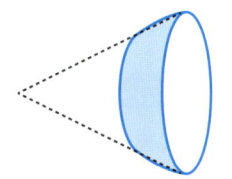

この公式を使って、半径 $r$ の球面の表面積 $S$ を求めると、次のようになります。

$$S = 2\pi \int_{-r}^r |y| \sqrt{1+(y')^2}\, dx = 2\pi \int_{-r}^r \sqrt{r^2-x^2} \sqrt{1+\left(\frac{-x}{\sqrt{r^2-x^2}}\right)^2}\, dx$$

$$= 2\pi \int_{-r}^r \sqrt{r^2-x^2}\, \frac{r}{\sqrt{r^2-x^2}}\, dx = 2\pi \int_{-r}^r r\, dx = 2\pi \Big[rx\Big]_{-r}^r = 4\pi r^2$$

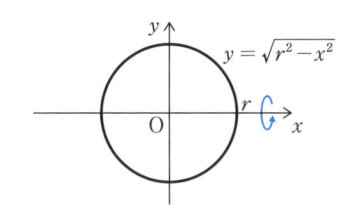

# §93 パップス・ギュルダンの定理

平面上の図形Fを、それと交わらない同一平面上の直線の周りに回転してできる回転体の体積 $V$ は、その図形の面積 $S$ に、その図形の重心Gの移動距離 $2\pi r$ を掛けたものになる。すなわち、

$$V = 2\pi r S$$

ここで、$r$ は重心Gの回転半径。

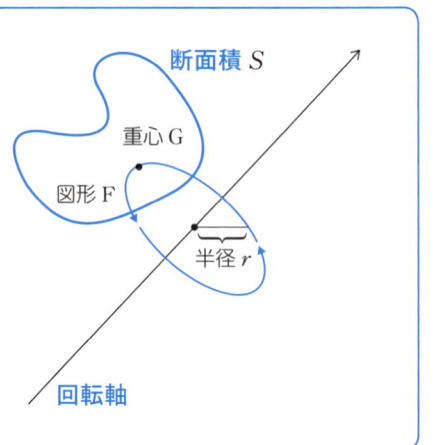

### 解説！ パップス・ギュルダン

回転体は軸に垂直な面での切り口がドーナツ型になるので、他の立体に比べると簡単に体積を求めることができます。さらに、この**パップス・ギュルダンの定理**とは、図形Fを回転してできる回転体の体積は、

「図形Fの面積」×「図形Fの重心の移動距離（＝円周）」

という定理で、重心と回転軸との距離が簡単に分かる場合に有効です。

### なぜ、そうなる？

ここでは、立体の体積 $V$ と重さ $W$ の関係をもとに、パップス・ギュルダンの定理が成り立つ理由を考えてみることにします。

いま、均質な材料でできた立体の体積 $V$ と重さ $W$ には、

$W = kV$（$k$ は比例定数）

という比例関係があります。

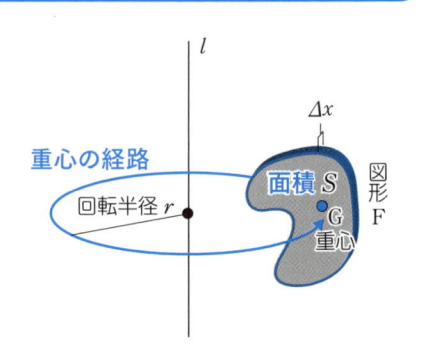

そこでまず、図形 F を、同一平面上の直線の周りに回転してできる回転体の重さ $W$ を求めてみます。回転体の断面である図形 F の重心 G は、そこに、図形 F（面積 $S$、厚さ $\Delta x$ の薄い板と見なす）の全質量が集積された点と見なせます。すると、回転体の全体の重さ $W$ はこの図形 F の重さ $kS\Delta x$ を重心 G の移動経路に沿って積分したものと考えられます。

$$W = \lim_{n \to \infty} \sum_{i=1}^{n} k \times S \times \Delta x = kS \lim_{n \to \infty} \sum_{i=1}^{n} \Delta x = kS \times 2\pi r$$

ここで、$W=kV$ より $V=2\pi rS$ となります。

## 使ってみれば分かる！ ドーナツ型の体積

パップス・ギュルダンの定理を使って、切断面が半径 $r$ の円で、この円の中心の回転半径が $a$（ただし、$a > r$）のドーナツ型の立体の体積を求めてみましょう。

半径 $r$ の円の面積は $\pi r^2$ です。円はその中心と重心が一致するので、「重心の回転半径」は「円の中心の回転半径 $a$」と一致します。

したがって、求める体積は、$\pi r^2 \times 2\pi a = 2\pi^2 ar^2$ となります。

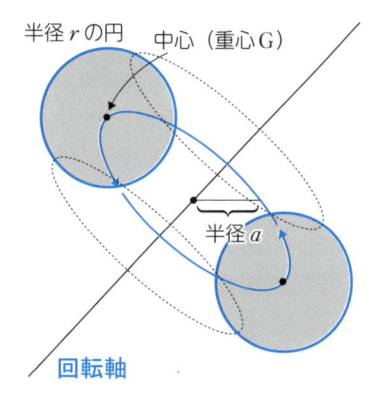

## パップスとギュルダン

パップスは 4 世紀前半に活躍したアレクサンドリア（エジプト）の数学者、ギュルダン (1577 〜 1643) はニュートンの生まれる直前に活躍したスイスの数学者。本節の定理は二人が別々に発見したので、この名が付いています。微分積分学が構築される前に見つけられた定理です。

# §94 バームクーヘン積分

関数 $y=f(x)$ のグラフの $a \leq x \leq b$ の部分と $x$ 軸で囲まれた図形を $y$ 軸の周りに回転させてできる回転体の体積 $V$ は次の計算で求められる。

$$V = 2\pi \int_a^b |x \| f(x)| dx \quad \cdots\cdots ①$$

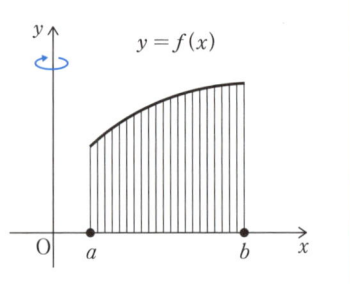

ただし、$a \geq 0$ または $b \leq 0$ とする。

## 解説！ バームクーヘン積分

この公式は、通称「**バームクーヘン積分**」と呼ばれています。

これは、二つの関数のグラフによって囲まれた図形Fを $y$ 軸の周りに回転させてできる回転体の体積 $V$ を求める際にも利用できます。図形Fの $x$ における縦の長さが分かればよいからです。このとき、①は次のようになります。

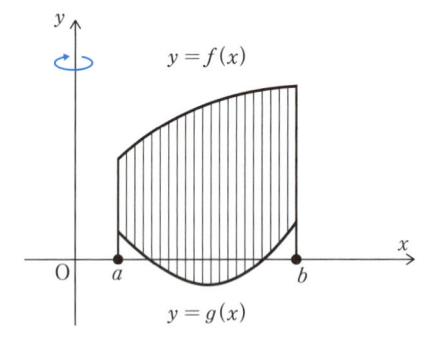

$$V = 2\pi \int_a^b |x \| f(x) - g(x)| dx \quad \cdots\cdots ②$$

なお、バームクーヘンの Baum は「木」、kuchen は「菓子」を意味し、バームクーヘンを輪切りにすると木の年輪のような模様になるのでこの名前が付けられています。

### なぜ、そうなる？

　この公式が成り立つことは、お菓子のバームクーヘンと対比すると分かります。まず、区間 $[a, b]$ を $n$ 等分し、その一つの区間幅を $\Delta x$ とすると、下図1の長方形（青い部分）が $y$ 軸の周りに回転してできる「くだ（管）」のような立体の体積 $V_i$ は、次の③で近似できます。

$$V_i = 2\pi |x_i||f(x_i)|\Delta x \quad \cdots\cdots ③$$

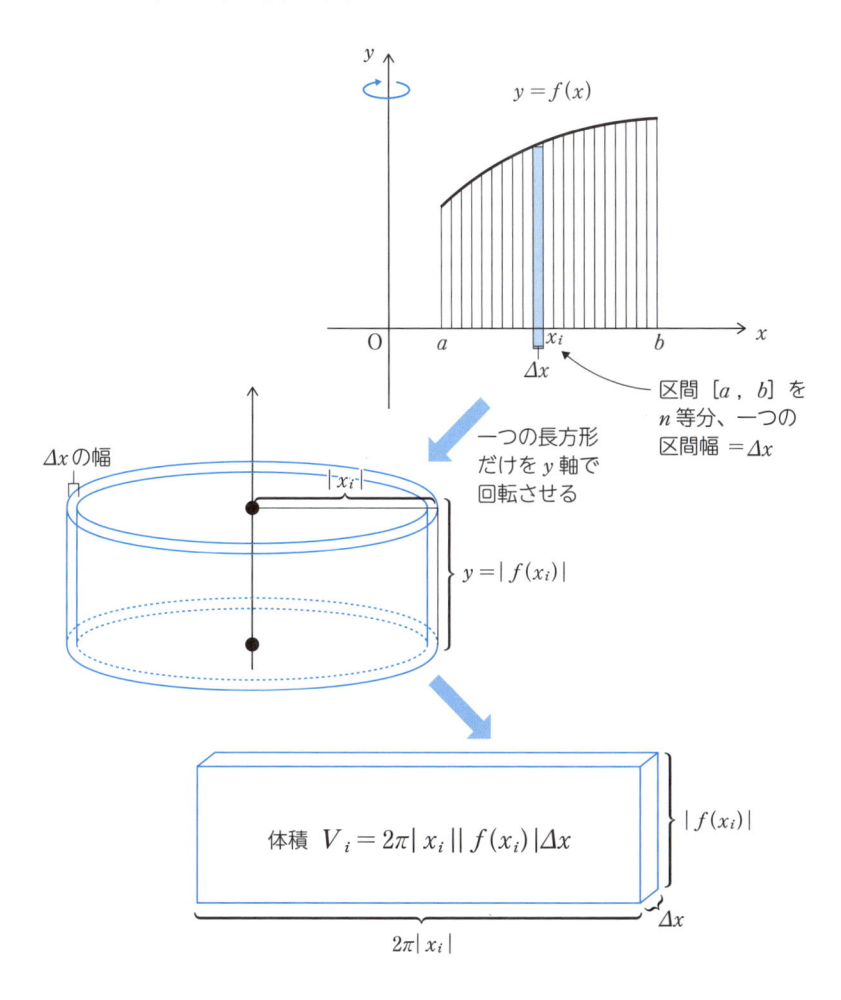

$n$ 分割した各区間で③の体積 $V_i$ を算出し、その総和 $V(n)$ を求めます。

$$V(n) = V_1 + V_2 + V_3 + \cdots + V_n = \sum_{i=1}^{n} 2\pi |x_i \| f(x_i)| \Delta x \quad \cdots\cdots ④$$

これはちょうど、右図のバームクーヘンの同心円状の薄い $n$ 個の「くだ（管）」の体積の総和になります。

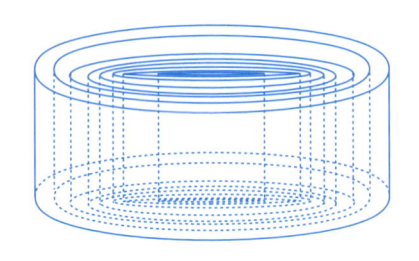

ここで、分割を限りなく細かくしたとき、つまり、$n \to \infty$ にしたときの④の極限値を求めます。それは、積分の定義から、

$2\pi \int_a^b |x \| f(x)| dx$ になります。つまり、

$$\lim_{n \to \infty} V(n) = \lim_{n \to \infty} \sum_{i=1}^{n} 2\pi |x_i \| f(x_i)| \Delta x = 2\pi \int_a^b |x \| f(x)| dx$$

〔例題1〕放物線 $y = x^2$ と $x$ 軸、それに、直線 $x = 2$ で囲まれた図形を $y$ 軸の周りに回転してできる立体の体積を求めてください。

[解] 冒頭の公式①より、

$$V = 2\pi \int_0^2 |x \| f(x)| dx$$

$$= 2\pi \int_0^2 |x \| x^2| dx$$

$$= 2\pi \int_0^2 x^3 dx$$

$$= 2\pi \left[ \frac{1}{4} x^4 \right]_0^2$$

$$= 8\pi$$

∴ 体積は $8\pi$

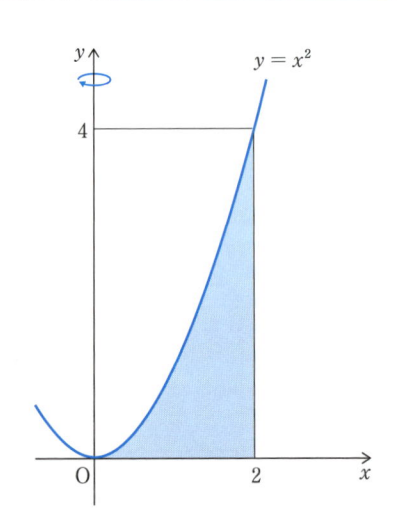

〔例題2〕放物線 $y=(x-1)^2$ と直線 $y=x+1$ とで囲まれた図形を $y$ 軸の周りに回転してできる立体の体積を求めてください。

[解] 放物線 $y=(x-1)^2$ と直線 $y=x+1$ の交点の $x$ 座標は
　$(x-1)^2=x+1$ を解いて、
　　$x=0$、$3$
よって、求める体積 $V$ は公式②より、

$$V = 2\pi \int_0^3 |x||f(x)-g(x)|dx$$
$$= 2\pi \int_0^3 |x||x+1-(x-1)^2|dx$$
$$= 2\pi \int_0^3 (-x^3+3x^2)dx$$
$$= 2\pi \left[-\frac{1}{4}x^4+x^3\right]_0^3$$
$$= \frac{27}{2}\pi$$

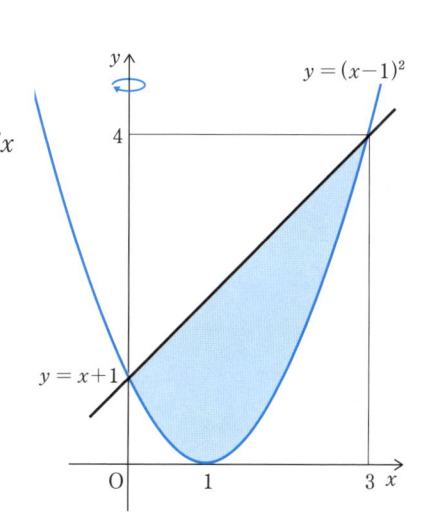

となります。

∴ 体積は $\dfrac{27}{2}\pi$

（注）　$y=-x^3+3x^2$

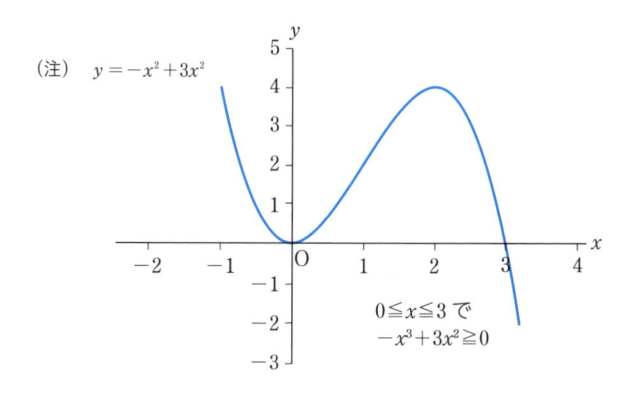

$0 \leq x \leq 3$ で
$-x^3+3x^2 \geq 0$

第8章 積分
バームクーヘン積分

## §95 カバリエリの原理

(1) 二つの平面図形を一定方向の直線で切るとき、切り口の線分の長さがどこでも一方が他方の $k$ 倍ならば面積も $k$ 倍である。

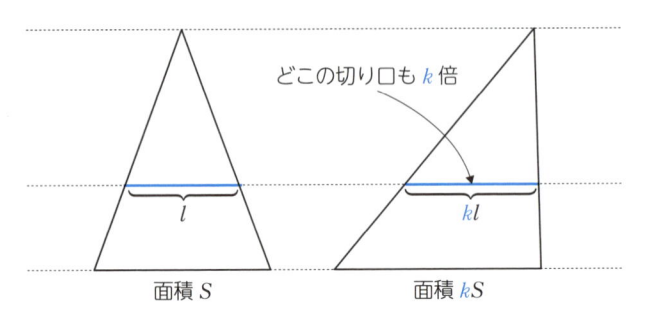

どこの切り口も $k$ 倍

面積 $S$    面積 $kS$

(2) 二つの立体図形を一定方向の平面で切るとき、切り口の面積がどこでも一方が他方の $k$ 倍ならば体積も $k$ 倍である。

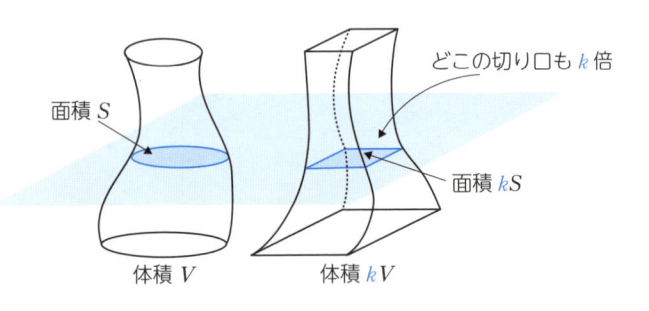

面積 $S$
どこの切り口も $k$ 倍
面積 $kS$

体積 $V$    体積 $kV$

### 解説！ カバリエリの原理

平面図形は線分が集まってできているため、「線分の比がどこでも同じならば、その比が面積比になる」というのが**カバリエリの原理**です。

体積についても同様です。「断面積の比がどこでも同じならば、その比が体積比になる」という考え方です。ただし、どんな図形の場合でも「高さは同じ」とします。

## 図でカバリエリの原理をナットク!

　言葉でカバリエリの原理がピンとこなければ、下図を見てください。左下の図は、三角形の底辺に対して平行に短冊状に切ったものを横にズラしていったものです。各短冊の横の長さが同じであれば面積が変わらないことが見えてきます。体積の場合も同様です。

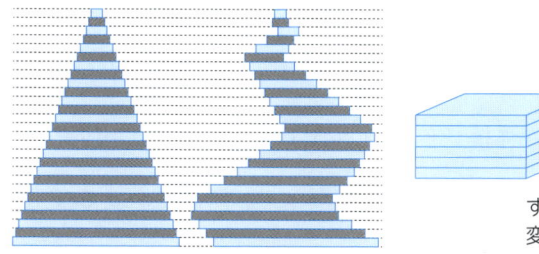

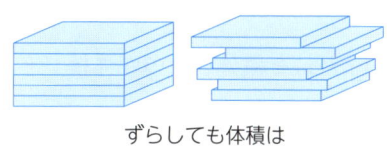

ずらしても体積は変わらない

### ●積分の目で見ると

　積分の考え方から見ても、この定理の成り立つことは明らかです。つまり、積分では、左下図の青い部分の面積 $S$ は、分割を限りなく細かくしたときの右下図の長方形の面積の和が近づく値なのです。分割を限りなく細かくすれば、各長方形は線分に近づくと考えられます。

$$S = \int_a^b f(x)dx = \lim_{n \to \infty}\{f(x_1)\varDelta x + f(x_2)\varDelta x + \cdots + f(x_n)\varDelta x\}$$

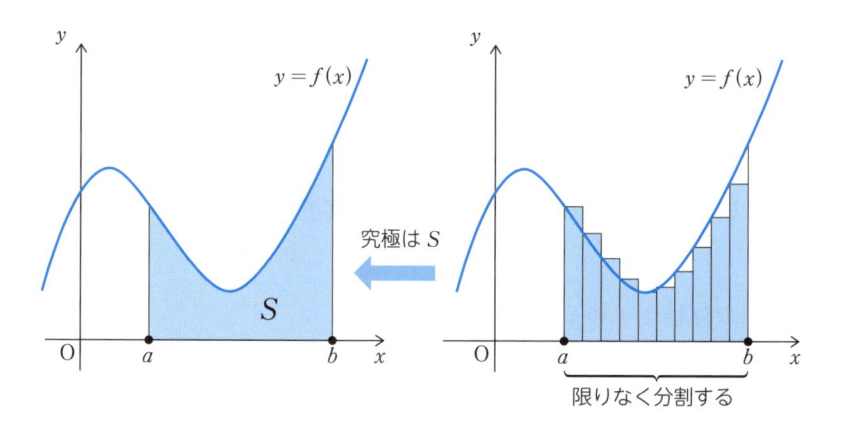

究極は $S$

限りなく分割する

このとき、$f(x)$ が線分の長さに相当します。もし、線分の長さがどこでも $k$ 倍の $kf(x)$ であれば、

$$\int_a^b kf(x)dx = k\int_a^b f(x)dx$$

より面積も $k$ 倍になることが分かります。

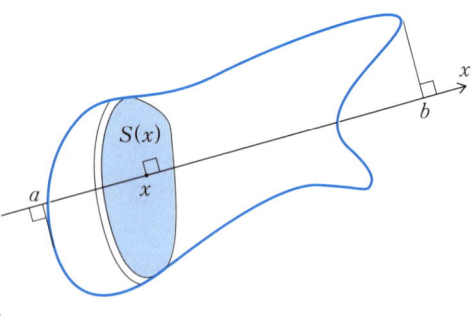

体積の場合も同様です。断面積 $S(x)$ を積分したのが体積 $V = \int_a^b S(x)dx$ ですから断面積が体積の本質です。断面の形ではありません。したがって、断面積がどこでも $k$ 倍であれば体積も $k$ 倍になります。

### 使ってみよう！ カバリエリの原理

ここでは、面積については楕円を、体積については球をもとにカバリエリの原理を使ってみます。

**(1) 楕円の面積を求める**

楕円 $\dfrac{x^2}{a^2} + \dfrac{y^2}{b^2} = 1$ は円 $x^2 + y^2 = a^2$ を $y$ 軸方向に $\dfrac{b}{a}$ 倍に圧縮（拡大）したものです。したがって、$y$ 軸方向の線分の長さは半径 $a$ の円の $\dfrac{b}{a}$ 倍なので、求める楕円の面積は $\pi a^2 \times \dfrac{b}{a} = \pi ab$ となります。

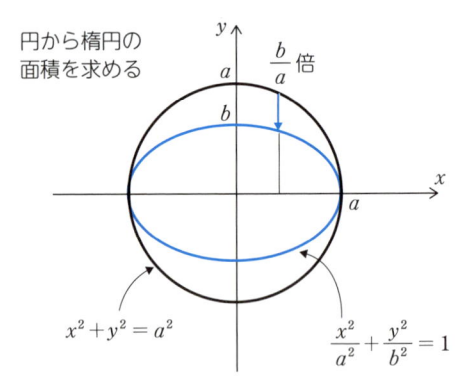

**(2) 球の体積を求める**

カバリエリの原理より、半径 $r$ の半球の体積は次ページの図のように、円柱の体積から円錐の体積を引いたものに等しいことが分かります。

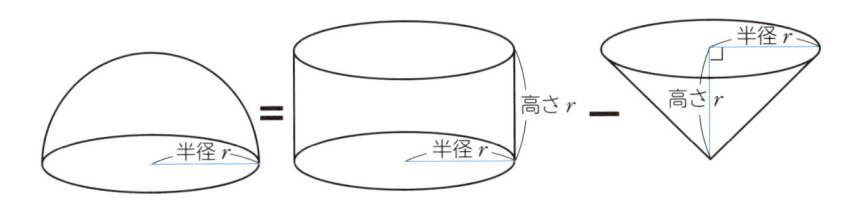

なぜなら、下図における断面の青い部分の面積が等しいからです。

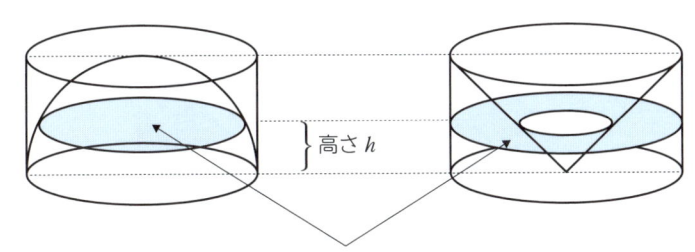

青い部分の円盤とドーナツ盤の面積は
ともに $\pi(r^2 - h^2)$ で等しい

したがって、半径 $r$ の半球の体積は円柱の体積 $\pi r^3$ から円錐の体積 $\frac{1}{3}\pi r^3$ を引いた $\frac{2}{3}\pi r^3$ となり、ゆえに、球の体積は $\frac{4}{3}\pi r^3$ です。

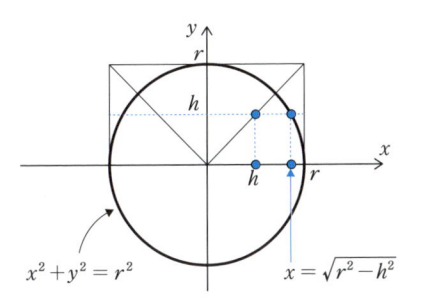

$x^2 + y^2 = r^2$

$x = \sqrt{r^2 - h^2}$

## 巨人の肩の一つ

カバリエリは17世紀のイタリアの数学者で、1635年の『不可分者による連続体の新幾何学』の中でこの原理を発表しています。パップス・ギュルダンの定理やカバリエリの定理など、微分積分に関する古代からの人類の知識や考え方の集積があってはじめて、ニュートンやライプニッツらも、これら巨人の肩に乗って微分積分学を花開かせたのです。

# §96

# 台形公式（近似式）

定積分の近似値は次の式で求めることができる。

$$S = \int_a^b f(x)dx \fallingdotseq \frac{h}{2}\{y_0 + 2(y_1 + y_2 + \cdots\cdots + y_{n-1}) + y_n\}$$

ただし、$h = \dfrac{b-a}{n}$

## 解説！ 近似のための台形公式

定積分の計算では、被積分関数の不定積分が求められるとは限りません。しかし、応用上、その値を知りたいことがあります。そこで、精度のいい近似値を求める方法がいろいろと考え出されました。その一つが、**台形公式**といわれるものです。

定積分の本来の定義は積分区間を細かく分けて、各区間で下図のような長方形を考え、分割を限りなく細かくしたとき、これらの長方形の面積の総和が近づいていく値のことでした。そして、この値は関数のグラフで囲まれた面積に相当します。

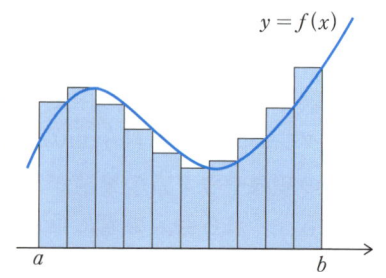

● 長方形よりも台形の方がフィット

実際に計算で求めるとなると、分割を無限に細かくすることはできません。そこで、ある程度の分割で妥協しますが、このとき、長方形よりも台形の方が関数のグラフにフィットすると考えたのが台形公式です。

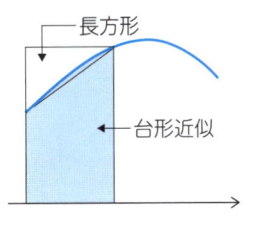

## なぜ、台形公式が成り立つのか？

左から $i$ 番目の台形の面積 $S_i$ は台形の面積の公式より、

$$S_i = (y_{i-1} + y_i) \times h \div 2 \quad \cdots\cdots \quad (上底 + 下底) \times 高さ \div 2$$

したがって、$n$ 個の微小台形の和は

$$S_1 + S_2 + S_3 + \cdots\cdots + S_{i-1} + S_i + \cdots\cdots + S_n$$
$$= \{(y_0 + y_1)$$
$$+ (y_1 + y_2)$$
$$+ (y_2 + y_3)$$
$$+ \cdots\cdots$$
$$+ (y_{i-2} + y_{i-1})$$
$$+ (y_{i-1} + y_i)$$
$$+ \cdots\cdots$$
$$+ (y_{n-2} + y_{n-1})$$
$$+ (y_{n-1} + y_n)\} \times h \div 2$$
$$= \frac{h}{2} \{y_0 + 2(y_1 + y_2 + \cdots\cdots + y_{i-1}) + y_n\} \quad \cdots\cdots ①$$

分割を細かくしたときの、つまり、$n$ を大きくしたときの①の値をもって定積分 $S = \int_a^b f(x)dx$ の近似値とするのが、台形公式なのです。

〔例題1〕台形公式を使って、放物線 $y=-x^2+1$ と $x$ 軸、$y$ 軸によって囲まれた図形の面積を求めてください（計算機利用）。

[解] 表のように、10分割で 0.665 くらいになります。

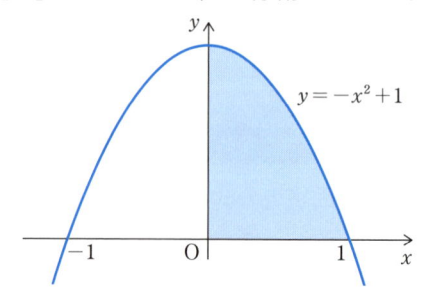

| 分割数 $n$ | 台形公式の値 |
|---|---|
| 10 | 0.6650000 |
| 100 | 0.6666500 |
| 1000 | 0.6666665 |

なお、実際の定積分で正確な値を求めてみると、

$$\int_0^1 (-x^2+1)dx = \left[-\frac{x^3}{3}+x\right]_0^1 = \frac{2}{3} = 0.666666\cdots\cdots$$

〔例題2〕台形公式を使って $y=\sin x$ $(0 \leq x \leq \pi)$ と $x$ 軸によって囲まれた図形の面積を求めてください（計算機利用）。

[解] 表のように、10分割で 1.98 くらいになります。

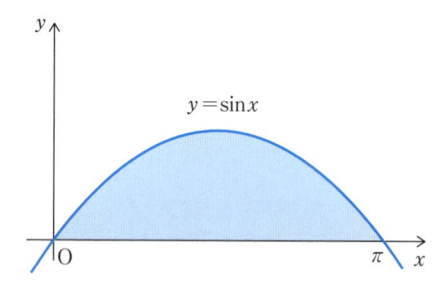

| 分割数 $n$ | 台形公式の値 |
|---|---|
| 10 | 1.98352354 |
| 100 | 1.99983550 |
| 1000 | 1.99999836 |

なお、実際の定積分で正確な値を求めてみると、

$$\int_0^\pi \sin x \, dx = \left[-\cos x\right]_0^\pi = 1-(-1) = 2$$

## 参考

### 長方形で近似

台形ではなく、定積分の定義のもとになった長方形で近似計算をしたらどうなるでしょうか。計算例を下記に紹介しました。台形公式の計算結果と比較してみてください。

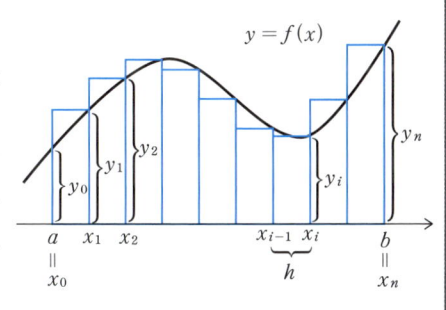

$$S = \int_a^b f(x)dx \fallingdotseq h(y_1 + y_2 + y_3 + \cdots\cdots + y_n)$$

$$ただし、h = \frac{b-a}{n}$$

(1) 長方形近似を使って放物線 $y = -x^2 + 1$ と $x$ 軸、$y$ 軸によって囲まれた図形の面積を求めた場合。

| 分割数 $n$ | 長方形の近似公式の値 |
|---|---|
| 10 | 0.615 |
| 100 | 0.66165 |
| 1000 | 0.66616649999999 |

(2) 長方形近似を使って $y = \sin x$ $(0 \leq x \leq \pi)$ と $x$ 軸によって囲まれた図形の面積を求めた場合。

| 分割数 $n$ | 長方形の近似公式の値 |
|---|---|
| 10 | 1.98352353744071 |
| 100 | 1.99983550388096 |
| 1000 | 1.99999835506502 |

上記(1)、(2)の場合、台形近似とほとんど変わりません。

# §97 シンプソンの公式（近似式）

定積分の近似値は次の式で求めることができる。

$$S = \int_a^b f(x)dx$$
$$\fallingdotseq \frac{h}{3}\{(y_0+y_{2n})+4(y_1+y_3+\cdots\cdots+y_{2n-1})+2(y_2+y_4+\cdots\cdots+y_{2n})\}$$

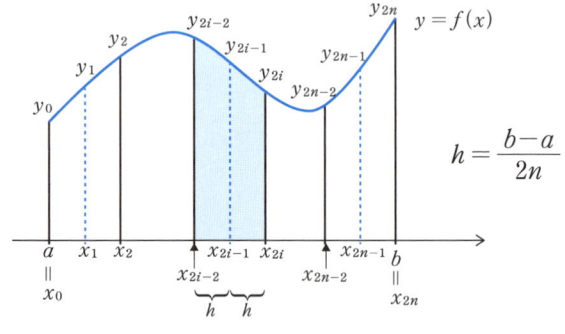

$$h = \frac{b-a}{2n}$$

## 解説！ シンプソンの近似式

　定積分の計算では、被積分関数の不定積分が求められるとは限りません。しかし、その値を知りたいことがあります。前節では台形公式を紹介しましたが、もう一つ、**シンプソンの公式**と呼ばれる有名なものがあります。この方法は、被積分関数のグラフを放物線で近似するものです。つまり、曲線を直線よりも放物線で近似する方がよりピッタリいくのではないか、という考え方に基づいています。

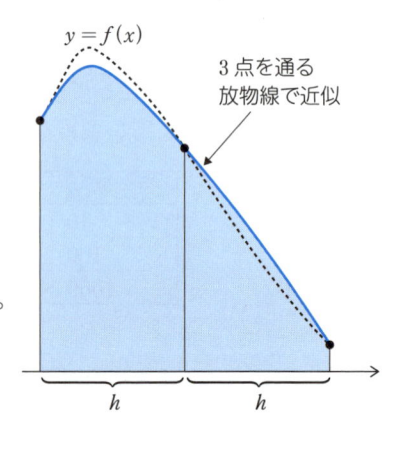

3点を通る放物線で近似

● なぜ2次曲線なのか

曲線はたくさんありますが、放物線に着目した理由は、3点を通過する放物線で囲まれた部分（右図の青い部分）の面積が区間幅と3点の$y$座標のみで簡単に表現できるからです。つまり、青い部分の面積は、

$$\frac{h}{3}(l+4m+n) \quad \cdots\cdots ①$$

となるのです。

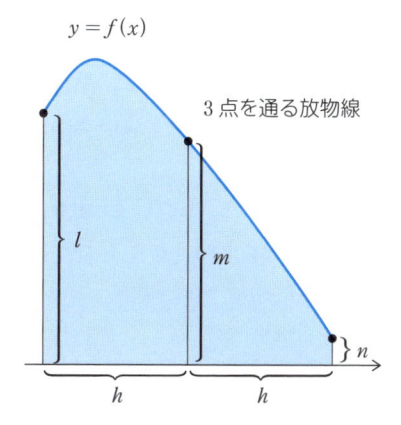

### なぜシンプソンの公式が成り立つのか？

積分区間$[a, b]$を$2n$等分し、その一つの区間幅を$h$とします。すると、前ページの冒頭のグラフにおいて、$[x_{2i-2}, x_{2i}]$部分（青い部分）を放物線で近似した面積は、①より次のようになります。

$$\frac{h}{3}(y_{2i-2}+4y_{2i-1}+y_{2i}) \quad \cdots\cdots ②$$

したがって、②を各区間$[x_0, x_2]$、$[x_2, x_4]$、$[x_4, x_6]$、……、$[x_{2i-2}, x_{2i}]$、……、$[x_{2n-2}, x_{2n}]$ごとに足すと、

$$\frac{h}{3}(y_0+4y_1+y_2)+\frac{h}{3}(y_2+4y_3+y_4)+\frac{h}{3}(y_4+4y_5+y_6)$$

$$+\cdots+\frac{h}{3}(y_{2i-2}+4y_{2i-1}+y_{2i})+\cdots+\frac{h}{3}(y_{2n-2}+4y_{2n-1}+y_{2n})$$

$$=\frac{h}{3}\{(y_0+y_{2n})+4(y_1+y_3+\cdots+y_{2n-1})+2(y_2+y_4+\cdots+y_{2n})\}$$

となり、シンプソンの公式を得ます。

なお、ここで、前ページの①がなぜ成り立つのかを紹介しましょう。そのためには、3点 $A(-h, l)$、$B(0, m)$、$C(h, n)$ を通る放物線と $x$ 軸で囲まれた下図の青い部分の面積が①で表されることを示せばよいことになります。なぜならば、平行移動しても面積は変わらないからです。

いま、3点 A、B、C を通る放物線を $y=ax^2+bx+c$ とすると、

$l=ah^2-bh+c$

$m=c$

$n=ah^2+bh+c$

ゆえに、

$l+4m+n=2ah^2+6c$

3点 A、B、C を通る放物線は $y=ax^2+bx+c$ で表される

ここで、青い部分の面積は次の定積分の計算で得られます。

$$\int_{-h}^{h}(ax^2+bx+c)dx = \int_{-h}^{h}(ax^2+c)dx = 2\int_{0}^{h}(ax^2+c)dx$$

$$= 2\left[\frac{1}{3}ax^3+cx\right]_{0}^{h} = \frac{h}{3}(2ah^2+6c) = \frac{h}{3}(l+4m+n)$$

これで、①が成立することが分かります。

〔例題1〕シンプソンの公式（近似式）を使って、放物線 $y=-x^2+1$ と $x$ 軸、$y$ 軸によって囲まれた図形の面積を求めてください（計算機利用）。

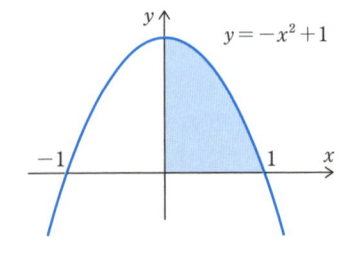

| 分割数 $n$ | シンプソンの公式の値 |
|---|---|
| 20 | 0.66666666666666 |
| 200 | 0.66666666666666 |
| 2000 | 0.66666666666666 |

実際の定積分の正確な値は、

$$\int_0^1 (-x^2+1)dx = \left[-\frac{x^3}{3}+x\right]_0^1 = \frac{2}{3}$$

です。表を見ると、20分割ぐらいで、かなりいい近似値になっています。しかし、考えてみれば、放物線を放物線で近似したのですから当たり前といえます。

〔例題2〕シンプソンの公式(近似式)を使って、$y=\sin x$ $(0 \leq x \leq \pi)$ と $x$ 軸によって囲まれた図形の面積を求めてください（計算機利用）。

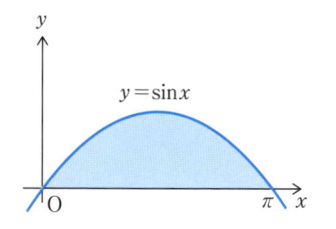

| 分割数 $n$ | シンプソンの公式の値 |
|---|---|
| 20 | 2.00000678446328 |
| 200 | 2.00000000067862 |
| 2000 | 2.00000000000028 |

20回で約2.0です。実際の定積分の正確な値は、次の通りです。

$$\int_0^\pi \sin x dx = \left[-\cos x\right]_0^\pi = 1-(-1) = 2$$

なお、シンプソンの公式のシンプソンとは、イギリスの数学者トーマス・シンプソン（1710～1761）の名前に由来しています。

# §98

# 集合の和の法則

> 二つの事柄 $A$、$B$ があって、これらは同時に起こらないものとする。$A$ の起こり方が $p$ 通り、$B$ の起こり方が $q$ 通りであるとすれば、$A$ か $B$ のいずれかが起こる起こり方は $p+q$ 通りである。

### 解説! もれなく重複なく

ここで紹介した「**和の法則**」と、次節で紹介する「**積の法則**」は物事を「**もれなく、重複なく」数え上げる**ときの基本となる大事な考え方です。ピンとこないかも知れないので、例題で実感しましょう。

〔例題1〕大小二つのサイコロを同時に投げたとき、その和が5、または7になる場合は、いったい何通りあるでしょうか。

[解] 目の和が5になるのは、{(1、4)、(2、3)、(3、2)、(4、1)} の4通りです。ただし、( ) 内の左の数は大きなサイコロの目、右の数は小さなサイコロの目とします。同様に、目の和が7になる場合は {(1、6)、(2、5)、(3、4)、(4、3)、(5、2)、(6、1)} の6通りです。

ここで、目の和が5になることと、7になることは同時に起こりません。したがって求める答えは、

$4+6=10$ 通り

です。このことを座標平面で考えれば右図のようになります。

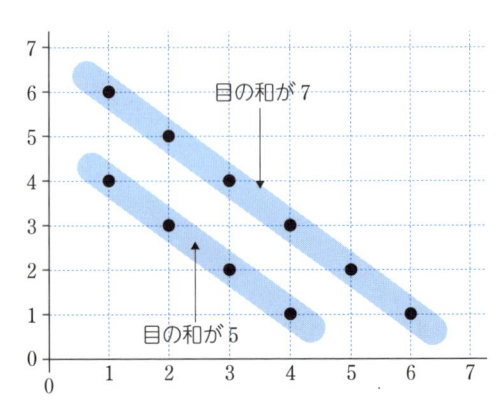

第9章 順列・組合せ

### なぜ、そうなる？

先の二つのサイコロの場合、座標平面で見ると、「目の和が5」の集合と「目の和が7」の集合では、共通部分が空となります。そこで、ここでは、和の法則を集合の見方でまとめておくことにします。

「二つの事柄 $A$, $B$ があって、これらは同時に起こらない」という条件を二つの集合 $A$ と $B$ で考えれば、$A$ と $B$ に共通部分（∩ で表します）がない、つまり $A \cap B = \phi$（$\phi$ はファイと読む）を意味します。そのとき、$n(A \cup B) = n(A) + n(B)$ が成立するというのが和の法則です。ここで、$n(A)$ は集合 $A$ の要素の数を表し、$\phi$ は**空集合**と呼ばれ、要素を一つも持たない集合を表します。したがって $n(\phi) = 0$ となります。

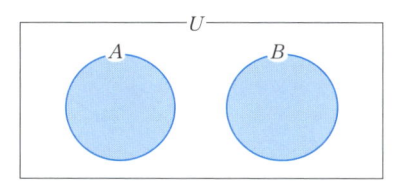

$A \cap B = \phi$ であれば、
$n(A \cup B) = n(A) + n(B)$
（和の法則）

### 使ってみよう！ 和の法則

和の法則を使えば、複雑な世界における場合の数を考えるとき、それらを、まず、互いに共通部分のない複数の世界に分離し、その後、それぞれの場合の数を足し合わせればよいのです。日常、無意識に行なっている考え方ですが、**「同時に起こらない」という点に気をつける**必要があります。

いま、ジョーカーを除く52枚のトランプがあって、そこからカードを1枚取り出すとしましょう。抜いたカードが、ハート（13枚）かスペード（13枚）である場合の数は、13＋13 の 26 通りです。しかし、ハートか、または絵札（12枚）である場合の数は同時に起こることがあるので 13＋12 とはなりません。

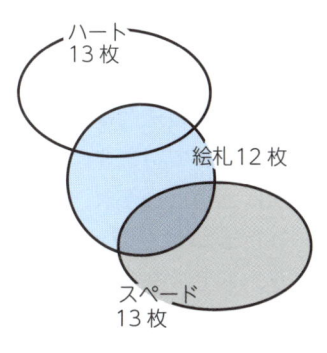

# §99

# 集合の積の法則

二つの事柄 $A$、$B$ があって、$A$ の起こり方は $p$ 通りで、その各々に対して、$B$ の起こり方は $q$ 通りで起こるとする。このとき、$A$ に続いて $B$ が起こる起こり方は $pq$ 通りである。

## 解説！ 掛け合わせる積の法則

A町からB町へは2種類の路線バスがあり、B町からC町へは3種類の電車が走っているとします。このとき、A町からB町を経てC町に行く交通手段は何通りあるでしょうか。

A町からB町に行く2種類の路線バスのそれぞれに対して、B町からC町へ行く3種類の電車があるので、掛け合わせた $2×3＝6$ 通りの交通手段があります。この考え方が「**積の法則**」です。

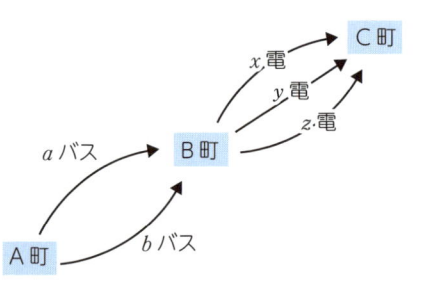

## なぜ、そうなる？

●「積の法則」を樹形図で見てみよう

「場合の数」をもれなく、重複なく数え上げる――そのときに有効なのが「樹の枝分かれパターン」、つまり**樹形図**です。積の法則は図形的には樹形図に支えられています。先の交通手段は、最初は二つに分かれ、次に、そのそれぞれについて三つに分かれています。したがって、全部で $2×3＝6$ 個に分岐した樹形図で表現できます。

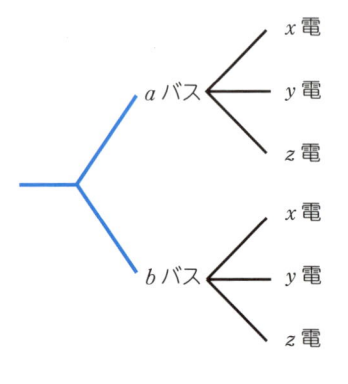

●「積の法則」を集合で見てみよう

先に求めた6通りの交通手段は、集合を用いると次のように書けます。

$$\{(a、x)、(a、y)、(a、z)、(b、x)、(b、y)、(b、z)\} \quad \cdots\cdots ①$$

いま、A町からB町に行く2種類の路線バスの集合を$P$とし、B町からC町へ行く3種類の電車の集合を$Q$とします。つまり、$P=\{a、b\}$、$Q=\{x、r、z\}$です。すると、①の集合は、集合$P$と集合$Q$の**直積 $P \times Q$** で表されます(下記の<参考>を参照)。直積に関しては「$n(P \times Q) = n(P) \times n(Q)$」なので、本節の「積の法則」と一致します。ここで、$n(\ )$ は括弧内の集合の要素の個数を表しています。

### 使ってみよう! 積の法則

(1) 72は$72 = 2 \times 2 \times 2 \times 3 \times 3 = 2^3 3^2$と書けます。ここで72の約数の2の指数は「0、1、2、3」の4通り、3の指数は「0、1、2」の3通りの値をとり得ます。ゆえに、12の約数の個数は「積の法則」より、$4 \times 3 = 12$個あります。

(2) 男性4人、女性3人のお見合いのパターンは、$4 \times 3 = 12$(通り)です。

### 参考

#### 直積とは何か?

二つの集合$A = \{a_1、a_2、\cdots\cdots、a_m\}$、$B = \{b_1、b_2、\cdots\cdots、b_n\}$に対して、下図の順序の付いた組$(a_i、b_j)$の集合を$A$と$B$の**直積**といい$A \times B$と表します。

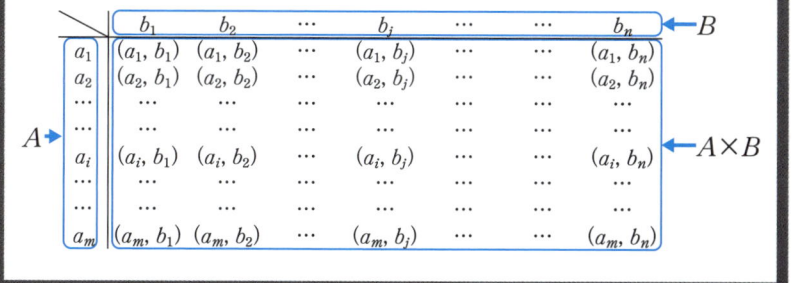

| | $b_1$ | $b_2$ | $\cdots$ | $b_j$ | $\cdots$ | $\cdots$ | $b_n$ |
|---|---|---|---|---|---|---|---|
| $a_1$ | $(a_1、b_1)$ | $(a_1、b_2)$ | $\cdots$ | $(a_1、b_j)$ | $\cdots$ | $\cdots$ | $(a_1、b_n)$ |
| $a_2$ | $(a_2、b_1)$ | $(a_2、b_2)$ | $\cdots$ | $(a_2、b_j)$ | $\cdots$ | $\cdots$ | $(a_2、b_n)$ |
| $\cdots$ | $\cdots$ | $\cdots$ | $\cdots$ | $\cdots$ | $\cdots$ | $\cdots$ | $\cdots$ |
| $\cdots$ | $\cdots$ | $\cdots$ | $\cdots$ | $\cdots$ | $\cdots$ | $\cdots$ | $\cdots$ |
| $a_i$ | $(a_i、b_1)$ | $(a_i、b_2)$ | $\cdots$ | $(a_i、b_j)$ | $\cdots$ | $\cdots$ | $(a_i、b_n)$ |
| $\cdots$ | $\cdots$ | $\cdots$ | $\cdots$ | $\cdots$ | $\cdots$ | $\cdots$ | $\cdots$ |
| $\cdots$ | $\cdots$ | $\cdots$ | $\cdots$ | $\cdots$ | $\cdots$ | $\cdots$ | $\cdots$ |
| $a_m$ | $(a_m、b_1)$ | $(a_m、b_2)$ | $\cdots$ | $(a_m、b_j)$ | $\cdots$ | $\cdots$ | $(a_m、b_n)$ |

左端の列は$A$、上端の行は$B$、表全体が$A \times B$を表します。

# §100

# 個数定理

(1) $n(A \cup B) = n(A) + n(B) - n(A \cap B)$

(2) $n(A \cup B \cup C) = n(A) + n(B) + n(C) - n(A \cap B) - n(B \cap C)$
$\qquad\qquad\qquad\qquad - n(C \cap A) + n(A \cap B \cap C)$

（注）$n(A)$ は有限集合 $A$ の要素の個数を表します。

## 解説！ 個数定理とは

**個数定理**は、**いくつかの条件の中で少なくとも一つを満たすものの個数を求める**ときに便利です。具体例で見てみましょう。

いま、あるイベントがあり、その会場には子供か女性しか入れません。来場予定者は子供が100人、女性が200人で、そのうち、80人が女の子であるとき、この会場に座席をいくつ用意すればいいでしょうか。

子供の集合を $A$、女性の集合を $B$ とすると、条件より、

$n(A) = 100$、$n(B) = 200$、$n(A \cap B) = 80$

ここで、子供か女性の集合は $A \cup B$ だから、その数は個数定理より、

$n(A \cup B) = n(A) + n(B) - n(A \cap B) = 100 + 200 - 80 = 220$

## なぜそうなる？　重複部分に要注意！

二つの集合 $A$、$B$ に対して、$A \cup B$ は $A$、$B$ の少なくとも一方に属している要素の集まりであり、$A \cap B$ は $A$、$B$ の両方に属している要素の集まりです。

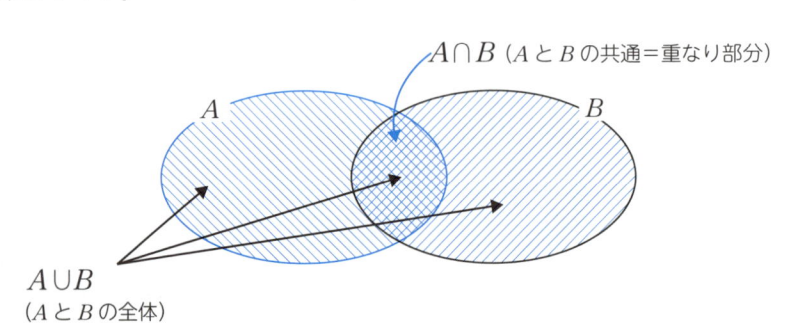

$A \cap B$（$A$ と $B$ の共通＝重なり部分）

$A \cup B$
（$A$ と $B$ の全体）

したがって、$A \cup B$ の三つに分割された各部分の要素の数を左下図のように $p$、$q$、$r$ とすると、次の等式が成り立ちます。

$n(A \cup B) = p + r + q$ ……①

$n(A) + n(B) - n(A \cap B) = (p+r) + (r+q) - r = p + r + q$ ……②

①、②より(1)が成り立つことが分かります。なお、(1)が成り立つことは、$A$ と $B$ の要素の数を単純に足せば、$A \cap B$ の要素の数が2回カウントされたことからも分かります。

同様にして、右下図のように分割された各部分の要素の数を $p$、$q$、$r$、$s$、$t$、$u$、$v$ と置いて計算することにより、(2)が成り立つことも分かります。

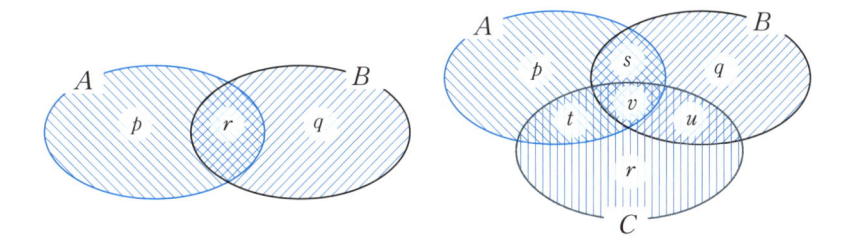

なお、(2)は、$A$ と $B$ と $C$ の3要素を単純に足すと、$A \cap B$、$B \cap C$、$C \cap A$ をそれぞれ2回カウント（重複）したことから、これらの要素の数を1回分引くのですが、こうすると $A \cap B \cap C$ の三つの重なり部分が1回引かれすぎになります。そこで、最後に1回分足しています。

〔例題〕100以下の自然数のうち、4の倍数または6の倍数の個数を個数定理の(1)式を使って求めてください。

[解] 4の倍数の個数は、$4 \times 1$、$4 \times 2$、……、$4 \times 25$ より、25個あります。6の倍数の個数は、$6 \times 1$、$6 \times 2$、……、$6 \times 16$ より、16個あります。4の倍数であり、かつ6の倍数は12の倍数だから $12 \times 1$、$12 \times 2$、……、$12 \times 8$ より8個あります。よって、4の倍数または6の倍数は、個数定理より $25 + 16 - 8 = 33$ 個あります。

# §101

# 順列の公式

相異なる $n$ 個のものから $r$ 個を取り出して並べた順列の総数を $_n\mathrm{P}_r$ で表すと、$_n\mathrm{P}_r$ は次の計算で得られる。

$$_n\mathrm{P}_r = \underbrace{n(n-1)(n-2)(n-3)\cdots(n-r+1)}_{r \text{ 個の積}} \quad \cdots\cdots ①$$

## 解説！「並べ方の総数」がわかる順列公式

いくつかのものを順序をつけて一列に並べたものを**順列**といいます。順列の記号を P で表すのは、英語では permutation（順列）と呼ぶためです。「並べる」という行為は、家具の配列、料理の手順をはじめ、いろいろな分野で使われています。したがって、「並べる」ことに関する数学の道具である順列の公式を知っていると、非常に便利です。その道具が上記の $_n\mathrm{P}_r$ なのです。この道具を使えば「並べ方の総数」に関してすぐに答えられます。例えば、「7 冊の本から 4 冊選び、左から右へ横一列に並べる並べ方の総数」は迷わず $_7\mathrm{P}_4$ と表現できるので、上記の公式に沿って計算すればよいのです。すると、次の計算で 840 を得ることができます。

$$_7\mathrm{P}_4 = 7\cdot 6\cdot 5\cdot 4 = 840$$

● 「！」階乗の記号

相異なる $n$ 個のもの全部を並べる並べ方の総数は、順列の公式で $r=n$ の場合だから、

$$_n\mathrm{P}_n = n(n-1)(n-2)(n-3)\cdots\cdots 3\cdot 2\cdot 1$$

となります。この右辺はよく使われる式なので、「！」という記号を利用して次のように書くことにします。

$$n! = n(n-1)(n-2)(n-3)\cdots\cdots 3\cdot 2\cdot 1$$

$n!$ は「$n$ の**階乗**」と読みます。

この値は、$n$ が 1、2、3 と小さいうちはそれほどでもないのですが、少し大きな値になると驚くほど大きな数になります（だから！を使った？）。例えば、12! は 1 億を突破し、70! は $10^{100}$ を越えてしまいます。

　なお、順列の公式①は、階乗記号「！」を使うと、次のように書けます。

$$_n\mathrm{P}_r = \frac{n!}{(n-r)!} \quad \cdots\cdots ②$$

| $n$ | $n!$ |
|---|---|
| 1 | 1 |
| 2 | 2 |
| 3 | 6 |
| 4 | 24 |
| 5 | 120 |
| 6 | 720 |
| 7 | 5040 |
| 8 | 40320 |
| 9 | 362880 |
| 10 | 3628800 |

### なぜそうなる？　$_n\mathrm{P}_r$ の公式

　いま、「$a$、$b$、$c$、$d$、$e$、$f$、$g$」の 7 個の文字から 3 個選んで横一列に並べる場合、その総数 $_7\mathrm{P}_3$ を考えてみましょう。

　まず、3 個を選ぶので、三つ分の指定席を作ります（下図）。すると、(1)番目の席には $a$、$b$、$c$、$d$、$e$、$f$、$g$ のどの文字を入れてもいいから「7 通り」の入れ方があります。

　(1)番目の席に一つの文字を入れた場合、(2)番目の席には残りの 6 文字のどれを入れてもいいから、それぞれ「6 通り」の入れ方があります。

　(1)、(2)番目の席に二つの文字を入れた場合、それぞれについて、(3)番目の席には残りの 5 文字のどれを入れてもいいから「5 通り」の入れ方があります。したがって、積の法則から $_7\mathrm{P}_3$ は、

$$_7\mathrm{P}_3 = 7\cdot 6 \cdot 5 = 210$$

となります。

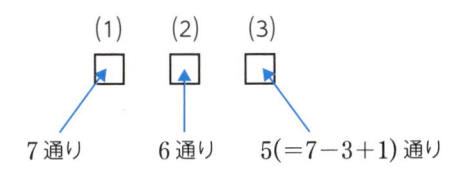

```
    (1)    (2)    (3)
    □      □      □
    ↑      ↑      ↑
   7通り   6通り   5(=7-3+1)通り
```

〔例題1〕5つの文字 $a$、$b$、$c$、$d$、$e$ から3つを選んで並べてできる英単語は全部で何通りありますか。

[解] 前ページの問題と同じで、$_5P_3 = 5 \times 4 \times 3 = 60$ 通りあります。

〔例題2〕40人から2人を選んで議長と書記を選ぶ選び方の総数は何通りあるでしょうか。

[解] $_{40}P_2 = 40 \cdot 39 = 1560$ 通りです。一見すると、これは並べ方の問題ではないように思えますが、実質は「議長と書記の席に一人ずつ並べる」ことなので順列の問題として扱えます。

> **参考**
>
> **他にもある「ベンリな順列公式」**
> 　順列を考えるとき、冒頭の①の
> 　　$_nP_r = n(n-1)(n-2)(n-3)\cdots\cdots(n-r+1)$
> が基本公式なのですが、ある条件のついた特殊な順列については、以下の公式を知っていると便利です。

● **「繰り返し取る」重複順列の公式**

　相異なる $n$ 個のものから、「繰り返し取る」ことを許して $r$ 個取って作った順列(これを**重複順列**という)の総数は $n^r$ です。

　このことを、7個の文字 $a$、$b$、$c$、$d$、$e$、$f$、$g$ から3個の文字を繰り返し取ることを許して、3個の指定席(下図)に並べる場合で考えてみましょう。

　(1)番目の席には $a$〜$g$ のどの7文字を入れてもいいから「7通り」あります。その7通りのそれぞれについて、(2)番目の席にも $a$〜$g$ の

どの7文字を入れてもいいから「7通り」あります。(1)、(2)番目の席に2つの文字を入れた後、(3)番目の席にも同様に「7通り」の入れ方があります。したがって、全体では積の法則から、$7 \times 7 \times 7 = 7^3 = 343$ 通りとなります。先ほど（297ページ）との違いが分かると思います。

● 横1列とは異なる「円順列」の公式

いくつかのものを円形に並べて、相互の位置関係だけを考える順列を**円順列**といいます。異なる $n$ 個のものの円順列は $(n-1)!$ となります。

例えば、3個の文字○、□、△ を並べる場合を考えてみましょう。もし、横一列に並べるのであれば、下記の順列は異なる順列です。

(○、□、△)、(△、○、□)、(□、△、○)

しかし、円形に配置してみると、互いに回転によって重なります。

そこで、3個の文字○、□、△ の円順列を考えるときは、その中のどれか一つを固定し、残りの2文字の順列を考えればよいことになります。つまり、円順列の個数は $(3-1)! = 2 \cdot 1 = 2$ となります。

● 同じ種類のものを含む順列の公式

$n$ 枚のカードがあり、その内訳は $a$ と書かれたカードが $p$ 枚、$b$ と書かれたカードが $q$ 枚、$c$ と書かれたカードが $r$ 枚、……、とします。

$\{a, a, a, \cdots, a, b, b, b, \cdots, b, c, c, \cdots, c, d, \cdots\cdots\}$ ……③

このとき、これら $n$ 枚のカードを全部並べてできる異なる順列の数は

$$\frac{n!}{p!q!r!\cdots} \quad ただし、p+q+r+\cdots\cdots=n$$

となります。このことは、全部が異なる $n$ 個のもの

$\{a_1、a_2、a_3、\cdots、a_p、b_1、b_2、\cdots、b_q、c_1、c_2、\cdots、c_r、\cdots\cdots\}$ ……④

と対比させて考えると分かります。③の順列は、もし、$p$ 個の $a$ が区別できれば $p!$ 倍になり、$q$ 個の $b$ が区別できれば $q!$ 倍になり、$r$ 個の $c$ が区別できれば $r!$ 倍になり……、結局これが④の順列 $n!$ に等しくなるのです。

# §102
# 組合せの公式

相異なる $n$ 個のものから $r$ 個を取って作ることができる組合せの総数を $_nC_r$ で表すと、$_nC_r$ は次の計算で得られる。

$$_nC_r = \frac{_nP_r}{r!} = \frac{n(n-1)(n-2)\cdots(n-r+1)}{r!} \quad \cdots\cdots ①$$

ただし、$_nC_n=1$、$_nC_0=1$ とする。

### 解説！ 組合せ

**組合せ**のことを英語で combination といいます。組合せの記号 C はここからきています。「組合せ」は前節の「順列」と密接な関係で結ばれています。その関係を示しているのが上記の公式①です。この①を使えば、組合せに関する計算を簡単に行なうことができます。

例えば、40人のグループから5人の代表を選ぶ選び方は何通りあるのかと問われたら、$n=40$、$r=5$ を上記の①に入れて計算します。

$$_{40}C_5 = \frac{_{40}P_5}{5!} = \frac{40 \cdot 39 \cdot 38 \cdot 37 \cdot 36}{5 \cdot 4 \cdot 3 \cdot 2 \cdot 1} = 658008$$

なんと66万近くあるというのだから、驚きです。

● $_nC_r$ の性質

$_nC_r$ は次の性質を持っています。これを知っていると $_nC_r$ を使った計算にいろいろと役立てることができます。

(1) $_nC_r = {_nC_{n-r}}$
(2) $_nC_r = {_{n-1}C_{r-1}} + {_{n-1}C_r}$ 　　$(1 \leq r \leq n-1)$

それぞれの理由を簡単に解説しておきましょう。

(1)の性質は組合せの原理から明らかです。つまり、「異なる $n$ 個のものから、$r$ 個を選ぶ」ということは結果的には「$n-r$ 個を残す」＝「$n-r$ 個を選ぶ」ことと同じになります。

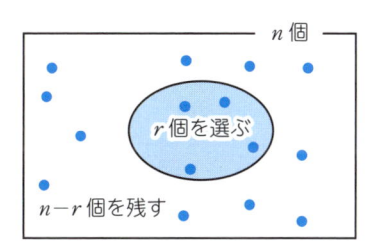

(2)の性質は特定の一つに着目すれば分かります。いま、相異なる $n$ 個のものを $\{a_1、a_2、a_3、……、a_n\}$ とします。この $n$ 個の中から $r$ 個を取り出すとき、特定の $a_1$ にだけ着目すると、「その $a_1$ を含むかどうか」で $r$ 個の取り出し方は次の二つに分けられます。

(i) $a_1$ を含む場合

このときは、残りの $n-1$ 個の中から $r-1$ 個を取り出すので $_{n-1}C_{r-1}$ 通りあります。

(ii) $a_1$ を含まない場合

このときは、残りの $n-1$ 個の中から $r$ 個を取り出すことになるので $_{n-1}C_r$ 通りあります。

(i)と(ii)を合体したのが $_nC_r$ だから(2)の成立が分かります。

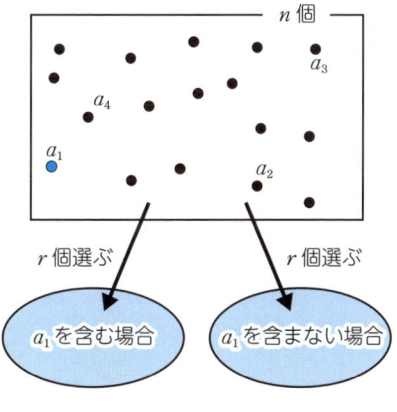

## なぜ、$_nC_r$ の式が成り立つのか？

なぜ、$_nC_r$ の①が成り立つのかは、$_nP_r$ の意味を考えれば分かります。つまり、

$_nP_r=$ 相異なる $n$ 個のものから $r$ 個を取り出して並べる並べ方の総数
　　$=$ 相異なる $n$ 個のものから、まずは、$r$ 個を取り出して、
　　　それぞれについて(積の法則)、その $r$ 個を並べる並べ方の総数
　　$=_nC_r \times r!$

〔例題〕ジョーカーを除く52枚のトランプから4枚のトランプを引いたときに出てくるカードの種類はいくつありますか。

[解] $_{52}C_4 = \dfrac{52 \cdot 51 \cdot 50 \cdot 49}{4 \cdot 3 \cdot 2 \cdot 1} = 270725$ 通り

> **参考**
>
> **組合せで知っておきたい他の公式**
>
> 　インドでは紀元前の昔から、順列や組合せの問題が考えられていたといいます。その後、9世紀には、順列や組合せ公式が考え出されました。そこで人類の叡智ともいえる順列・組合せの公式をもう少し見ておきましょう。組合せの基本公式は①ですが、これに関連して、次の「重複組合せ」についての公式を知っていると便利です。

● ベンリな重複組合せの公式

　相異なる $n$ 個のものから、繰り返し取ることを許して、$r$ 個を取って作った組合せの総数を $_nH_r$ で表すと、次の式が成立します。

$$_nH_r = {}_{n+r-1}C_r \quad \cdots\cdots ②$$

　例えば、3個の文字 $a$、$b$、$c$ から重複を許して5個を取り出す組合せは、

$\{a,a,a,a,a\}$、$\{a,a,a,a,b\}$、$\cdots$、$\{a,a,b,b,c\}$、$\cdots$、$\{a,b,c,c,c\}$、$\cdots$、$\{c,c,c,c,c\}$

などいろいろあります。②は、その総数が $_3H_5 = {}_{3+5-1}C_5 = {}_7C_5 = 21$ になる、ということをいっています。

　それでは、重複組合せが②で表せる理由を考えてみましょう。

　上記では、5個を取り出すのだからそれを5個の○で表し、3種類の文字を区別するために、仕切り棒を2本（＝3種類の文字 −1）を用意します。すると、3個の文字 $a$、$b$、$c$ から重複を許して5個を取り出す組合せは、次のように、「5個の○、2本の棒」の順列と対応していること

とが分かります。

$\{a,a,a,a,a\}$ ←→ ○○○○○｜｜
$\{a,a,a,a,b\}$ ←→ ○○○○｜○｜
................
$\{a,a,b,b,c\}$ ←→ ○○｜○○｜○
................
$\{a,b,c,c,c\}$ ←→ ○｜○｜○○○
................
$\{c,c,c,c,c\}$ ←→ ｜｜○○○○○

ここで、「5個の○、2本の棒の順列」の総数は、7個の場所から○を置く5カ所（棒を置く2カ所でもよい）を選ぶ方法の総数に等しくなります。

よって、 $_3H_5 = {}_{3+5-1}C_5 = {}_7C_5 = {}_7C_2 = 21$

一般に、$n$ 個の文字から重複を許して $r$ 個を選ぶ総数は次のようになります（かなり説明が複雑です）。

「$r$ 個の○、$n$ 個の文字を区切る $n-1$ 本の棒」を置く $n+r-1$ 個の場所のうち、「どの $r$ 個の場所に○を置くか」の総数に等しいことから、②が成立することが分かる、ということになります。

〔例題〕$(x+y+z)^8$ の展開式において「異なる項は何種類あるか」を重複組合せの②を使って数えてください。

[解] この式を展開すると、表れる項は次の形をしています。

　　　$x^p y^q z^r$　ただし、$p+q+r=8$

したがって、異なる項は、方程式 $p+q+r=8$（$p \geq 0$、$q \geq 0$、$r \geq 0$）を満たす整数解 $(p, q, r)$ の個数ということになり、これは、3文字 $p$、$q$、$r$ から重複を許して8個を取り出す組合せの数と一致します。したがって、

　　　$_3H_8 = {}_{3+8-1}C_8 = {}_{10}C_8 = {}_{10}C_2 = 45$　よって、45通りの異なる項がある。

# §103

# 確率の定義

ある試行において、事象 $A$ の起こる確率 $P(A)$ を次のように定義する。

$$P(A) = \frac{n(A)}{n(U)} = \frac{\text{事象}A\text{の場合の数}}{\text{起こりうるすべての場合の数}}$$

ただし、$U$ は標本空間で、どの根元事象も同様に確からしく起こるものとする。

### 解説！ 最初は確率の言葉から

同じ条件のもとで何回も繰り返すことができ、しかも、どの結果が起こるかが偶然に決まるような実験や観察を**試行**といいます。試行を行なったときに、起こりうるすべての結果からなる集合を**標本空間**（$U$、あるいは $\Omega$ の記号を使う）といい、標本空間の部分集合を**事象**といいます。とくに、要素が1個からなる事象を**根元事象**、標本空間と一致する事象を**全事象**、要素が0個の事象を**空事象**（$\phi$ で表す）といいます。

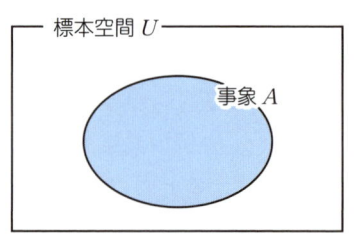

●サイコロで事象を確認しよう

例えば、1個のサイコロを投げて出る目の数に着目した試行を考えてみましょう。このとき、標本空間とその事象は次のようになります。

標本空間 ={1、2、3、4、5、6}
事象　　{1}、{2}、{3}、{4}、{5}、{6} …… 根元事象
　　　　{1、2}、{1、3}、……、{5、6}
　　　　{1、2、3}、{1、2、4}、……、{4、5、6}
　　　　{1、2、3、4}、{1、2、3、5}、……、{3、4、5、6}
　　　　{1、2、3、4、5}、{1、2、3、4、6}、……、{2、3、4、5、6}

第10章 確率・統計

$$\{1、2、3、4、5、6\} \quad \cdots\cdots \quad 全事象$$
$$\phi \quad \cdots\cdots \quad 空事象$$

（注）標本空間の要素の個数を $n$ 個とすると、事象は全部で $2^n$ 個あります。この例では、$2^6=64$ 個の事象が存在することになります。

● サイコロで確率を確認しよう

例えば、1個のサイコロを投げて3の倍数の目が出る確率を求めてみましょう。

3の倍数の目が出る事象を $A$ とすると、$A=\{3、6\}$ です。ここで、6個の根元事象 $\{1\}$、$\{2\}$、$\{3\}$、$\{4\}$、$\{5\}$、$\{6\}$ が同様に確からしく起こるものとすれば、確率の定義より、求める確率は次のようになります。

$$P(A)=\frac{n(A)}{n(U)}=\frac{2}{6}=\frac{1}{3}$$

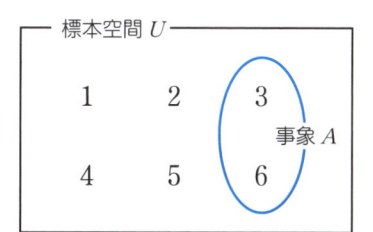

● 「同様に確からしく」 というけれど

上記で、1個のサイコロを投げて3の倍数の目が出る確率を求めようとしたとき、次の仮定を儲けました。

**「根元事象が同様に確からしく起こるとすれば」**

しかし、実際問題として、この仮定をサイコロが100％満たしていると、考えるのは困難です。厳密な意味で、正しい立方体のサイコロは作れないためです。もしできたとしても、サイコロには1〜6の目が印され（多くの場合、穴もあいている）、表面の模様も微妙に違います。ですから、サイコロの目も含め、「完全なサイコロ」は人間に作れません。もちろん、仮定に近づける努力は否定しませんが。

● 現実とは異なる「数学的確率」

実際のサイコロに、「根元事象が同様に確からしく起こる」ことの保

障がないとなれば、先に求めた確率は、実際のサイコロの確率とは違うことになります。つまり、あくまでも、理想の世界でのサイコロ ( 数学のモデル ) を想定し、確率を求めたにすぎません。それゆえ、冒頭の確率の定義を「**数学的確率** ( 先験的確率 )」ということがあります。

数学的確率は実際の確率現象の世界とは違うからといって、この確率が無意味というわけではありません。どの面も同様に確からしく出るように工夫されたサイコロや、表裏が同じになるように作られたコインなどの実際の確率現象に、数学的確率が参考として使えることになります。

なお、この数学的確率に対し、経験に基づいた**統計的確率** ( 経験的確率 ) があります。これについては「§109 大数の法則」参照してください。

〔例題〕ここに、2枚のコイン $a$, $b$ があります。これらのコインを同時に投げて出た目に着目する試行において、一方が表、他方が裏である確率を求めてください。

[解] まず、この場合の標本空間を求めると、

標本空間 ={( 表、表 )、( 表、裏 )、( 裏、表 )、( 裏、裏 )}

となります。ただし、( ) 内の左はコイン $a$、右はコイン $b$ の表裏とします。

ここで、一方が表、他方が裏である事象を $A$ とすると、

$A$={( 表、裏 )、( 裏、表 )}

となります。標本空間の四つの根元事象が同様に確からしく起こるとすれば、数学的確率の定義により、

$$P(A) = \frac{n(A)}{n(U)} = \frac{2}{4} = \frac{1}{2}$$

となります。

## 確率の発見と公理的な定義

「根元事象が同様に確からしく起こる」ことは確かめようもありません。しかし、数学的確率論のこの曖昧さを除去したのがコルモゴルフ（1903～1987）の考え出した次の**公理的定義**でした。

「標本空間 $U$ が与えられているとき、それぞれの事象 $A$、$B$ に対して次の条件を満たす数 $P(A)$ を対応させる。

(1) $P(A) \geq 0$
(2) $P(U) = 1$
(3) $A \cap B = \phi$ であれば $P(A \cup B) = P(A) + P(B)$

このとき、**$P(A)$ を事象 $A$ の確率**という」

この三つを決めておくだけで、確率のいろいろな性質が導き出せます。
$P(\phi) = 0$、$P(\overline{A}) = 1 - P(A)$、$0 \leq P(A) \leq 1$
$P(A \cup B) = P(A) + P(B) - P(A \cap B)$
..........................

数学的確率は、この公理的確率の特別な場合といえます。つまり標本空間の各根元事象に等確率を与えた場合なのです。

# §104
# 確率の加法定理

二つの事象 $A$ と $B$ が排反ならば
$$P(A \cup B) = P(A) + P(B) \quad \cdots\cdots ①$$

## 解説！ 確率の加法定理

二つの事象 $A$ と $B$ が**排反**であるとは、**一方の事象が起これば他方は起こらない**ことを意味します。集合の記号で書けば、$A \cap B = \phi$（空集合）ということです。このとき、「$A$ と $B$ の少なくとも一方が起こる確率はそれぞれの確率の和でよい」というのが**確率の加法定理**です。これは、直観的にも分かりやすい定理です。

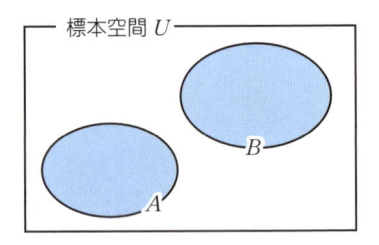

### ●サイコロで確認しよう

例えば、1個のサイコロを投げて出る目の数に着目した試行を考えてみましょう。ここで、3の倍数の目が出る事象を $A$、5の目が出る事象を $B$ とします。すると、$A = \{3、6\}$、$B = \{5\}$ となり、$A \cap B = \phi$ です。つまり、二つの事象 $A$ と $B$ が排反です。したがって、加法定理より、$A$ または $B$ の少なくとも一方の起こる確率は次のようになります。

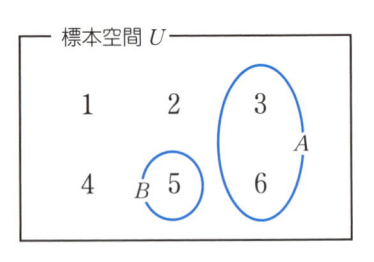

$$P(A \cup B) = P(A) + P(B)$$
$$= \frac{n(A)}{n(U)} + \frac{n(B)}{n(U)} = \frac{2}{6} + \frac{1}{6} = \frac{3}{6} = \frac{1}{2}$$

● **三つの事象が排反ならば**

確率の加法定理である①は、二つの事象が排反のときに成り立つ定理ですが、三つ以上の事象が排反のときにも拡張できます。

例えば、三つの事象 $A$、$B$、$C$ が排反ならば、
$$P(A\cup B\cup C)=P(A)+P(B)+P(C)$$
です。ここで、三つの事象 $A$、$B$、$C$ が排反ということは、どの二つの事象も排反ということです。図で書けば、互いに共通部分がないことを意味します。

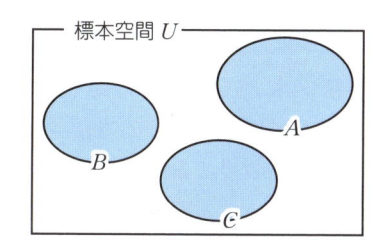

### なぜ、そうなる？

確率の加法定理は、集合の図（**ベン図**という）を見れば明らかですが、あえて式で示せば次のようになります。個数定理（§100）より、

$A\cap B=\phi$ のとき、$n(A\cup B)=n(A)+n(B)$

ゆえに、
$$P(A\cup B)=\frac{n(A\cup B)}{n(U)}=\frac{n(A)+n(B)}{n(U)}$$
$$=\frac{n(A)}{n(U)}+\frac{n(B)}{n(U)}=P(A)+P(B)$$

となります。ここで確率の加法定理を一般化しておきましょう。

事象の間に「排反」という条件がなければ、加法定理は次のように表せます（これも加法定理と呼ばれている）。

$$P(A\cup B)=P(A)+P(B)-P(A\cap B)$$
$$P(A\cup B\cup C)=P(A)+P(B)+P(C)$$
$$-P(A\cap B)-P(B\cap C)-P(C\cap A)+P(A\cap B\cap C)$$
……………………………

事象の数が増えていくと、式がどんどん複雑になっていくことが分かります。確率計算をする上で、排反という条件はありがたいものです。

# §105

# 余事象の定理

事象 $A$ の余事象を $\overline{A}$ とすると、 $P(A) = 1 - P(\overline{A})$

### 解説！ 余事象の定理とは

事象 $A$ に対して、$A$ の起こらないという事象を $A$ の**余事象**といいます。$A$ の余事象は多くの場合 $\overline{A}$ と表現されます。この定理は、

$A$ の起こる確率 $=1-A$ の起こらない確率

である、ということで、非常にナットクしやすい定理です。もし、世界が二つに分かれているなら、一方の世界の確率が分かれば他方の確率が分かるので、どちらか考えやすい世界を攻めればよい、という合理的な発想につながります。

特に、**確率で「少なくとも……」とくれば**、この定理を思い浮かべてください。

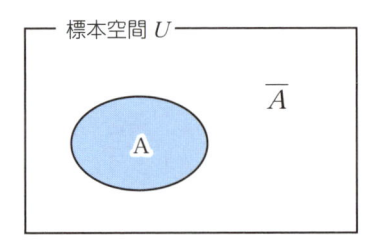

●「少なくとも」1回は1の目が出る確率

サイコロを5回投げ、少なくとも1回は1の目が出る事象を $A$ とします。この場合、$A$ の内訳は複雑です。素直に考えていくと、「1の目が1回出る確率」「2回出る確率」……、と多数の場合分けが必要になるからです。しかも、1回出る場合でも、5回中どこで1回1の目が出るかも考慮しなければいけません。

ここで、$A$ の余事象 $\overline{A}$ を考えたらどうでしょうか。これは5回中1回も1の目が出ないというシンプルな話ですから、その確率は

$$P(\overline{A}) = \left(\frac{5}{6}\right)^5$$

です（§108 反復試行の定理）。したがって、余事象の定理から、次のよ

うにスッキリ求めることができます。
$$P(A) = 1 - P(\overline{A}) = 1 - \left(\frac{5}{6}\right)^5 ≒ 0.6$$

●$A$と$\overline{A}$は互いに余事象

事象$A$、事象$\overline{A}$は互いに余事象です。事象$A$が主役で、事象$\overline{A}$が脇役ということはありません。余事象の定理は、あくまでも、一方の確率が分かれば、「1 − 当該事象の確率」によって、他方の確率が分かるというだけです。

### なぜ、余事象が成り立つ？

〔解説〕でも説明したとおり、余事象の定理はベン図から明らかですが、式で証明すると次のようになります。

$A \cap \overline{A} = \phi$ より$A$と$\overline{A}$は排反です。また、$A \cup \overline{A} = U$です。

したがって、確率の加法定理より　$P(A \cup \overline{A}) = P(A) + P(\overline{A}) = 1$

〔例題〕5本の当たりくじを含む20本のくじがあります。このくじから同時に3本を引くとき、少なくとも1本が当たりくじである確率はどのくらいでしょうか。

[解]「少なくとも1本が当たりくじである」という事象は、「3本ともはずれくじである」という事象$A$の余事象$\overline{A}$です。

ここで、20本から3本のくじを引く引き方は${}_{20}C_3 = 1140$通り、15本のはずれくじから3本のはずれくじを引く引き方は${}_{15}C_3 = 455$通りです。

よって、$P(A) = \dfrac{{}_{15}C_3}{{}_{20}C_3} = \dfrac{455}{1140} = \dfrac{91}{228}$

ゆえに、$P(\overline{A}) = 1 - P(A) = \dfrac{137}{228}$

# §106 確率の乗法定理

$$P(A\cap B) = P(A)P(B\,|\,A) \quad \cdots\cdots ①$$

### 解説！ 確率の加法定理とは？

二つの事象 $A$、$B$ をともに満たす事象 $A\cap B$ が起こる確率は、二つの確率を掛ければよいというのが**乗法定理**ですが、単純に掛けるわけではありません。一方の確率に「**条件付き確率**」を掛けるのです。

●条件付き確率とは

事象 $A$ の起こる確率は、次の式で定義されました (§103)。

$$P(A) = \frac{n(A)}{n(U)} = \frac{事象Aの場合の数}{起こりうるすべての場合の数}$$

例えば、ジョーカー 1 枚を含む 53 枚のトランプから 1 枚のカードを取り出したとき、そのカードが絵札である事象を $A$ とすると、絵札は全部で 12 枚ありますから、その確率 $P(A)$ は次のようになります。

$$P(A) = \frac{n(A)}{n(U)} = \frac{12}{53}$$

それでは、1 枚のカードを抜いたときに、ハートであることが見えた人にとって、それが絵札である確率はどうなるのでしょうか。ハートと分かってしまった段階で、この人にとっては標本空間は 53 枚ではなく、13 枚のハートに絞られたことになります。このときには、絵札は 3 枚 (ハートの J、Q、K) ですから、この人にとって、絵札である確率は $\frac{3}{13}$ です。これを「ハートであることが分かったときに、それが絵札である条件付き確率」といいます。

# 確率の乗法定理

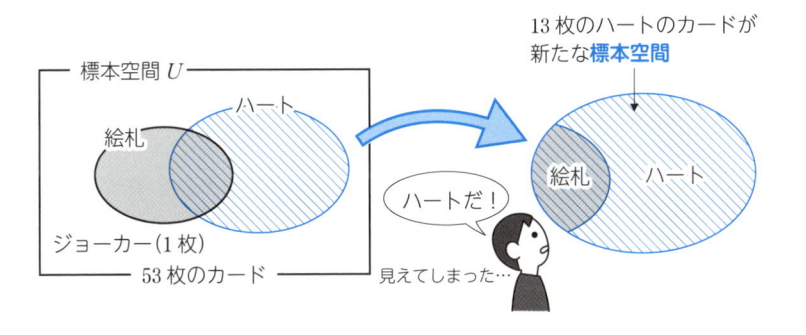

### ●条件付き確率を式で表現

二つの事象 $A$ と $B$ があるとき、事象 $A$ を新たな標本空間と見なしたときに、事象 $B$ の起こる確率を $P(B\mid A)$ と書き、事象 $A$ が起きたときの事象 $B$ が起きる**条件付き確率**と定義します。

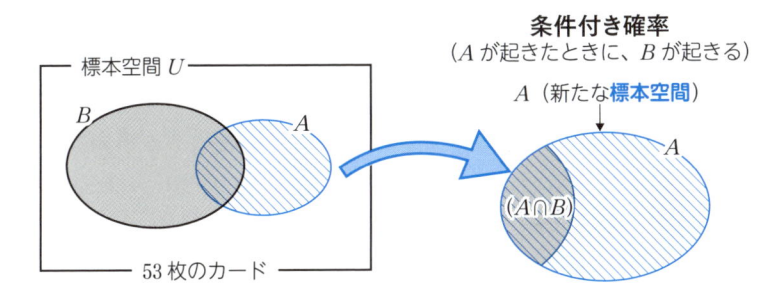

$P(B\mid A)$ の定義より、$P(B\mid A) = \dfrac{n(A\cap B)}{n(A)}$ ……② と考えられます。

ここで、②の右辺の分母、分子を $n(U)$ で割ることにより次の式を得ます。

$$P(B\mid A) = \dfrac{n(A\cap B)}{n(A)} = \dfrac{\dfrac{n(A\cap B)}{n(U)}}{\dfrac{n(A)}{n(U)}} = \dfrac{p(A\cap B)}{P(A)} \quad\text{……③}$$

そこで、条件付き確率 $P(B\mid A)$ を式で次のように定義します。

$$P(B\mid A) = \frac{P(A\cap B)}{P(A)} \quad \cdots\cdots ④$$

　この条件付き確率の定義④の両辺に $P(A)$ を掛けると乗法定理①を得ます。

　（注）　なお、条件付き確率は上記のように $P(B\mid A)$ と書かれますが、高校の教科書では $P_A(B)$ と書かれています。

● 事象の独立

　「二つの事象 $A$ と $B$ に対して、$P(A\cap B) = P(A)P(B)$ 　……⑤　のとき事象 $A$ と事象 $B$ は独立である」といいます。このとき、④より

$$P(B\mid A) = P(B)$$

が成立するので、$A$ が起きたときに $B$ の起こる確率は、単に、$B$ の起こる確率に等しいということで、$B$ の起こる確率は $A$ に影響されないと考えられます。

　例えば、次の二つの確率のモデルを見てください。これは表と裏がともに 1/2 の確率で出る 2 枚のコイン甲、乙を同時に投げて、その表裏の出方の確率に着目したものです。ここで、甲が表である事象を $A$、乙が表である事象を $B$ とします。いずれも、$P(A)P(B) = (1/2)(1/2) = 1/4$ です。

| 甲＼乙 | 表 | 裏 | 計 |
|---|---|---|---|
| 表 | 1/4 | 1/4 | 1/2 |
| 裏 | 1/4 | 1/4 | 1/2 |
| 計 | 1/2 | 1/2 | 1 |

| 甲＼乙 | 表 | 裏 | 計 |
|---|---|---|---|
| 表 | 2/6 | 1/6 | 1/2 |
| 裏 | 1/6 | 2/6 | 1/2 |
| 計 | 1/2 | 1/2 | 1 |

　もし、左のモデルのように両方とも表である確率 $P(A\cap B)$ が 1/4 であれば、⑤が成立するので $A$ と $B$ は独立です。しかし、右のモデルのように、両方とも表である確率 $P(A\cap B)$ が 2/6 であれば、⑤が成立しないので $A$ と $B$ は独立ではありません。何らかの影響があって「両方とも表」が出やすくなったと解釈できます。

# 確率の乗法定理

〔例題〕5本中3本の当たりクジの入った袋があります。この袋から$a$君、$b$君の順にクジを引くとき、それぞれの当たる確率を求めてください。ただし、引いたクジはもとに戻さないものとします。

[解] $a$君が当たるという事象を$A$、$b$君が当たるという事象を$B$とします。まず、最初に引く$a$君の当たる確率は$\frac{3}{5}$です。次に引く$b$君の当たる確率は次の二つの場合に分けて求めてみます。

(1) $a$君が当たり、$b$君も当たる

この確率は　$P(A \cap B) = P(A)P(B \mid A) = \frac{3}{5} \times \frac{2}{4} = \frac{3}{10}$

(2) $a$君がはずれ、$b$君が当たる

この確率は　$P(\overline{A} \cap B) = P(\overline{A})P(B \mid \overline{A}) = \frac{2}{5} \times \frac{3}{4} = \frac{3}{10}$

(1)と(2)は排反なので、確率の加法定理より、$b$君の当たる確率は、

$P(B) = P(A \cap B) + P(\overline{A} \cap B) = \frac{3}{10} + \frac{3}{10} = \frac{3}{5}$

よって、クジの当たる確率は「引く順序に無関係」と分かります。

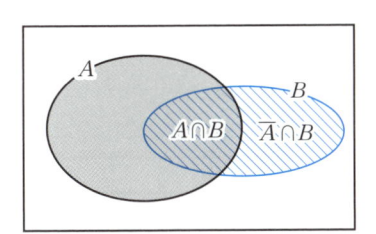

$A$：$a$君が当たる事象
$B$：$b$君が当たる事象

牧師で数学者でもあったトーマス・ベイズ(1702〜1761)は、この条件付き確率の考え方を発展させ、現代の統計学の大きな流れであるベイズ統計学の基礎を確立しました。今から200年ほど前の話です。

# §107

# 独立試行の定理

二つの試行 $\alpha$ と $\beta$ が独立であれば、
 $P(A \times B) = P(A) \times P(B)$ ……①
ただし、試行 $\alpha$ における事象を $A$、試行 $\beta$ における事象を $B$ とする。

## 解説！ 独立試行の定理

コインを投げて、その表裏に着目する試行 $\alpha$ と、サイコロを振って出る目に着目する試行 $\beta$ を組み合わせた試行 $\gamma$ を考えるとき、二つの試行 $\alpha$ と試行 $\beta$ はお互いに影響を与えているとは思えません。これを式で定義するにはどうしたらいいのでしょうか。

まず、コインとサイコロの場合の各試行の標本空間を確認しましょう。

試行 $\alpha$ の標本空間 $U_\alpha = \{$ 表、裏 $\}$
試行 $\beta$ の標本空間 $U_\beta = \{1、2、3、4、5、6\}$
試行 $\gamma$ の標本空間 $U_\gamma = U_\alpha \times U_\beta = \{$ (表、1)、(表、2)、(表、3)、(表、4)、(表、5)、(表、6)、(裏、1)、(裏、2)、(裏、3)、(裏、4)、(裏、5)、(裏、6) $\}$

標本空間 $U_\alpha$、$U_\beta$、$U_\gamma$ を表で書けば次のようになります。

| $\alpha$ \ $\beta$ | 1 | 2 | 3 | 4 | 5 | 6 |
|---|---|---|---|---|---|---|
| 表 | (表、1) | (表、2) | (表、3) | (表、4) | (表、5) | (表、6) |
| 裏 | (裏、1) | (裏、2) | (裏、3) | (裏、4) | (裏、5) | (裏、6) |

●試行が互いに影響しなければ……

ここで、試行 $\alpha$ と $\beta$ を組み合わせた試行 $\gamma$ の標本空間 $U_\gamma = U_\alpha \times U_\beta$ の各根元事象の確率がどれも、「試行 $\alpha$ の根元事象の確率 × 試行 $\beta$ の

根元事象の確率」に等しいという場合を想定してみます。つまり、

$$\frac{1}{2} \times \frac{1}{6} = \frac{1}{12}$$

となる場合です。このときは、二つの試行 $\alpha$ と $\beta$ を組み合わせた結果、ある特定の根元事象が出やすくなったとも、出にくくなったとも思えません。つまり、二つの試行 $\alpha$ と $\beta$ が互いに独立していると考えられます。

|   | 1 | 2 | 3 | 4 | 5 | 6 |
|---|---|---|---|---|---|---|
| 表 | $\frac{1}{12}$ | $\frac{1}{12}$ | $\frac{1}{12}$ | $\frac{1}{12}$ | $\frac{1}{12}$ | $\frac{1}{12}$ |
| 裏 | $\frac{1}{12}$ | $\frac{1}{12}$ | $\frac{1}{12}$ | $\frac{1}{12}$ | $\frac{1}{12}$ | $\frac{1}{12}$ |

（注）ここで、$U_\alpha$ と $U_\beta$ の各々の根元事象の確率は等しいものとします。

● 試行が互いに影響すれば……

もし、試行 $\alpha$ と $\beta$ を組み合わせた結果、下表のように、コインの表とサイコロの 1 の目が他に比べて起きやすくなったとしたらどうでしょうか。例えば、$U_\alpha \times U_\beta$ の各根元事象の確率が下表のときはどうでしょうか。このときは、$U_\alpha \times U_\beta$ の各根元事象の確率は「試行 $\alpha$ の根元事象の確率 × 試行 $\beta$ の根元事象の確率」とはいえなくなります。

つまり、コインが表でサイコロが 1 の目である確率は $\frac{2}{3}$ となっていて、$\frac{1}{2} \times \frac{1}{6} \neq \frac{2}{3}$ となってしまいます。

試行 $\alpha$ と試行 $\beta$ を組み合わせた結果、何らかの影響が生じ、コインの表とサイコロの 1 の目が他に比べて起きやすくなったと考えられます。そこで、このときは二つの試行 $\alpha$ と $\beta$ は独立ではない、ということになります。

|   | 1 | 2 | 3 | 4 | 5 | 6 |
|---|---|---|---|---|---|---|
| 表 | $\frac{2}{3}$ | $\frac{1}{33}$ | $\frac{1}{33}$ | $\frac{1}{33}$ | $\frac{1}{33}$ | $\frac{1}{33}$ |
| 裏 | $\frac{1}{33}$ | $\frac{1}{33}$ | $\frac{1}{33}$ | $\frac{1}{33}$ | $\frac{1}{33}$ | $\frac{1}{33}$ |

● 試行の独立を式で定義

以上のことを踏まえ、確率の世界では二つの試行 $\alpha$ と $\beta$ が「**独立**」であるということを次のように定義します。

> 試行 $\alpha$ の標本空間を $U_\alpha = \{e_1、e_2、\cdots、e_i、\cdots、e_n\}$
> 試行 $\beta$ の標本空間を $U_\beta = \{f_1、f_2、\cdots、f_j、\cdots、f_m\}$
> 根元事象を $\{e_1\}$、$\{e_2\}$、$\cdots$、$\{e_n\}$、$\{f_1\}$、$\{f_2\}$、$\cdots$、$\{f_m\}$
> このとき、二つの試行 $\alpha$ と $\beta$ を組み合わせた試行の標本空間
> $U_\gamma = U_\alpha \times U_\beta$ の各根元事象 $\{(e_i、f_j)\}$ について
> $$P(\{(e_i、f_j)\}) = P(\{e_i\}) \times P(\{f_j\}) \quad \cdots\cdots ②$$
> $$i = 1、2、\cdots、n \quad j = 1、2、\cdots、m$$
> が成り立つとき、二つの試行 **$\alpha$ と $\beta$ は独立である**という。

|  | $f_1$ | $f_2$ | $\cdots$ | $f_j$ | $\cdots$ | $\cdots$ | $f_m$ |
|---|---|---|---|---|---|---|---|
| $e_1$ | $(e_1, f_1)$ | $(e_1, f_2)$ | $\cdots$ | $(e_1, f_j)$ | $\cdots$ | $\cdots$ | $(e_1, f_m)$ |
| $e_2$ | $(e_2, f_1)$ | $(e_2, f_2)$ | $\cdots$ | $(e_2, f_j)$ | $\cdots$ | $\cdots$ | $(e_2, f_m)$ |
| $\cdots$ | $\cdots$ | $\cdots$ | $\cdots$ | $\cdots$ | $\cdots$ | $\cdots$ | $\cdots$ |
| $\cdots$ | $\cdots$ | $\cdots$ | $\cdots$ | $\cdots$ | $\cdots$ | $\cdots$ | $\cdots$ |
| $e_i$ | $(e_i, f_1)$ | $(e_i, f_2)$ | $\cdots$ | $(e_i, f_j)$ | $\cdots$ | $\cdots$ | $(e_i, f_m)$ |
| $\cdots$ | $\cdots$ | $\cdots$ | $\cdots$ | $\cdots$ | $\cdots$ | $\cdots$ | $\cdots$ |
| $\cdots$ | $\cdots$ | $\cdots$ | $\cdots$ | $\cdots$ | $\cdots$ | $\cdots$ | $\cdots$ |
| $e_n$ | $(e_n, f_1)$ | $(e_n, f_2)$ | $\cdots$ | $(e_n, f_j)$ | $\cdots$ | $\cdots$ | $(e_n, f_m)$ |

つまり、標本空間 $U_\gamma = U_\alpha \times U_\beta$ の各根元事象の確率は、どれも、「試行 $\alpha$ の根元事象の確率 × 試行 $\beta$ の根元事象の確率」に等しいということです。これは「影響していない」ことをうまく表現したものといえます。

### 独立試行の定理を導くには

上記の定義に基づくと、冒頭の独立試行の定理を導くことができます。例えば、上記の標本空間で $A = \{e_1、e_2\}$、$B = \{f_1、f_2\}$ とすると、$A \times B = \{(e_1、f_1)、(e_1、f_2)、(e_2、f_1)、(e_2、f_2)\}$ となります。ゆえに、
$P(A \times B)$
　　$= P(\{(e_1、f_1)\}) + P(\{(e_1、f_2)\}) + P(\{(e_2、f_1)\}) + P(\{(e_2、f_2)\})$
$P(A) \times P(B)$
　　$= P(\{e_1、e_2\}) \times P(\{f_1、f_2\})$

$$=\{P(\{e_1\})+P(\{e_2\})\}\times\{P(\{f_1\})+P(\{f_2\})\}$$
$$=P(\{e_1\})P(\{f_1\})+P(\{(e_1)\}P(\{f_2\})$$
$$+P(\{e_2\})P(\{f_1\})+P(\{e_2\})P(\{f_2\})$$

前ページの定義式②より　$P(A\times B)=P(A)\times P(B)$　……①　が成立します。同様にして $A$、$B$ が他の事象の場合でも①の成立が分かります。

なお、次により試行の独立を定義することもあります。

> 試行 $\alpha$ の標本空間を $U_\alpha$、その任意の事象を $A$
> 試行 $\beta$ の標本空間を $U_\beta$、その任意の事象を $B$
> とする。このとき、二つの試行 $\alpha$ と $\beta$ を組み合わせた試行の標本空間の事象 $A\times B$ に対して
> $$P(A\times B)=P(A)\times P(B)$$
> が成り立つとき、二つの試行 **$\alpha$ と $\beta$ は独立である**という。

このとき、冒頭の定理は定義そのものとなります。

### 使ってみれば分かる！

この「独立試行の定理」は、お互いに影響しないだろうと思われる複数の試行が組み合わされた確率現象を説明するのに有効です。

例えば、1個のサイコロを投げて出る目の数に着目する試行と、ジョーカーを除く 52 枚のトランプから 1 枚抽出する試行を行なうとき、サイコロが偶数で、トランプがハートである確率は、独立試行の定理から、

$$\frac{3}{6}\times\frac{13}{52}=\frac{1}{8}$$

と考えられます。

# §108 反復試行の定理

> ある試行で事象 $A$ が起こる確率を $p$ とする。この試行を独立に $n$ 回繰り返す反復試行において、事象 $A$ が $r$ 回起こる確率は
> $${}_n C_r p^r q^{n-r} \quad \cdots\cdots ① \quad (r=0、1、2、3、\cdots\cdots、n) \quad \text{ただし、} q=1-p$$

## 解説！ 少し複雑な反復試行の定理

この**反復試行の定理**は、前節の「独立試行の定理」の特殊な場合です。つまり、「試行 $\alpha$ と $\beta$ が独立」において、$\beta$ が $\alpha$ と同じ場合です。さらに、この試行 $\alpha$ を $n$ 回繰り返すので、「$n$ 個の独立試行」とも考えられます。したがって、独立試行の定理から、繰り返して起こる確率は各回の試行の確率の積になることが分かります。それが①の $p^r q^{n-r}$ です。ただ、$n$ 回中 $r$ 回起こるといっても、どこで $r$ 回起こるかということで①の ${}_n C_r$ が出てくることになり、話が少し複雑になります。

## 具体例で調べてみると

一般論では難しいので、以下に、サイコロを5回振る反復試行で3回1の目が出る確率を調べてみましょう。これが、分かれば冒頭の「反復試行の定理」の成立は容易に理解できます。

### ●サイコロを5回振って、3回1の目が出る確率

サイコロを1回振って1の目が出るという事象を $A$、それ以外の目が出る事象を $\overline{A}$ とします。サイコロを5回振るとき、そのうち3回1の目が出る出方には、いろいろなパターンがあります。そこで、出方の一つ ($A$、$\overline{A}$、$A$、$A$、$\overline{A}$) の場合の確率を求めてみましょう。これは、独立試行の定理より、次のようになります。

$$P(A) \times P(\overline{A}) \times P(A) \times P(A) \times P(\overline{A}) = \frac{1}{6} \times \frac{5}{6} \times \frac{1}{6} \times \frac{1}{6} \times \frac{5}{6}$$
$$= \left(\frac{1}{6}\right)^3 \left(\frac{5}{6}\right)^2$$

次に、5回中3回1の目が出る出方が何通りかを調べてみます。これは、1回目から5回目までの、どの3カ所で1の目が出るかということなので、合計 $_5C_3=10$ 通りあります。いずれも確率は $\left(\frac{1}{6}\right)^3 \left(\frac{5}{6}\right)^2$ です。

$$
\left.\begin{array}{l}
(A、A、A、\overline{A}、\overline{A}) \\
(A、A、\overline{A}、A、\overline{A}) \\
\cdots\cdots \\
(A、\overline{A}、A、A、\overline{A}) \\
\cdots\cdots \\
(\overline{A}、\overline{A}、A、A、A)
\end{array}\right\} {}_5C_3=10 \text{ 通り、どの確率も } \left(\frac{1}{6}\right)^3 \left(\frac{5}{6}\right)^2
$$

これら10通りの事象は、一つが起これば他は起こらないので排反です。したがって、確率の加法定理より $\left(\frac{1}{6}\right)^3 \left(\frac{5}{6}\right)^2$ を $_5C_3$ 回足した値、つまり、$\left(\frac{1}{6}\right)^3 \left(\frac{5}{6}\right)^2$ を $_5C_3$ 倍した次の値となります。

$$_5C_3 \left(\frac{1}{6}\right)^3 \left(\frac{5}{6}\right)^2 = 10 \times \left(\frac{1}{6}\right)^3 \left(\frac{5}{6}\right)^2 = \frac{250}{7776} = \frac{125}{3888}$$

〔例題1〕1回の射撃で的に当たる確率が $\frac{1}{10}$ の射手がいます。この射手が7回射撃したとき、少なくとも1回は的に当たる確率はどのくらいになるでしょうか。

〔解〕 実際の射撃では、ある回に当たるか当たらないかは、次の射撃に影響するようですが、ここでは「各回の射撃は独立である」という数学モデルで考えます。すると、反復試行の定理から、この射手が7回射撃

したとき、1〜7回当たる確率はそれぞれ次のようになります。

$$7 回中 1 回当たる確率 \quad {}_7C_1\left(\frac{1}{10}\right)^1\left(\frac{9}{10}\right)^6$$

$$7 回中 2 回当たる確率 \quad {}_7C_2\left(\frac{1}{10}\right)^2\left(\frac{9}{10}\right)^5$$

$$7 回中 3 回当たる確率 \quad {}_7C_3\left(\frac{1}{10}\right)^3\left(\frac{9}{10}\right)^4$$

……………………………
……………………………

$$7 回中 7 回当たる確率 \quad {}_7C_7\left(\frac{1}{10}\right)^7\left(\frac{9}{10}\right)^0$$

これらは、互いに排反だから、求める確率は次のようになります。

$${}_7C_1\left(\frac{1}{10}\right)^1\left(\frac{9}{10}\right)^6 + {}_7C_2\left(\frac{1}{10}\right)^2\left(\frac{9}{10}\right)^5 + {}_7C_3\left(\frac{1}{10}\right)^3\left(\frac{9}{10}\right)^4 + \cdots$$
$$\cdots + {}_7C_7\left(\frac{1}{10}\right)^7\left(\frac{9}{10}\right)^0$$

$$= 0.5217$$

しかし、この方法はあまりにムダが多すぎます。7回中、少なくとも1回当たるということは、「7回ともはずれることの余事象」なので、求める確率は「余事象の定理」と「反復試行の定理」を用いて、

$$1 - 全部はずれる確率 = 1 - {}_7C_0\left(\frac{1}{10}\right)^0\left(\frac{9}{10}\right)^7$$
$$= 1 - \left(\frac{9}{10}\right)^7 = 0.5217$$

となります。もし、この射手が100回挑戦すれば、少なくとも1回当たる確率は次のようになります。

$$1 - \left(\frac{9}{10}\right)^{100} = 0.99997$$

まさしく、「**下手な鉄砲、数撃ちゃ当たる**」という諺の世界です。

(注) 1回で当たる確率を $p$ とすると、$n$ 回中少なくとも1回当たる確率は次の通りです。
$$1 - (1-p)^n$$

〔例題2〕10問の○×問題があります。デタラメに○か×をつけたら、平均何問の正解になるでしょうか。

[解] ○×試験にデタラメに答えると、1問につき正解の確率は $\frac{1}{2}$ です。よって、10問中 $k$ 問正解である確率 $P_k$ は反復試行の定理から、

$$P_k = {}_{10}C_k \left(\frac{1}{2}\right)^k \left(\frac{1}{2}\right)^{10-k} = {}_{10}C_k \left(\frac{1}{2}\right)^{10}$$

$$k = 0、1、2、3、4、5、6、7、8、9、10$$

したがって、正解数の期待値(平均値 §110)は、

$$0 \times P_0 + 1 \times P_1 + 2 \times P_2 + 3 \times P_3 + \cdots\cdots + 10 \times P_{10} = 5$$

となります。つまり、正解数の期待値は全体の半分になるのです。○×問題は勉強嫌いな学生にとっては、かなり、魅力的なことが分かります。なお、正解数の3択問題なら全体の $\frac{1}{3}$、4択問題なら全体の $\frac{1}{4}$ となります。

### 確率の歴史・ベルヌーイ試行

本節で扱った試行、つまり、「1回の試行で事象 $A$ が起こるか起こらないか」に着目し、この試行を独立に $n$ 回繰り返した反復試行のことを**ベルヌーイ試行**といいます。この名前のもととなったのは、すでに何度か紹介したスイスの数学者ヤコブ・ベルヌーイ（1654〜1705）です。

# §109

# 大数の法則

> 1回の試行で事象 $A$ の起こる確率を $p$、この試行を独立に $n$ 回繰り返したときの事象 $A$ の起きた相対度数を $\dfrac{r}{n}$ とする。このとき、試行回数 $n$ を大きくしていくと、相対度数 $\dfrac{r}{n}$ は限りなく確率 $p$ に近づいていく。

### 解説！ 大数の法則

　上記の「**大数の法則**」は別名「**ベルヌーイの定理**」とも呼ばれています。この定理は、我々が日常経験している「相対度数の安定性」の根拠を数学的に裏付けたものです。なお、大数の法則は「チェビシェフの不等式」と「二項分布」という確率分布の性質を利用して証明されますが、本書では触れません。

●相対度数の安定性とは

　個々の結果は、偶然に左右される場合でも、十分に多数回試行した結果については、ある規則性が現れてくることがあります。特に、相対度数に着目すると、試行回数をドンドン増やしていくと、ある事柄の起こる相対度数は一定の値に近づくことが確かめられます。この性質を**相対度数の安定性**といいます。

●10円硬貨を投げてみよう

　10円硬貨を1枚投げた場合を想定してみましょう。このコインを何回も投げて表の出る相対度数を調べてみると、ほぼ $\dfrac{1}{2}$ に近い値になります。ウソッーと思ったら、労をいとわず100回、200回と投げてみてください。最初のうちは表が多かったり、あるいはそうでなかったりと相対度数は揺らいでいますが、投げる回数を多くしていくと安定してい

くことが分かります。

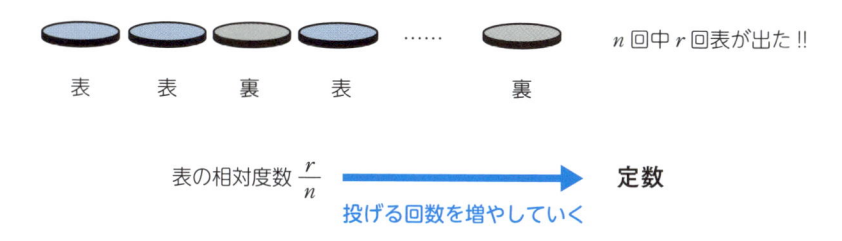

表　表　裏　表　……　裏　　　$n$ 回中 $r$ 回表が出た!!

表の相対度数 $\dfrac{r}{n}$ → 定数
投げる回数を増やしていく

● サイコロを振ってみよう

　サイコロを 1 個振った場合を想定してみましょう。いま、現実にあるサイコロを何回も何回も振って 1 の目の出る相対度数を調べてみると、一定の値に近づいていくことが分かります。不審に思ったら、先のコインの場合と同様、実験をしてみてください。これが「**相対度数の安定性**」なのです。もちろん、この値は

$$\frac{1}{6} = 0.16666\cdots\cdots$$

とは限りません。この $\dfrac{1}{6}$ は、どの目も同様に確からしく出ると仮定して作った数学上の理想のサイコロですから。

　なお、コンピュータの得意な人であれば、シミュレーションして「相対度数の安定性」を実感してみることもできます。そのためには、コンピュータの発生する 0 以上 1 以下の**一様乱数**を利用します。つまり、発生した乱数が「$\dfrac{1}{6}$ より小さければ 1 の目、大きければその他の 2〜6 の目が出た」と解釈するのです。

　そして、乱数を発生する度に、それまでに出た 1 の目の度数を全度数で割り、1 の目の出る相対度数を右のようにグラフに描いてみます。これは縦軸が 1 の目の相対度数で横軸がサイコロを投げた回数（つまり、

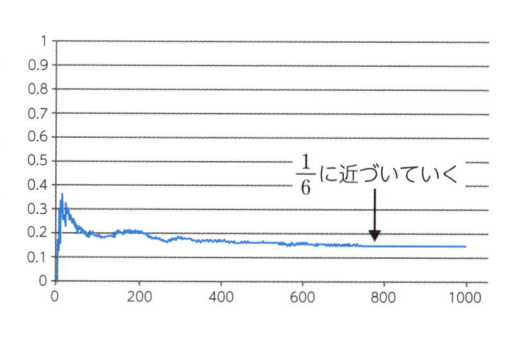

乱数の発生回数）です。

　サイコロを投げる回数をどんどん増やしていくと、最初は、相対度数は小刻みに変化しますが、徐々に一定の値、ここでは、$\frac{1}{6}$ に近づいていくことが分かります。

　この「相対度数の安定性」をもとに考え出されたのが**統計的確率**なのです（下記の＜参考＞を参照）。

### 確率の歴史・二つの大数の法則

　一般に、確率論の創始者はパスカル（1623 〜 1662）とされていますが、偶然現象に着目して確率論を構築しようとしたのはヤコブ・ベルヌーイです。彼の発見した「大数の法則」により、身近な偶然現象の理解が深まっていったのです。

　なお、彼の発見した大数の法則は、厳密には「**大数の弱法則**」と呼ばれるものであり、これに対してロシアのコルモゴロフ（1903 〜 1987）らによる「**大数の強法則**」と呼ばれるものもあります。

#### 参考

**数学的確率と統計的確率**

　コインの場合、表と裏の2通りの出方があり、「それぞれ同様に確からしい」と見なすと、表の出る確率は $\frac{1}{2}$ と考えられます。このように、理論だけで求めた確率は**数学的確率**と呼ばれています。

　これに対し、実際にコインを何百回も何万回も投げ、表の出る相対度数を調べ、これが安定した値をコインの表の出る確率とする考え方があります。これは、**統計的確率**と呼ばれています。

　例えば、画鋲のような形のものがあったとき、「上を向く数学的確率」を求めることは困難です。けれども、統計的確率であれば実際に画鋲を投げることにより、その近似値を求めることができます。

## 109 大数の法則

〔例題〕画鋲を投げ、それが落ちたとき、画鋲の針が上を向く確率を求めてください。

[解] 実際に手許に画鋲があれば、チャレンジしてください。答は一つとは限りません。

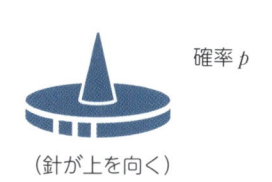

確率 $p$
（針が上を向く）

確率 $1-p$
（針が下を向く）

下図は、市販の画鋲を投げて、画鋲が上を向く相対度数の推移を1000回まで調べてグラフにしたものです。すると、ほぼ0.6の値に近づいていくことが分かります。したがって、この画鋲の上を向く確率は、大数の法則から約0.6と考えられます。

もちろん、他の種類の画鋲では、この値は異なりますので、これをもって、画鋲の上を向く確率が0.6と決めつけるわけにはいきません。

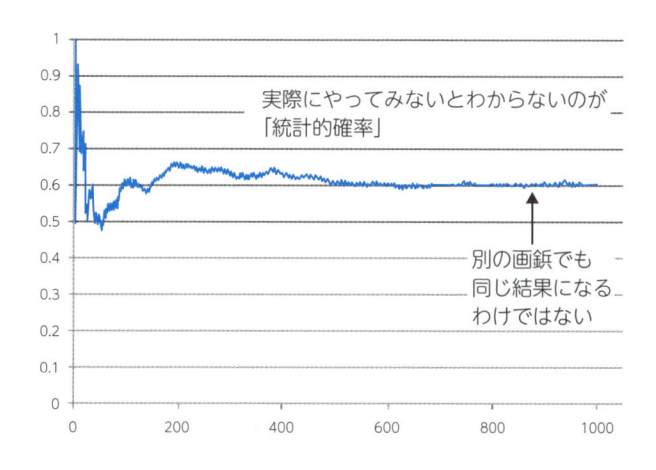

実際にやってみないとわからないのが「統計的確率」

別の画鋲でも同じ結果になるわけではない

# §110

# 平均値と分散

$n$ 個のデータ $\{x_1, x_2, x_3, \cdots, x_n\}$ に対してこの平均値 $\overline{x}$、分散 $\sigma^2$、標準偏差 $\sigma$ は、次のようになる。

$$\overline{x} = \frac{総和}{総度数} = \frac{x_1+x_2+x_3+\cdots+x_n}{n}$$

$$\sigma^2 = \frac{変動}{データ数}$$

$$= \frac{(x_1-\overline{x})^2+(x_2-\overline{x})^2+(x_3-\overline{x})^2+\cdots+(x_n-\overline{x})^2}{n}$$

標準偏差 $\sigma = \sqrt{分散}$

（注） $\sigma$ はシグマと読みます。

| 個体名 | 変量 $x$ |
|---|---|
| 1 | $x_1$ |
| 2 | $x_2$ |
| 3 | $x_3$ |
| ⋯ | ⋯ |
| $n$ | $x_n$ |
| 総度数 | $n$ |

## 解説！ 平均値、そして分散

**統計学**ではさまざまな数値が出てきます。なかでも、最も基本となるのは**平均値**（期待値）と**分散**です。もちろん、標準偏差も大事ですが、「標準偏差＝分散の正の平方根」なので一身同体です。なお、分散の単位はデータの単位の2乗（長さなら面積）になりますが、標準偏差はルートをとるのでデータの単位（長さ）に戻ります。

### ●平均値は代表値、分散は散布度

平均値は複数のデータの特質を一つの数値で代表させたものです。

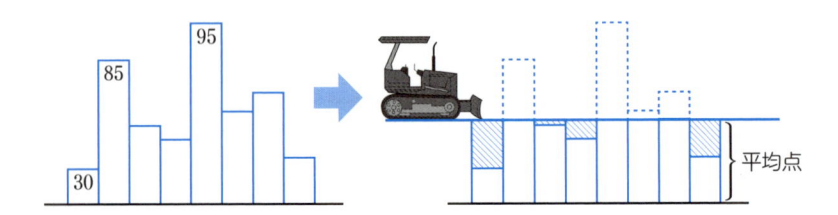

# 平均値と分散

　分散は、複数のデータの平均値からの散らばり具合（散布度）を表現したものです。平均値との差の2乗をとることによって、差が小さいものはより小さく、大きいものはより大きくし、それらの平均をとったものが分散なのです。

　**統計学は分散をよりどころにデータを分析する学問**ともいえます。ちなみに、分散が0の世界では、統計学の入り込む余地がありません。

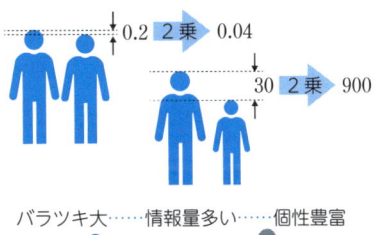

バラツキ大……情報量多い……個性豊富

バラツキ小……情報量少ない…個性乏しい

### ●度数分布表から算出する場合

　データの度数分布表が右のように与えられているとき、この平均値 $\overline{x}$、分散 $\sigma^2$、標準偏差 $\sigma$ は次のようになります。

| 変量 $x$ | 度数 |
|---|---|
| $x_1$ | $f_1$ |
| $x_2$ | $f_2$ |
| $x_3$ | $f_3$ |
| … | … |
| $x_N$ | $f_N$ |
| 総度数 | $n$ |

$$\overline{x} = \frac{総和}{データ数} = \frac{x_1 f_1 + x_2 f_2 + x_3 f_3 + \cdots + x_N f_N}{n}$$

$$分散\sigma^2 = \frac{変動}{データ数}$$

$$= \frac{(x_1-\overline{x})^2 f_1 + (x_2-\overline{x})^2 f_2 + (x_3-\overline{x})^2 f_3 + \cdots + (x_N-\overline{x})^2 f_N}{n}$$

### ●確率分布表から算出する場合

　変量 $X$ についての確率分布表が右のように与えられているとき、この平均値 $\overline{X}$、分散 $\sigma^2$、標準偏差 $\sigma$ は次のようになります。

| 変量 $X$ | 確率 |
|---|---|
| $X_1$ | $p_1$ |
| $X_2$ | $p_2$ |
| $X_3$ | $p_3$ |
| … | … |
| $X_N$ | $p_N$ |
| 総和 | 1 |

平均値 $= \overline{X} = X_1 p_1 + X_2 p_2 + X_3 p_3 + \cdots + X_N p_N$

分散 $\sigma^2 = (X_1-\overline{X})^2 p_1 + (X_2-\overline{X})^2 p_2$
$\qquad\qquad + (X_3-\overline{X})^2 p_3 + \cdots + (X_N-\overline{X})^2 p_N$

標準偏差 $\sigma = \sqrt{分散}$

なお、この変量 $X$ のように $X$ のとる値に対して確率が付与された変量を**確率変数**といいます。

### 使ってみよう！ 平均値、分散

1個のサイコロを投げて出た目の数を $X$ とすると、変量 $X$ の平均値 $\overline{X}$、分散 $\sigma^2$、標準偏差 $\sigma$ は次のようになります。

$$\overline{X} = 1 \times \frac{1}{6} + 2 \times \frac{1}{6} + 3 \times \frac{1}{6}$$
$$+ 4 \times \frac{1}{6} + 5 \times \frac{1}{6} + 6 \times \frac{1}{6} = 3.5$$
$$\sigma^2 = (1-3.5)^2 \times \frac{1}{6} + (2-3.5)^2 \times \frac{1}{6}$$
$$+ (3-3.5)^2 \times \frac{1}{6} + (4-3.5)^2 \times \frac{1}{6}$$
$$+ (5-3.5)^2 \times \frac{1}{6} + (6-3.5)^2 \times \frac{1}{6} \fallingdotseq 2.92$$

標準偏差 $\sigma = \sqrt{2.92} \fallingdotseq 1.71$

| 変量 $X$ | 確率 |
|---|---|
| 1 | $\frac{1}{6}$ |
| 2 | $\frac{1}{6}$ |
| 3 | $\frac{1}{6}$ |
| 4 | $\frac{1}{6}$ |
| 5 | $\frac{1}{6}$ |
| 6 | $\frac{1}{6}$ |
| 総和 | 1 |

### 参考

**変量 $X$ が連続した値をとる場合の平均値、分散**

変量 $X$ が身長や体重のように連続した値をとるとき、その確率分布は下図のような曲線で表されます。この曲線の式が $p=f(x)$ であるとき $f(x)$ を**確率密度関数**といいます。このとき、確率変数 $X$ が $a$ 以上 $b$ 以下の値をとる確率 $P(a \leq X \leq b)$ は図の青い部分の面積で表されます。

では、このとき変量 $X$ の平均値、分散はどのように定義されるのでしょうか。そこで、確率変数 $X$ のとる値の範囲をいく

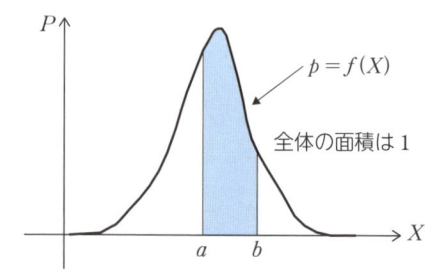

つかに分割し、$X$ は分割された区間の例えば中央の値をとると考えます。

このとき、確率はその区間の面積に相当します。曲線で囲まれた面積は大変だから長方形の面積 $p_i$ で置き換えてしまうと、平均値や分散は 329 ページの「確率分布表から算出する場合」により、次の式で近似値が求められます。

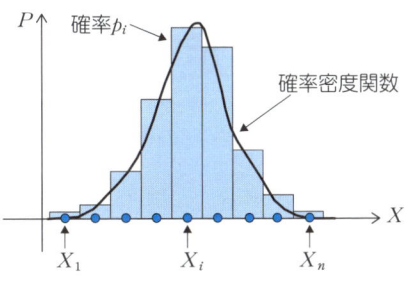

平均値 $m = X_1 p_1 + X_2 p_2 + X_3 p_3 + \cdots + X_i p_i + \cdots + X_n p_n$ ……①

分散 $= (X_1 - m)^2 p_1 + (X_2 - m)^2 p_2 + (X_3 - m)^2 p_3 + \cdots$
$+ (X_i - m)^2 p_i + \cdots + (X_n - m)^2 p_n$ ……②

ここで、さらに分割をどんどんと細かくして計算したときに①、②が限りなく近づいていく値を、それぞれ、連続的確率変数 $X$ の平均値、分散と決めることにします。ここで、

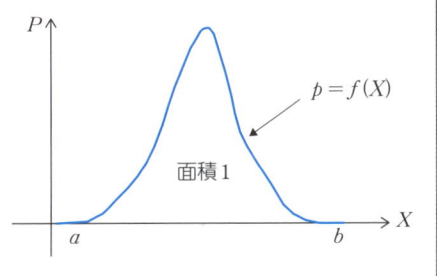

$\quad p_i = f(X_i) \Delta X$ （$\Delta X$ は分割された場合の小区間幅）

と書けるので、これは、まさしく積分の世界です。

つまり、

平均値：$m = \displaystyle\int_a^b x f(x) dx$

分散：$\sigma^2 = \displaystyle\int_a^b (x - m)^2 f(x) dx$

標準偏差：$\sigma = \sqrt{\sigma^2}$

ただし、積分範囲 $a$、$b$ は確率密度関数が定義されている範囲です。

# §111
# 中心極限定理

母集団から大きさ $n$ の標本 $\{X_1、X_2、\cdots、X_n\}$ を抽出し、その標本平均を $\overline{X}$ とする。つまり、$\overline{X} = \dfrac{X_1+X_2+\cdots+X_n}{n}$ とする。このとき、$\overline{X}$ の分布に関して次のことが成り立つ。ただし、母平均を $\mu$、母分散を $\sigma^2$ とする。

(1) $\overline{X}$ の平均値は $\mu$、分散は $\dfrac{\sigma^2}{n}$、標準偏差は $\dfrac{\sigma}{\sqrt{n}}$

(2) $n$ の値が大きければ、母集団分布が何であっても $\overline{X}$ の分布は正規分布で近似できる。

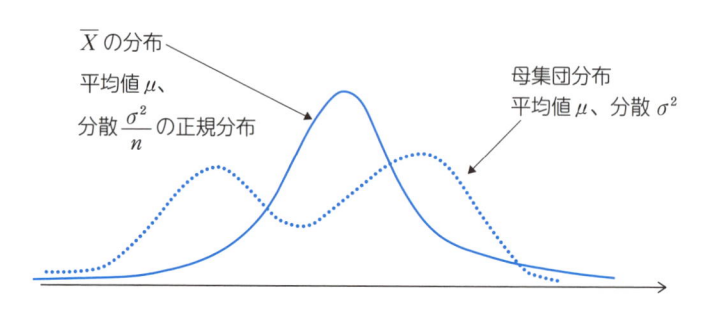

$\overline{X}$ の分布
平均値 $\mu$、
分散 $\dfrac{\sigma^2}{n}$ の正規分布

母集団分布
平均値 $\mu$、分散 $\sigma^2$

### 解説！ 中心極限定理とは？

この**中心極限定理**は統計学で非常によく使われる重要な定理です。簡単にいえば、「**標本平均の分布は（もとが何であっても）正規分布になる**」ということです。これなくしては、推定や検定といった統計学の道具が使えなくなるといっても過言ではありません。名前は厳めしそうですが、主張する内容は単純明快です。例を見てみましょう。

## 111 中心極限定理

● 具体例で見てみよう

例えば、ある都市の住民の平均身長は 160(母平均) で分散は 400(母分散) であるとします。このとき、この都市の住民からランダムに 100 人抽出して、100 人の平均体重 $\overline{X}$ を求めてみると、これは抽出する度にいろいろな値をとります。しかし、この $\overline{X}$ の分布については、中心極限定理より次のことが成り立ちます。

(1) $\overline{X}$ の平均値は 160、分散は $\dfrac{400}{100}=4$、標準偏差は 2

(2) $\overline{X}$ の分布は、$n=100$ で大きいので、平均値が 160 で分散が 4 の正規分布で近似できます。

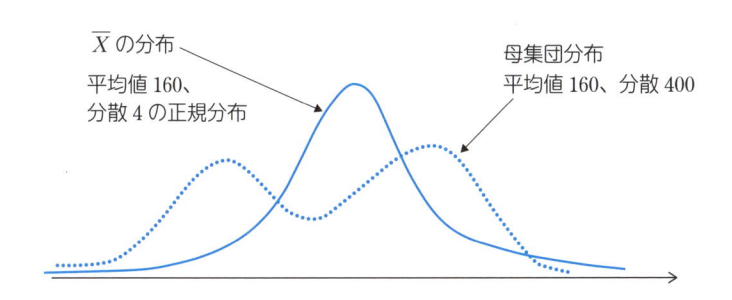

$\overline{X}$ の分布
平均値 160、分散 4 の正規分布

母集団分布
平均値 160、分散 400

● 「中心極限…」の名前は？

上記の例では、標本の大きさを 100 としましたが、右図は $n$ を 10、100、1000 として標本平均 $\overline{X}$ の分布をグラフにしたものです。標本の大きさを大きくしていくと、$\overline{X}$ の分布は母集団の平均値 160 の周りに集中することが分かります。これが、「中心極限定理」という名前のいわれです。

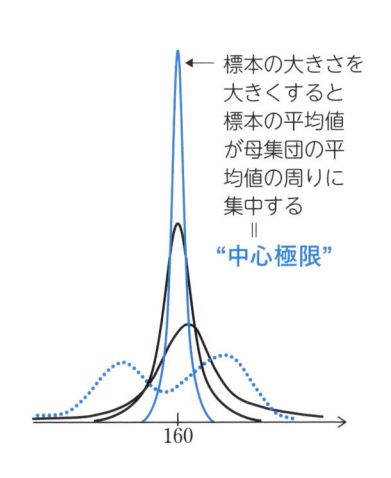

標本の大きさを大きくすると標本の平均値が母集団の平均値の周りに集中する
＝
"中心極限"

### なぜ、中心極限定理が成り立つ？

ここでは、証明ではなく、具体例で、中心極限定理の成り立つことを実感してみます。そこで、「1、2、3」と書かれた3枚のカードの集まりを母集団としましょう。この母集団の分布は、平均値が2で分散が $\frac{2}{3}$ の**一様分布**（次ページの注）です。

この母集団から、デタラメに2枚取ってその平均値を算出してみましょう。復元抽出だから、実際には $3 \times 3 = 9$ 通りの取り出し方があり、それぞれの取り出し方は同じ確率なので、平均値 $\overline{X}$ は右表の確率分布を持ちます。

一様分布である母集団から大きさ2の標本の標本平均の分布を調べたら、早くも、右記のような左右対称な山型の分布になっています。また、この分布の平均値は2、分散は $\frac{1}{3}$ であり、中心極限定理の(1)が成り立っていることが分かります。

同様にして、大きさ3の標本 ($3 \times 3 \times 3 = 27$ 通り)、大きさ4の標本 ($3 \times 3 \times 3 \times 3 = 81$ 通り)……に対しても、標本平均の分布を調べると、この分布は正規分布に近づくことが分かります。

|   | 1枚目の抽出、2枚目の抽出 | 標本平均 $\overline{X}$ の値 |
|---|---|---|
| ① | (1, 1) | $\overline{X} = \frac{1+1}{2} = \frac{2}{2}$ |
| ② | (1, 2) | $\overline{X} = \frac{1+2}{2} = \frac{3}{2}$ |
| ③ | (1, 3) | $\overline{X} = \frac{1+3}{2} = \frac{4}{2}$ |
| ④ | (2, 1) | $\overline{X} = \frac{2+1}{2} = \frac{3}{2}$ |
| ⑤ | (2, 2) | $\overline{X} = \frac{2+2}{2} = \frac{4}{2}$ |
| ⑥ | (2, 3) | $\overline{X} = \frac{2+3}{2} = \frac{5}{2}$ |
| ⑦ | (3, 1) | $\overline{X} = \frac{3+1}{2} = \frac{4}{2}$ |
| ⑧ | (3, 2) | $\overline{X} = \frac{3+2}{2} = \frac{5}{2}$ |
| ⑨ | (3, 3) | $\overline{X} = \frac{3+3}{2} = \frac{6}{2}$ |

| $\overline{X}$ の値 | $\frac{2}{2}$ | $\frac{3}{2}$ | $\frac{4}{2}$ | $\frac{5}{2}$ | $\frac{6}{2}$ | 合計 |
|---|---|---|---|---|---|---|
| $\overline{X}$ の度数 | 1 | 2 | 3 | 2 | 1 | 9 |
| $\overline{X}$ の確率 | $\frac{1}{9}$ | $\frac{2}{9}$ | $\frac{3}{9}$ | $\frac{2}{9}$ | $\frac{1}{9}$ | 1 |

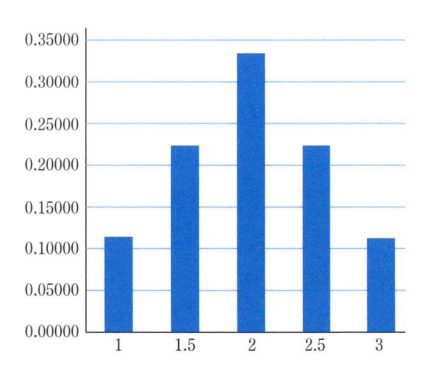

## 111 中心極限定理

### 使ってみれば分かる！

統計的推定や統計的検定などの世界では中心極限定理は欠かせません。

ここでは中心極限定理を用いて、コンピュータが発生する**一様乱数**（0以上1未満の間のどの数も等確率で発生する乱数）を用いて正規分布に従う乱数、つまり、**正規乱数**を作成してみましょう。

中心極限定理によれば、$n$ 個の一様乱数の値 $\{X_1、X_2、X_3、\cdots、X_n\}$ から得た次の平均 $\overline{X}$ は正規乱数になります。

$$\overline{X} = \frac{X_1+X_2+X_3+\cdots+X_n}{n} \quad \cdots\cdots ①$$

コンピュータの発生する一様乱数の分布の平均値は $\frac{1}{2}$、分散は $\frac{1}{12}$ なので、①の分布の平均値 $\frac{1}{2}$、分散は $\frac{1}{12n}$ の正規分布にほぼ従うことになります。

なお、中心極限定理の原型は1733年にド・モアブル (1667～1754) の論文で発表され、その後、ラプラス (1749～1827) によって、より厳密化されました。そのため、この定理は**ド・モアブル - ラプラスの極限定理**ともいわれています。

（注）確率変数がとる値の確率がすべて等しいとき、この分布は一様分布であるといいます。コンピュータの発生する一様乱数は、乱数値がとる確率はすべて等しいので、一様分布に従い、その確率密度関数を $f(x)$ とすると $f(x)=1$ となります。よって、一様乱数の平均値と分散は330ページの＜参考＞より、

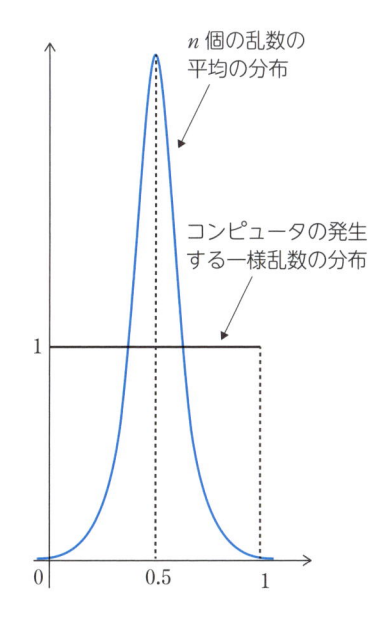

$$平均値 = \int_0^1 xf(x)dx = \int_0^1 xdx = \frac{1}{2}$$

$$分散 = \int_0^1 \left(x-\frac{1}{2}\right)^2 f(x)dx = \int_0^1 \left(x-\frac{1}{2}\right)^2 dx = \frac{1}{12}$$

# §112 母平均の推定

母集団から標本 $\{X_1、X_2、\cdots、X_n\}$ を抽出したとき、母平均 $\mu$ の推定区間は次のようになる。

信頼度 95% のとき

$$\overline{X} - 1.96 \times \frac{s}{\sqrt{n}} \leq \mu \leq \overline{X} + 1.96 \times \frac{s}{\sqrt{n}} \quad \cdots\cdots ①$$

信頼度 99% のとき

$$\overline{X} - 2.58 \times \frac{s}{\sqrt{n}} \leq \mu \leq \overline{X} + 2.58 \times \frac{s}{\sqrt{n}} \quad \cdots\cdots ②$$

ここで、$\overline{X}$ は標本平均 $\overline{X} = \dfrac{X_1 + X_2 + \cdots + X_n}{n}$

$s$ は不偏分散 $s^2 = \dfrac{(X_1 - \overline{X})^2 + (X_2 - \overline{X})^2 + \cdots + (X_n - \overline{X})^2}{n-1}$ から求めた標準偏差 $s = \sqrt{s^2}$ とする。

(注) 標本の大きさ $n$ は少なくとも 30 以上とします。

## 解説！ 母平均の推定

統計的推定とは、母集団からランダムサンプリングによって得た標本をもとに、母集団の平均値や比率、分散 ( これらを**母数**という ) などを推定するものです。とくに、母数を何々以上、何々以下と区間で推定する方法は**区間推定**と呼ばれています。この場合、推定の正しさの度合いを**信頼度**という確率でもって表示することができるので、安心して使えます。とくに、母平均 ( 母集団の平均値 ) については、上記①、②のように公式化されているので、誰にでも簡単に母平

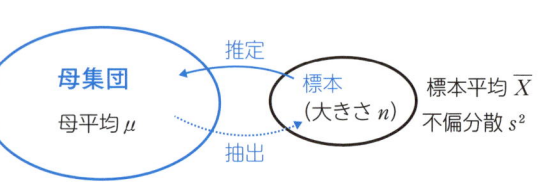

均を推定することができます。実際に、使ってみましょう。

(注) 区間推定に対して、「あるクラスの平均点は 60 点だった、よって、学年全体の平均点を 60 点と推定する」という方法は **点推定** と呼ばれます。区間推定に比べ手軽で、よく使われますが、区間推定のような「信頼度」を知ることができず、正しさの度合いが不明です。

### ● たった50人のサンプルで、日本人の睡眠時間を区間推定する

それでは、実際に母平均を区間推定する公式を使ってみましょう。日本人全体からランダムに(実はこれが難しい)50人を抽出して得た大きさ 50 の睡眠時間の標本 $\{6.4、8.2、\cdots、7.4\}$ をもとに算出したら、標本平均 $\overline{X}$ が 6.8、不偏分散 $s^2$ が 6.25、これから求めた標準偏差 $s$ が 2.5 でした。これらの値を①に代入すると、次の区間推定を得ます。

$$6.8 - 1.96 \times \frac{2.5}{\sqrt{50}} \leq \mu \leq 6.8 + 1.96 \times \frac{2.5}{\sqrt{50}}$$

よって、信頼度 95％ の母平均の推定区間は次のようになります。

$6.1 \leq \mu \leq 7.5$

同様に、信頼度 99％ の推定区間は $5.9 \leq \mu \leq 7.7$ となります。信頼度 95％ のときよりも、推定した区間幅が広がっているのは、より正確に判断しようとすれば、答えの幅を広げて無難な判断に傾いたためです。

なお、不偏分散を求めるとき(前ページの公式を参照)、分母が $n$ ではなく「$n-1$」になっていることに注意してください。これは不偏性ということと関連しています。

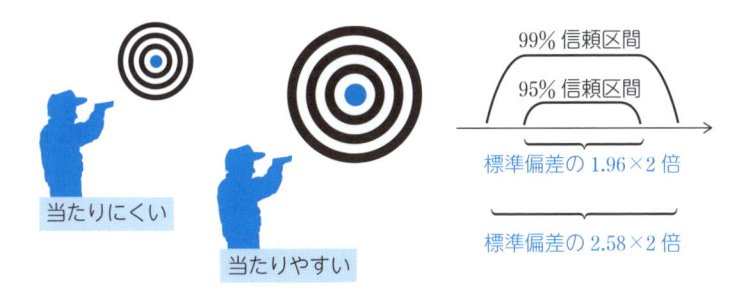

### なぜ、そうなる？

母平均の推定の公式①、②は、次の定理から導かれます。

**＜中心極限定理＞**

大きさ $n$ の標本の標本平均を $\overline{X}$ とするとき、

(1) $\overline{X}$ の平均値は $\mu$、分散は $\dfrac{\sigma^2}{n}$、標準偏差は $\dfrac{\sigma}{\sqrt{n}}$

ただし、$\mu$ は母平均、$\sigma^2$ は母分散。

(2) $n$ の値が大きければ、母集団分布が何であっても $\overline{X}$ の分布は正規分布で近似できる。

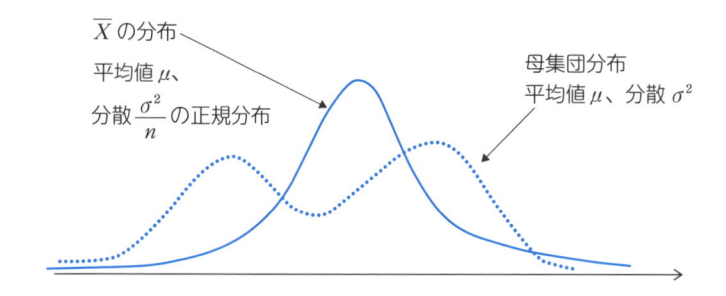

母平均 $\mu$ を推定するときには、通常、母集団の分散 ( 母分散 )$\sigma^2$ が未知なので、標本の大きさがある程度大きいということで、標本から得た不偏分散 $s^2$ を代用します。すると、中心極限定理より、標本平均 $\overline{X}$ の分布は次のようになります。

「**平均が母平均 $\mu$、分散が $\dfrac{s^2}{n}$（標準偏差は $\dfrac{s}{\sqrt{n}}$）の正規分布**」

また、正規分布には「**平均値を中心に左右に標準偏差の 1.96 倍以内に占める確率は 0.95 である**」という性質があります。図示すれば、次のようになります。

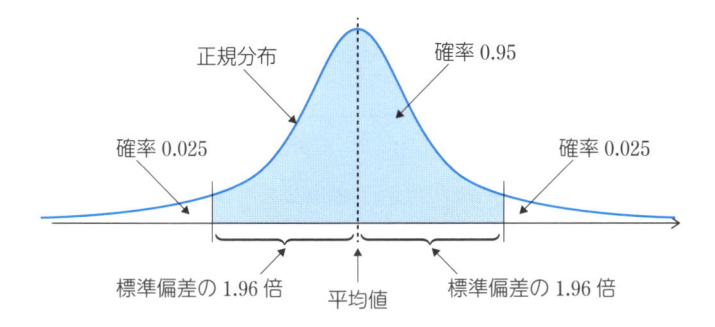

```
         正規分布          確率 0.95
確率 0.025                        確率 0.025

      標準偏差の1.96倍  平均値  標準偏差の1.96倍
```

このことから、標本平均 $\overline{X}$ が、次の区間に含まれる確率は 0.95 となります。

$$\mu - 1.96\frac{s}{\sqrt{n}} \leqq \overline{X} \leqq \mu + 1.96\frac{s}{\sqrt{n}}$$

この不等式を変形して $\mu$ が中央に来るようにすると、

$$\overline{X} - 1.96\frac{s}{\sqrt{n}} \leqq \mu \leqq \overline{X} + 1.96\frac{s}{\sqrt{n}}$$

これが、冒頭の推定の公式①です。また、正規分布の性質「**平均値を中心に左右に標準偏差の 2.58 倍以内に占める確率は 0.99 である**」を利用すると、冒頭の推定の公式②を得ることができます。

> 〔例題〕日本の中学 2 年生から 100 人を抽出して平均身長を求めたら 163.5cm で、不偏分散から求めた標準偏差は 6.5cm であったとします。これをもとに、日本の中学 2 年生の平均身長 $\mu$ を信頼度 95％で推定してください。

〔解〕 推定するには、$\overline{X} = 163.5$、標準偏差 $s = 6.5$、標本の大きさ $n = 100$ を公式①に代入します。すると、日本の中学 2 年生の平均身長 $\mu$ に対する次の推定区間を得ます。

　　　　　信頼度 95％　　　 $162.2 \leqq \mu \leqq 164.8$

# §113

# 比率の推定

母比率 $R$ の母集団から抽出した大きさ $n$ の標本の標本比率が $r$ であるとき、母比率 $R$ は次の式で区間推定できる。

信頼度 95%

$$r - 1.96\sqrt{\frac{r(1-r)}{n}} \leq R \leq r + 1.96\sqrt{\frac{r(1-r)}{n}} \quad \cdots\cdots ①$$

信頼度 99%

$$r - 2.58\sqrt{\frac{r(1-r)}{n}} \leq R \leq r + 2.58\sqrt{\frac{r(1-r)}{n}} \quad \cdots\cdots ②$$

## 解説！ 比率の推定

最近は、**RDD**（Random Digit Dialing：**乱数番号法**）と呼ばれる方法による分析結果がニュースや新聞で度々報道されるようになりました。例えば、「コンピュータで無作為に発生させた番号に電話をかける RDD という方法で世論調査した結果、1580 人中 1034 人から回答があり、現内閣の支持率は 52% あった」などです。

### ●多くの世論調査はデータの比率を述べたに過ぎない

先の例では、現内閣の支持率が 52% だと主張していますが、これは、1034 人中、$1034 \times 0.52 = 538$ 人が現内閣を支持していたと述べているにすぎません。これは一種の点推定で、これをもって、全体の 52% が現内閣を指示している、と考えるのは統計的には無理があります。そこで、一歩踏み込み、比率の区間推定の公式①、②を使って、このデータをもとに現内閣の本当の支持率 $R$ を区間推定してみましょう。

### ●データを使って実際に区間推定

標本比率は 52% でしたから、$r = 0.52$、標本の大きさは 1034 だから、$n = 1034$ ということになります。これを①に代入すると、信頼度 95%

の母比率 $R$ の信頼区間は次のようになります。

$$0.49 \leq R \leq 0.55$$

つまり、「実際の支持率は49%から55%の間で、この判断が正しい確率は0.95です」ということです。もし、②に代入すれば、信頼度99%で次の信頼区間を得ます。

$$0.48 \leq R \leq 0.56$$

つまり、「実際の支持率は48%〜56%の間で、この判断が正しい確率は0.99です」ということになります。実際の支持率が50%を下回っている可能性は十分にあるのです。なお、信頼度95%のときよりも、推定した区間幅が広がっているのは母平均の推定（§112）と同じ理由です。

### なぜ、比率の推定が成り立つ？

まず、ある特性を持った母集団について、母比率 $R$ と標本比率 $r$ について確認します。

ある特性を持てば1、そうでなければ0という全体で $N$ 個の数値の集まりを母集団とするとき、これら $N$ 個の1と0の総和を $N$ で割ったものが、その特性を持つ母比率 $R$ です。もし、$N$ 個中1が $m$ 個で0が $N-m$ 個とすると、この母集団の平均値 $\mu$ は $m/N$ となり、母比率 $R$ と一致します。また、この母集団の分散 $\sigma^2$ は

$$\sigma^2 = \frac{m(1-R)^2 + (N-m)(0-R)^2}{N} = \frac{m(1-2R) + NR^2}{N} = R(1-R)$$

また、この母集団から取り出した大きさ $n$ の標本の標本比率 $r$ は、1と0からなる $n$ 個のデータの平均値なので、これは標本平均 $\overline{X}$ と考えられます。

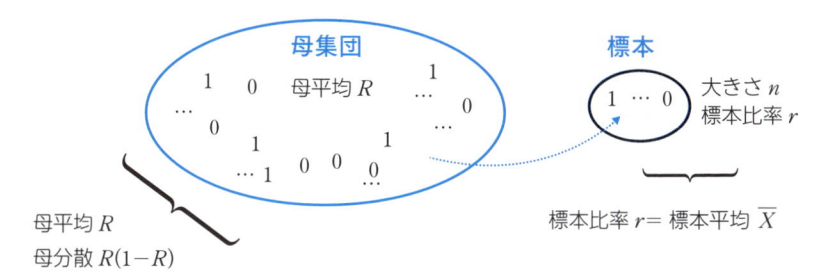

$$r = \frac{1+0+1+\cdots+0+1}{n} = \overline{X}$$

したがって、中心極限定理 (§111) より次のことがいえます。

「$n$ が大きければ標本比率 $r$ は母比率 $R$、分散 $\dfrac{R(1-R)}{n}$ の正規分布に従う」

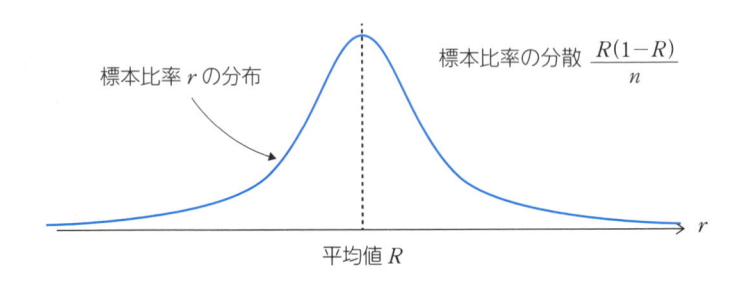

これに、正規分布の性質、つまり、「この確率分布において、平均値を中心に左右に標準偏差の 1.96 倍以内に占める確率は 0.95 である」を使うのです。

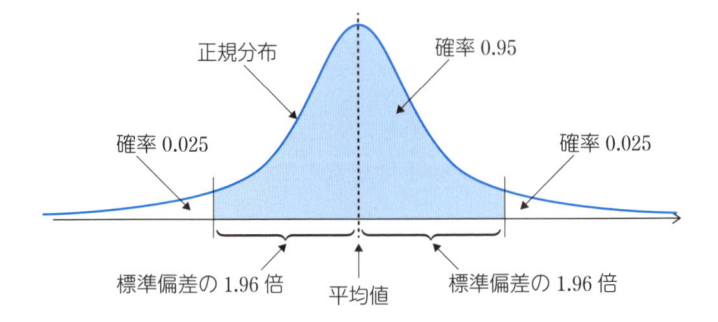

すると、標本比率 $r$ が、次の区間に含まれる確率は 0.95 ということになります。

$$R - 1.96\sqrt{\frac{R(1-R)}{n}} \leqq r \leqq R + 1.96\sqrt{\frac{R(1-R)}{n}}$$

この式を近似計算をしながら $R$ が不等式の中央にくるように変形すると次の式を得ます。

$$r - 1.96\sqrt{\frac{r(1-r)}{n}} \leq R \leq r + 1.96\sqrt{\frac{r(1-r)}{n}}$$

これが、冒頭の公式①です。同様にして、信頼度99％の母比率の信頼区間②を得ることができます。

### 使ってみよう！ 標本比率

統計学で、一番大変なことは、いかにしてデータを集めるかということですが、公表されたRDDのデータは、そのまま比率の区間推定に使えるので助かります。ニュースや新聞では、単に、標本比率を発表しただけなので、まだまだ分析の余地が残されているからです。

(例) 日本全体の30代男性からRDDにより1000人の男性から得た独身率0.48をもとに日本人の30代男性の実際の独身率 $R$ を区間推定すると次のようになります。

$n=1000$、$r=0.48$ を冒頭の区間推定の公式に代入して計算すると、

信頼度95％で　$0.45 \leq R \leq 0.51$
信頼度99％で　$0.44 \leq R \leq 0.52$

#### 参考

**RDDとは何か？**

テレビ局や新聞社が世論調査を行なうときによく使う **RDD法** (Random Digit Dialing＝乱数番号法) は、電話帳に掲載されていない番号を含め、すべての固定電話番号の中から乱数を用いて電話番号を抽出して電話をかけ、応答した相手に質問を行なう方式です。標本は母集団からデタラメに抽出しなければならない (ランダムサンプリング) ことからすると、RDD法には電話に出ないような人がもれるなど、いくつかの問題点があります。

# §114 ベイズの定理

$$P(A\,|\,B) = \frac{P(B\,|\,A)}{P(B)} P(A) \quad \cdots\cdots ①$$

### 解説！ ベイズの定理

**ベイズの定理**そのものは、上記のように「**条件付き確率**」(§106) を使った、たった1行の式で表される単純なものです。しかし、この定理を使ったベイズ理論は最近、人工知能、情報論、心理学、経済学、行動科学など、いろいろな分野で利用され、大活躍しています。

●トランプの例でベイズの定理を確認しよう

例えば、ジョーカーを除く52枚のトランプからランダムに1枚抜き取るとき、「絵札である」という事象を$A$、「ハートである」という事象を$B$としてみます。

すると、$P(A\,|\,B)$はハートであることが分かったときに、さらに絵札である確率という意味になります。このとき、事象$B$を全体として考えようというわけですから13枚のハートが新たな標本空間になります。その中で絵札は3枚ですから、$P(A\,|\,B) = \dfrac{3}{13}$ です。

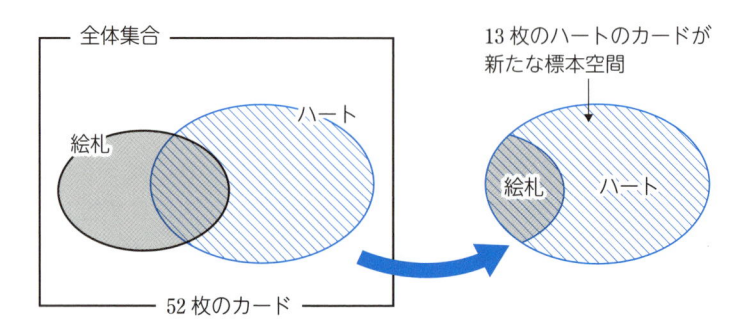

同様にして、$P(B|A) = \dfrac{3}{12}$ となります。すると、ベイズの定理は、ハートであるときに絵札である確率 $\dfrac{3}{13}$ は、「絵札であるときにハートである確率 $\dfrac{3}{12}$」と「絵札である確率 $\dfrac{12}{52}$」を掛けて「ハートである確率 $\dfrac{13}{52}$」で割ったものに等しいことを主張しています。

$$\frac{3}{13} = \frac{\frac{3}{12}}{\frac{13}{52}} \times \frac{12}{52}$$

### なぜ、そうなる？

確率の乗法定理（§106）より、
$P(A \cap B) = P(A)P(B|A)$ ……②
$P(B \cap A) = P(B)P(A|B)$ ……③
が成立します。

②、③と $P(A \cap B) = P(B \cap A)$ より
$P(A)P(B|A) = P(B)P(A|B)$
となります。

この両辺を $P(B)$ で割って左右両辺を交換すると、次の式を得ます。

$$P(A|B) = \frac{P(B|A)}{P(B)} P(A) \quad \cdots\cdots ④$$

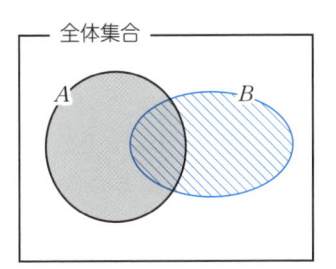

### 使ってみよう！ ベイズの定理

ここでは、ベイズの定理を次のように表現してみましょう。

$$P(\theta|D) = \frac{P(D|\theta)}{P(D)} P(\theta) \quad \cdots\cdots ④$$

ただし、$\theta$ は仮定、$D$ はデータと解釈します。

$P(\theta)$　……　**事前確率**（データ $D$ を得る前の $\theta$ の確率分布）
$P(\theta|D)$　……　**事後確率**（データ $D$ を得た後の $\theta$ の確率分布）
$P(D|\theta)$　……　**尤度**（仮定 $\theta$ のもとで $D$ の起こる度合）
$P(D)$　……　$D$ の起こる確率

（注）確率分布とは総量 1 の確率が確率変数の値にどのように分配されているかを示したもの。

これを使って、次の問題を解いてみます。

〔例題 1〕 1 枚のコインを 5 回投げたら 3 回表が出ました。このことから、このコインの表の出る確率 $\theta$ の確率分布を求めてください。

[解] まず、コインを投げる前には、表の出る確率 $\theta$ はあまりに情報不足で、何だか分かりません（「確からしい…」という表現さえないので、$\theta=0.5$ とも限らない）。

そこで、「$\theta$ がどの値をとる確率も同じである」と考えます（**理由不十分の原理**）。したがって、コイン投げを経験する前の $\theta$ の分布は次の一様分布とします。

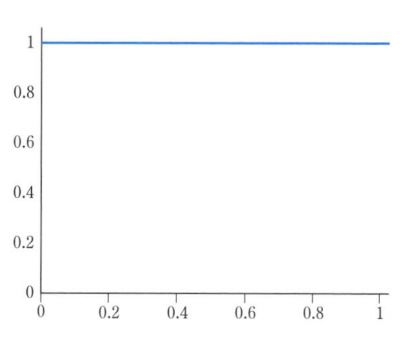

　　　$P(\theta)=1$　……⑤

その後、「コインを投げて 5 回中 3 回表が出た」というデータを得たので、このデータ $D$ のもとでの $\theta$ の確率分布をベイズの定理を使って求めてみます。このとき、

　　$P(\theta)=1$
　　$P(D)=$ 5 回中 3 回表が出た確率 $=k_1$ （確定したので $k_1$ はある定数）
　　$P(D|\theta)=$ 表の出る確率が $\theta$ であるコインの 5 回中 3 回表が出る確率 $={}_5C_3\theta^3(1-\theta)^2=k_2\theta^3(1-\theta)^2$ （$k_2$ は定数）

これらを、ベイズの定理の④に代入すると、次の式を得ます。

$$P(\theta \mid D) = \frac{P(D \mid \theta)}{P(D)}P(\theta) = \frac{k_2\theta^3(1-\theta)^2}{k_1} \times 1 = k_3\theta^3(1-\theta)^2 \quad (k_3\text{は定数})$$

確率分布だから、このグラフと$\theta$軸に囲まれた部分の面積が1であることより、$k_3=60$を得ます（積分計算）。よって、次の確率分布を得ます。これが答えです。

$$P(\theta \mid D) = 60\theta^3(1-\theta)^2 \quad \cdots\cdots ⑥$$

〔例題2〕先ほどの〔例題1〕の後、さらに、このコインを5回投げてみたところ、2回表が出ました。このコインの表の出る確率$\theta$の確率分布を求めてください。

[解]〔例題1〕を経験したわけですから、$\theta$の確率分布$P(\theta)$は⑥になります。つまり、

$$P(\theta) = 60\theta^3(1-\theta)^2$$

そして、さらに「2回表が出た」わけですから、

$P(D) = 5$回中2回表が出た確率 $= k_5$（確定したので$k_5$はある定数）

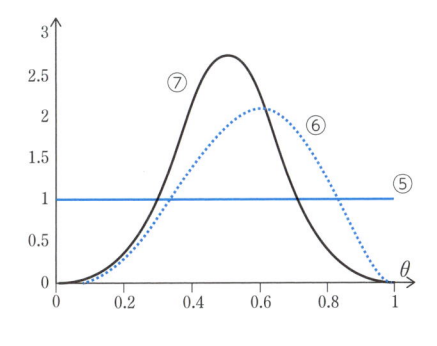

$P(D \mid \theta) =$ 表の出る確率が$\theta$であるコインの5回中2回表が出る確率 $={}_5C_2\theta^2(1-\theta)^3 = k_4\theta^2(1-\theta)^3 \quad (k_4\text{は定数})$

これらを、ベイズの定理④に代入すると次の式を得ます。

$$P(\theta \mid D) = \frac{P(D \mid \theta)}{P(D)}P(\theta) = \frac{k_4\theta^2(1-\theta)^3}{k_5} \times 60\theta^3(1-\theta)^2$$

$$= k_6\theta^5(1-\theta)^5 \quad \cdots\cdots ⑦$$

〔例題1〕と同様に面積が1であることより、

$$P(\theta \mid D) = 2772\theta^5(1-\theta)^5$$

このように、データを得るごとに $\theta$ の確率分布が、⑤→⑥→⑦……と変わっていきます(**ベイズの更新**)。これこそ、「**ベイズ理論は経験を取り込む理論だ**」といわれる所以です。

### 統計の歴史・ベイズの定理の復活

ベイズの定理はいまから200年ほど前に、イギリスの牧師であったトーマス・ベイズ(1702〜1761)によって発見されたものです。しかし、その後、最近にいたるまで、統計学の表舞台に登場することはありませんでした。それは、「理由不十分」で示した例(346ページ)でも分かるように、恣意性が含まれるということが、厳密性をモットーとする数学からは敬遠されていたのです。

しかし、現代の複雑な社会では、この恣意性こそ逆に役立つことが明らかになってきました。さらにいえば、次々と新たな経験(情報)を取り込んでいけることは、従来の統計学ではありえなかったことなのです。

# 索　引

## 記号・英数字

1次の近似公式 ………… 223
1次変換 ………………… 131
2回微分可能 …………… 211
2項定理 ………………… 030
2次の近似公式 ………… 223
2次方程式の解の公式 … 048
2倍角の公式 …………… 100
2分法 …………………… 231
3次方程式の解の公式 … 052
9点円 …………………… 061
60分法 ………………… 149
180°＝πラジアン ……… 149
ln ……………………… 199
$n$次の代数方程式 ……… 053
$n$次方程式 …………… 051
$p \Rightarrow q$ ……………………… 019
$p \Leftrightarrow q$ ……………………… 019
$P \subset Q$ ……………………… 013
RDD …………… 340, 343
$y$切片 …………………… 140

## あ

アポロニウスの円錐曲線 087
余り …………………… 026
アルゴリズム …………… 029
一次従属 ………………… 108
一次独立 ………………… 108
位置ベクトル …………… 112
一様分布 ………………… 334
一様乱数 ………… 325, 335
一般形 …………………… 079
陰関数 …………………… 212
因数定理 ………………… 040
因数分解 ………………… 040
上に凸 …………………… 219

裏 ……………………… 020
演繹法 ………………… 189
円順列 ………………… 299
円錐曲線 ……………… 087
オイラーの公式
　　　　　……… 102, 103, 226
オイラーの等式 ……… 105
黄金比 ………………… 187

## か

開区間 ………………… 240
階乗 …………………… 296
外積 ……………… 110, 121
回転軸 ………………… 267
回転体 ………………… 267
解と係数の関係 ……… 046
解の公式 ……………… 048
外分する ……………… 113
外分点 ………………… 113
ガウス ………………… 051
ガウス平面 …………… 096
確率の加法定理 ……… 308
確率変数 ……………… 330
確率密度関数 ………… 330
仮数 …………………… 170
加速度 ………………… 232
仮定 …………………… 013
カバリエリの原理 …… 278
カルダノの公式 ……… 052
関数 …………………… 138
偽 ……………………… 012
奇関数 …………… 151, 261
軌跡 …………………… 081
帰納的定義 …………… 180
帰納法 ………………… 189
基本ベクトル ………… 107
逆 ……………………… 020

逆・裏・対偶 ………… 020
逆、必ずしも真ならず
　　　　　………… 020, 021
逆関数 …………… 162, 208
逆行列 ………………… 126
九去法 ………………… 025
行 ……………………… 122
共役な複素数 ………… 095
行列 …………………… 122
行列式 ………………… 125
極形式 ………………… 098
虚数解 …………… 039, 048
虚数単位 ……………… 094
虚部 …………………… 094
近似公式 ……………… 222
偶関数 …………… 151, 261
空事象 ………………… 304
空集合 ………………… 291
区間推定 ……………… 336
区分求積法 …………… 238
組合せ …………… 030, 300
組み立て除法 ………… 042
グラフの平行移動の公式
　　　　　………………… 138
群論 …………………… 053
ケイリー・ハミルトンの定理
　　　　　………………… 136
結論 …………………… 013
原始関数 ……………… 246
原点 …………………… 112
公差 …………………… 174
高次導関数 …………… 211
合成関数 ……………… 204
合同式 ………………… 026
公比 …………………… 176
公理的定義 …………… 307

個数定理………………… 294
弧度法…………………… 149
固有値…………………… 132
固有ベクトル…………… 132
固有方程式………… 132, 136
根元事象………………… 304

## さ

サイクロイド…………… 092
最小値…………………… 142
最大値…………………… 142
サラスの方法…………… 125
三角関数………………… 147
三角関数の加法定理…… 150
三角比…………………… 147
三平方の定理…………… 054
算法……………………… 029
試行……………………… 304
事後確率………………… 346
事象……………………… 304
指数関数………………… 160
指数法則………………… 161
事前確率………………… 346
自然対数…………… 171, 199
下に凸…………………… 219
実数解………………038, 048
実部……………………… 094
指標……………………… 170
重解……………………… 048
集合……………………… 012
従属変数…………… 163, 167
樹形図…………………… 292
主値（主枝）…………… 165
順列……………………… 296
条件……………………… 012
条件付き確率
……………… 312, 313, 344
乗法定理………………… 312
剰余……………………… 027
常用対数…………… 170, 199

剰余定理………………… 040
剰余類………………026, 027
初項……………………… 174
真………………………… 012
シンプソンの公式……… 286
信頼度…………………… 336
数学的確率………… 306, 326
数学的帰納法…………… 188
数列……………………… 174
スカラー………………… 110
正規乱数………………… 335
正弦定理………………… 070
正則行列………………… 126
正方行列………………… 124
積集合…………………… 014
積の微分法……………… 248
積の法則…………… 290, 292
積分可能………………… 240
積分する………………… 246
接線……………………… 216
絶対値…………………… 096
接点……………………… 217
切片方程式……………… 078
零因子…………………… 124
零行列…………………… 124
漸化式…………………… 180
線形性…………………… 247
全事象…………………… 304
全称命題………………… 016
双曲線……… 080, 081, 083
増減表…………………… 221
相対度数の安定性
……………………… 324, 325
速度………………… 195, 232
速度ベクトル…………… 234

## た

第2次導関数…………… 211
対角行列………………… 134
対偶……………………… 020

台形公式………………… 282
代数学の基本定理……… 051
大数の強法則…………… 326
大数の弱法則…………… 326
大数の法則……………… 324
楕円………… 080, 081, 082
楕円の焦点……………… 080
単位円…………………… 147
単位行列…………… 124, 126
単振動…………………… 088
チェバの定理…………… 068
置換積分法……………… 250
中間値の定理…………… 231
中心極限定理…………… 332
中点連結定理…………… 059
重複順列………………… 298
直積……………………… 293
底………………………… 167
定積分…………………… 241
テイラー展開…………… 103
テイラーの定理………… 225
点推定…………………… 337
導関数…………………… 196
導関数の公式…………… 200
統計学…………………… 328
統計的確率………… 306, 326
等差数列………………… 174
等時性…………………… 092
同値………………… 018, 019
等比数列………………… 176
特称命題………………… 016
特性方程式… 132, 136, 181
独立……………………… 317
独立変数…………… 163, 167
ド・モアブルの定理
……………………… 098, 100
ド・モアブル−ラプラスの極
限定理………………… 335
取り尽くし法…………… 244

## な

内積……………………… 110
内分点…………………… 112
長さ……………………… 269
ニュートン法…………… 230
ニュートン・ラフソン法
　………………………… 228
ネイピア数 $e$ ……………… 171

## は

媒介変数………………117, 214
倍角の公式……………150, 152
排反……………………… 308
背理法…………………… 022
パスカルの三角形……… 030
パップス・ギュルダンの定理
　………………………… 272
バームクーヘン積分…… 274
半角の公式……………… 152
反復試行の定理………… 320
判別式…………………048, 143
ピタゴラス数…………… 057
ピタゴラスの定理……… 054
微分可能………………… 192
微分係数………………… 192
微分する………………… 197
微分積分学の基本定理
　………………………… 244
微分不可能……………… 193
標本空間………………… 304
フィボナッチ数列……… 186
フィボナッチの渦……… 187
フェルマーの大定理…… 057
複素数…………………… 094
複素数の解……………… 051
複素数平面……………… 096
不定……………………… 129
不定積分………………… 246
不能……………………… 129

部分積分法……………… 248
振り子の運動…………… 089
分散……………………… 328
分類……………………… 027
平均値…………………… 328
平均変化率……………… 232
閉区間…………………… 240
ベイズの更新…………… 348
ベイズの定理…………… 344
平方完成………………… 144
ベクトルの成分表示…… 107
ベクトルの矢印表示…… 106
ベクトル方程式………… 116
ベルヌーイ試行………… 323
ベルヌーイの定理……… 324
ヘロンの公式…………… 063
偏角……………………… 098
変化率…………………… 232
変曲点…………………… 221
ベン図…………………… 309
偏導関数………………236, 237
法………………………… 026
法線……………………085, 217
放物線…………………… 081
補集合…………………… 014
母数……………………… 336

## ま

マクローリン展開……… 225
マクローリンの定理…… 224
無限級数………………242, 244
矛盾……………………… 022
命題……………………… 012
メネラウスの定理……… 066

## ゆ

尤度……………………… 346
ユークリッドの互除法… 028
陽関数…………………… 212
要素……………………… 012

## ら

余弦定理………………… 072
余事象…………………… 310

## ら

ラジアン………………… 149
乱数番号法……………340, 343
リサジュー曲線………… 088
リーマン積分…………… 240
理由不十分の原理……… 346
累積帰納法……………… 191
ルベーグ積分…………… 240
列………………………… 122

## わ

和集合…………………… 014
和の法則………………… 290

### 著者略歴

**涌井 良幸**（わくい・よしゆき）

1950年、東京生まれ。東京教育大学（現、筑波大学）理学部数学科を卒業後、教職に就く。現在、高校の数学教師を務めるかたわら、コンピュータを活用した教育法や統計学の研究を行なっている。

主な著書に『図解・速算の技術』（SBクリエイティブ）、『統計力クイズ』（実務教育出版）、『高校生からわかるベクトル解析』『高校生からわかるフーリエ解析』『高校生からわかる複素解析』『数学教師が教える やさしい論理学』（いずれもベレ出版）、また共著に『道具としてのフーリエ解析』『道具としてのベイズ統計』（ともに日本実業出版社）、『統計学の図鑑』（技術評論社）などがある。

---

## 「数学」の公式・定理・決まりごとがまとめてわかる事典

| | |
|---|---|
| 2015年10月25日 | 初版発行 |
| 2024年 2月20日 | 第12刷発行 |

| | |
|---|---|
| 著者 | 涌井 良幸（わくい よしゆき） |
| カバーデザイン | 竹内雄二 |
| DTP | あおく企画 |
| 編集協力 | 編集工房シラクサ |

©Yoshiyuki Wakui 2015. Printed in Japan

| | |
|---|---|
| 発行者 | 内田 真介 |
| 発行・発売 | ベレ出版<br>〒162-0832　東京都新宿区岩戸町12 レベッカビル<br>TEL.03-5225-4790　FAX.03-5225-4795<br>ホームページ　https://www.beret.co.jp/<br>振替 00180-7-104058 |
| 印刷 | 三松堂株式会社 |
| 製本 | 根本製本株式会社 |

落丁本・乱丁本は小社編集部あてにお送りください。送料小社負担にてお取り替えします。
本書の無断複写は著作権法上での例外を除き禁じられています。購入者以外の第三者による本書のいかなる電子複製も一切認められておりません。

ISBN 978-4-86064-447-5 C0041　　　　　　　　　　　編集担当　坂東一郎